Beck'scheReihe

BsR 1228

Das Jahrbuch Ökologie

- informiert über die ökologische Situation und die Belastungstrends in den verschiedenen Bereichen der natürlichen Umwelt
- analysiert und kritisiert die staatliche Umweltpolitik
- bringt einen Disput zu einem wichtigen umweltpolitischen Thema
- dokumentiert historisch bedeutsame und umweltbezogene Ereignisse und Initiativen
- beschreibt positive Alltagserfahrungen und entwirft Visionen für eine zukunftsfähige Welt
- ist einem breiten Ökologiebegriff verpflichtet, der im Alltag verankert ist und das Verhältnis von Mensch und Natur, von Gesellschaft und Umwelt umfaßt
- wendet sich an eine sensible Öffentlichkeit, die sich der Umweltkrise bewußt ist und nach Alternativen im Umgang mit der Natur sucht.

Jahrbuch Ökologie 1998

Herausgegeben von
Günter Altner, Barbara Mettler-von Meibom,
Udo E. Simonis und Ernst U. von Weizsäcker

VERLAG C.H.BECK

Mit 15 Abbildungen und 8 Tabellen

Redaktion

Prof. Dr. Udo E. Simonis, Wissenschaftszentrum Berlin (WZB),
Reichpietschufer 50, 10785 Berlin,
Tel.: (030) 25491-245; Fax (030) 25491-247.

Die Deutsche Bibliothek – CIP Einheitsaufnahme

Jahrbuch Ökologie .../in Zusammenarbeit mit BAUM,
Bundesdeutscher Arbeitskreis für Umweltbewußtes
Management, Hamburg ... – München : Beck

1998. – Orig.-Ausg. – 1997

(Beck'sche Reihe ; 1228)
ISBN 3 406 42028 1
ISSN 0940-9211

Originalausgabe
ISBN 3 406 42028 1
ISSN 0940-9211

Umschlagentwurf: Uwe Göbel, München
Umschlagabbildung: Stefaans Samcuia: Buck and tree (Bock und
Baum), 1994, Ausschnitt; © SANART, Rosenheim
© C. H. Beck'sche Verlagsbuchhandlung (Oscar Beck), München 1997
Gesamtherstellung: C. H. Beck'sche Buchdruckerei, Nördlingen
Gedruckt auf Resa-Offset aus 100% Altpapier
Printed in Germany

INHALT

2. Biologische Vielfalt

3. Umweltmedizin

III. Disput:
Deutschland auf dem Weg zur Nachhaltigkeit?

IV. Umweltpolitikgeschichte

VI. Spurensicherung

Anhang

Zu diesem Jahrbuch

Die bewährte Struktur des Jahrbuchs Ökologie haben wir auch diesmal beibehalten. Es ist ja allzu offensichtlich, daß die ökologische Krise der *Perspektiven*, des Blicks für die relative Bedeutung der Dinge, bedarf (Teil I). Auch der ökologische Diskurs hat seine Konjunktur, *Schwerpunkte*, die von Jahr zu Jahr wechseln (Teil II). Diskutabel, des Erwägens wert, ist vieles; des *Disputs*, des Streitgesprächs, bedarf es, wo die Meinungen grundsätzlich auseinandergehen (Teil III). Politik, auch Umweltpolitik, entsteht in einem Kontext von Macht, Interessen und Überraschungen – und so sollte *Umweltpolitikgeschichte* beispielhaft aufgeschrieben werden (Teil IV). Sodann gibt es nicht nur Trends der weiteren Belastung und Zerstörung der Natur, es gibt auch *Exempel, Erfahrungen*, ja *Ermutigungen* positiven ökologischen Denkens und Handelns (Teil V). Wir entdecken immer wieder Initiativen, die aufrütteln, anspornen, die man nach-machen könnte. Und letztlich ist es gut festzuhalten, was in der Hektik des Alltags nicht vergessen werden sollte, *Spurensicherung* also (Teil VI).

In diesem Jahr schien es uns wichtig, einmal danach zu fragen, ob Menschen trotz allseits geäußerten Umweltbewußtseins ihr tatsächliches, umweltschädigendes *Verhalten* gar nicht ändern können. Ob dies den *Abschied vom allmächtigen Gott* impliziert, ist die provokante Gegenfrage. Perspektiven können sich auch aus *alten Märchen* ergeben, Entwicklungen zum Besseren wie zum Schlechteren. Zu dem, was besser werden muß, gehören die *Spielregeln der Umweltpolitik*.

Die *Schwerpunkte*, die wir für das vorliegende Jahrbuch ausgewählt haben, sind alle hochaktuell und brisant zugleich. Von Globalisierung der Wirtschaft reden zur Zeit ja viele; einiges an dieser Debatte ist keineswegs neu, anderes schlicht falsch. Die *Globalisierung der Umweltpolitik* ist dagegen sehr real, und sie macht Fortschritte. Fortschritte gibt es auch im Erkennen des anhaltenden *Verlusts an biologischer Vielfalt*, zu wenige hingegen, diesen Prozeß zu stoppen. Gegen heftigen Widerstand aus den eigenen Reihen widmen sich zunehmend mehr Ärzte den umweltbedingten Krankheiten, die *Umweltmedizin* etabliert sich als Fachgebiet.

Der diesjährige *Disput* gilt ebenfalls einem aktuellen Thema. Sind wir, fünf Jahre nach der UN-Umweltkonferenz von Rio de Janeiro, auf dem Wege zur Nachhaltigkeit; *wie zukunftsfähig ist Deutschland* wirklich geworden? Wir fragten die Bundesumweltministerin, den Präsidenten eines großen Umweltverbandes und den Kollegen Umwelt-Professor. Alle drei sahen das Thema auf ihre Weise.

Die diesjährige *Umweltpolitikgeschichte* beschreibt eine Entwicklung des Auf und Ab; erst in jüngster Zeit konnte die *Windenergienutzung* gegen massive Widerstände zu einer Erfolgsgeschichte werden.

Die *Exempel, Erfahrungen* und *Ermutigungen* in diesem Jahrbuch sind erneut vielfältig, sie sprechen jeweils für sich. Einige sind einmalig, andere sofort zum Nach-machen geeignet – und wieder andere, wie der Fall Tschernobyl, dürfen nie wieder geschehen.

In der Rubrik *Spurensicherung* dokumentieren wir diesmal, wie sich die Begriffe *Natur* und *Umwelt* entwickelt haben und worin sie sich unterscheiden. Nach dem Schaf „Dolly" scheint nun auch das *Klonen des Menschen* theoretisch möglich; daß es nicht geschehen darf, steht auf dem Papier einer Resolution. Und wir erinnern daran, wie man wieder einmal, trotz aller tier-ethischen Bekenntnisse, mit *Tieren* umgegangen ist.

Zum Schluß erneut der Hinweis auf ein immer nützlicher werdendes Handwerkszeug: das Schlagwortverzeichnis aller bisherigen Beiträge des Jahrbuchs Ökologie, das *Gesamtregister 1992–1998*, mit dem man sich das komplexe Thema Ökologie vortrefflich erarbeiten kann.

Wir, Herausgeber, Lektor und Redakteur, wünschen uns natürlich auch für dieses Jahrbuch wieder viele Leserinnen und Leser, Kritik, wo nötig, und Lob, wenn möglich.

I. PERSPEKTIVEN

Günther Schiwy

Abschied vom allmächtigen Gott
– auch in Ökologiefragen

Für den 75jährigen Carl Amery,
der uns vor 25 Jahren durch sein Buch
„Das Ende der Vorsehung.
Die gnadenlosen Folgen des Christentums"
aufrüttelte.

Vielleicht erscheint sie doch noch zwischen dem Redaktions-
schluß dieses Jahrbuchs und seinem Erscheinen: die überfällige
Enzyklika des Papstes zur Umweltkrise. Selbst wenn das Un-
wahrscheinliche einträte: Es bleibt die Frage, warum sich das
Oberhaupt der römisch-katholischen Kirche so spät engagiert,
und die grundsätzlichere Frage: Warum rangieren Umweltfragen in den christlichen Kirchen immer noch auf den hinteren
Plätzen, oder, falls sie vor einem Jahrzehnt mehr vorn lagen,
warum sind sie wieder zurückgefallen? Dem Zeitgeist gehor-
chend, wie ihn Horst Stern kürzlich charakterisierte? „Von einem demoskopischen Spitzenplatz in der Rangfolge der Pro-
blemfelder rutschte die Natur binnen weniger Jahre nahezu
ans Ende der Liste bundesbürgerlicher Besorgnisse. Die Nation zerstreitet sich vehement über der Frage, ob eine Woche
Kranksein einen Urlaubstag kosten dürfe. Der Krankenstand
der Natur interessiert nicht in einer Zeit der leeren Kassen.
Nicht einmal mehr die nun um ihre ökonomische Kompetenz
besorgten Grünen." (ZEIT, 7. 2. 1997)

Damit kein Mißverständnis entsteht: Viele Christen, christliche Gruppen, Kirchenleitungen haben seit dem ersten Bericht des Club of Rome über die *Grenzen des Wachstums* 1972, vor allem dann in den 80er Jahren, die Herausforderung angenommen. Sie haben sich nicht nur mit der von Carl Amery im gleichen Jahr gestellten Frage auseinandergesetzt, wie weit der christliche Schöpfungsauftrag „Macht euch die Erde untertan!" an der Umweltkrise schuld sei. Sie haben sich auch aktiv an Lösungsvorschlägen und praktischen Versuchen zur Wiederherstellung des „Friedens mit der Natur" (K.M. Meyer-Abich) beteiligt.

Diese Aktivitäten gipfelten 1985 in der Forderung des Deutschen Evangelischen Kirchentages an die Kirchen der Welt nach einer „Weltversammlung der Christen für Gerechtigkeit, Frieden und die Bewahrung der Schöpfung". Die Diskussion über die entsprechenden Schriften Carl Friedrich von Weizsäckers *Die Zeit drängt* und *Das Ende der Geduld*, die organisatorischen und theologischen Probleme, die Abstinenz vor allem der römisch-katholischen Kirche verhinderten jedoch den erhofften Durchbruch zu einer weltweiten Mobilisierung der mehr als 2 Milliarden Christen. Trotzdem ist die Bilanz der christlichen Initiativen und Aktivitäten – bis zu der jüngsten Studie über die „CO_2-Minderung im Bereich der Evangelischen Kirche in Deutschland" (siehe *Jahrbuch Ökologie 1997*) – beachtlich.

Dabei entzieht sich dem Beobachter der Anteil der Menschen, die sich für die Lösung der Umweltprobleme privat, in ihrem Beruf oder in entsprechenden Organisationen engagieren, ohne dabei ihre christliche Motivation zur Schau zu tragen. Wenn man die Zahl der so Engagierten im eigenen Bekanntenkreis hochrechnen darf, dürfte der christliche Anteil beträchtlich sein.

Dennoch hat man den Eindruck, die Christen und ihre Kirchen gehörten aufs Ganze gesehen nicht zur ökologischen Avantgarde. Das Schicksal der Erde scheint sie nicht sonderlich zu interessieren. Wo Christen Politik machen, scheinen sie nicht wahrhaben zu wollen, daß es bald keine lokale und nationale Politik und auch keine europäische Politik mehr geben wird, wenn wir nicht anfangen, „Erdpolitik" (Ernst Ulrich von Weizsäcker) zu betreiben.

Sollten Christen etwa immer noch der Meinung sein, der „Allmächtige" wird's schon richten, und wenn er's nicht tut, dann dürften wir uns auf das angesagte und ersehnte „Weltende" gefaßt machen? Heißt es nicht im letzten Buch der Bibel, in der Apokalypse (Offenbarung) des Johannes: „Dann sah ich einen neuen Himmel und eine neue Erde; denn der erste Himmel und die erste Erde sind vergangen" – vielleicht durch eine von Menschen verursachte ökologische Katastrophe? Würde dadurch nicht augenfällig, daß der durch die „Erbsünde" von Grund auf „verderbte" Mensch nicht nur nicht fähig ist, sich das „Paradies auf Erden" selbst zu schaffen, sondern daß er diese Erde auch noch vollends zugrunde richtet?

Wenn es ein „Paradies" geben wird, dann wird es uns geschenkt werden: „Er, Gott, wird bei ihnen sein. Er wird alle Tränen von ihren Augen abwischen: Der Tod wird nicht mehr sein, keine Trauer, keine Klage, keine Mühsal. Denn was früher war, ist vergangen." (Offenbarung 21, 1–4)

Sind Christen deshalb so lustlose und wenig engagierte Erdbewohner, weil sie auf die „Neue Erde" warten und das Ende der „ersten Erde" um so mehr herbeiwünschen, als diese nicht mehr lebenswert, geschweige denn liebenswert erscheint?

Befangen durch die Gottesbilder

Nicht nur Christen, sondern alle Angehörigen einer Religion, in deren Mittelpunkt ein „Gott" steht, werden durch ihre Gottesbilder, denen immer auch ein Menschen- und Weltbild entspricht, einerseits befreit – von anderen „fremden Göttern" sowie von „Ideologien" über den Menschen und die Welt. Andererseits sind Gläubige auch die Gefangenen ihrer Gottesbilder, wie Ungläubige die Gefangenen ihrer Menschenbilder und Weltanschauungen sind. Es gibt in diesem Sinne für keinen Menschen eine unbefangene Wahrnehmung der Welt. Jedoch hat die Weltauffassung der Gläubigen, hinter der die Autorität eines Gottesbildes steht, besondere Verbindlichkeit.

Das erschwert es Gläubigen, in kritische Distanz zu ihrer Weltauffassung und ihrem Gottesbild zu treten. Dabei dürfte unbestreitbar sein: Auch in Offenbarungsreligionen, auch im Christentum besteht zwischen dem „Gott, wie er in sich ist", und dem Bild von Gott, das sich der Gläubige von ihm macht, eine Differenz. Unstrittig ist ferner: Jedes Gottesbild – auch im Christentum – hat seine Geschichte. Die jüdisch-christliche Offenbarungsgeschichte ist auch die Geschichte wechselnder jüdisch-christlicher Gottesbilder, eine Geschichte, die nicht unbeeinflußt ist vom jeweiligen Zeitgeist. „Ist es Zufall oder ist's verräterisch, daß gerade Männer und Staatsmänner, wenn sie einmal von Gott reden, mit Vorliebe vom ‚Allmächtigen' sprechen? Auch Hitler pflegte das zu tun." (Kurt Marti, nach Schiwy, S. 48)

„Herrscher", „Hirten" oder „Mitgeschöpfe"?

Seit Carl Amery 1972 in seinem aufrüttelnden Buch *Das Ende der Vorsehung* die „gnadenlosen Folgen des Christentums" beschrieben hat – die rücksichtslose Herrschaft des Menschen über die Natur –, haben sich christliche Theologen bemüht, die entsprechenden Passagen in den biblischen Schöpfungsmythen neu zu interpretieren.

Gegenüber der bisher im Vordergrund stehenden Weisung Gottes aus der ersten, sogenannten priesterschriftlichen Quelle: „Bevölkert die Erde, *unterwerft* sie euch, und *herrscht* über die Fische des Meeres, über die Vögel des Himmels und über alle Tiere" (Genesis 1,18) brachte man ergänzend und korrigierend aus der jahwistischen Quelle zur Geltung: „Gott, der Herr, nahm also den Menschen und setzte ihn in den Garten von Eden, damit er ihn *bebaue* und *hüte*." (Genesis 2,15). „Bewahren und Bebauen" statt „Herrschen" war denn auch

1985 das Thema der Gemeinsamen Erklärung des Rates der Evangelischen Kirche in Deutschland und der Deutschen Bischofskonferenz unter dem Titel „Verantwortung wahrnehmen für die Schöpfung" sowie das Motto für die Aktion Brot für die Welt von 1986 bis 1988.

In der genannten Erklärung findet sich auch bereits ein Hinweis auf eine weitergehende Interpretation des Verhältnisses des Menschen zur übrigen Schöpfung: „Ehrfurcht vor dem Leben bezieht sich nicht nur auf menschliches, tierisches und pflanzliches Leben, sondern im weiteren Sinne auf die unbelebte Natur mit ihren Lebenselementen (Wasser, Boden, Luft) und ihren funktionalen Kreisläufen als Lebensraum. Sie sind nicht als tote Gebrauchsgegenstände zu verstehen, sondern als Teil der Lebensbedingungen des Menschen und seiner Mitkreatur." Mitkreatur – der Mensch als Mitgeschöpf der anderen Geschöpfe seiner „Mitwelt" (K. M. Meyer-Abich): Das ist mehr als „Hirte" sein, sondern schließt gegenseitige Abhängigkeit, schließt Mitfühlen, Mitdenken, Mitfreuen ein, wie ein Buchtitel des ehemaligen Dominikaners, jetzt Anglikaners Matthew Fox lautet.

Der „allmächtige Gott" – eine „ohnmächtige Kreatur"?

Carl Amery deutete schon vor 25 Jahren an, die Misere des christlichen Weltverständnisses sei wohl nicht nur ein Mißverständnis der biblischen Schöpfungsgeschichten. Vielmehr sei eine Revision des vorherrschenden Gottesbildes angesagt. Wir seien „in eine neue dialektische Phase der Unberechenbarkeit Gottes eingetreten". Auf dessen angebliche Zukunftsgarantien könne sich kein Fortschrittsglaube mehr berufen. „Wir müssen, theologisch gesprochen, auf diese letzte Kenosis, diese letzte Selbstentäußerung hinaus: auf die Entäußerung von der garantierten Zukunft. Nur wenn wir sie verlieren, werden wir sie gewinnen! Nur wenn wir handeln, als gäbe es sie nicht, wird sie uns – vielleicht – zufallen" (S. 205).

Die Geschichte des jüdisch-christlichen Gottesbildes scheint an einem Punkt angelangt zu sein, an dem sich der „Abschied vom allmächtigen Gott" aufdrängt in dem Sinne: Die Schöpfung verdankt ihre Entstehung und ihre Weiterexistenz gerade nicht einem Gott, der seine Allmacht ängstlich festgehalten hätte und seine Herrschaft gegenüber der Schöpfung mit Gewalt behauptete. So zu denken entspricht eher dem Gottesbild der griechischen Religionsphilosophie, die erheblichen Einfluß auf das theologische Gottesbild des Christentums gehabt hat und bis heute hat. Die zentrale christliche Offenbarung findet sich dagegen im Philipperbrief, den auch Carl Amery vor Augen hatte, wie das Stichwort „Kenosis" zeigt: „Seid untereinander so gesinnt, wie es dem Leben in Christus Jesus entspricht: Er war Gott gleich, hielt aber nicht daran fest, wie Gott zu sein, sondern er entäußerte sich und wurde wie ein Sklave und den Menschen gleich." (2,5–7)

Sich entäußern, zurücknehmen, hingeben, den anderen unabhängig machen, freisetzen, ihm Verantwortung geben, kurz gesagt – lieben: das sind die Schlüsselwörter des neuen Gottesbildes. Bereits Sören Kierkegaard hat ihren Zusammenhang beschrieben: „Güte ist sich ganz hingeben, aber dergestalt, daß man, indem man allmächtig sich zurücknimmt, den Empfangenden unabhängig macht." (nach Schiwy, S. 12) Der Schöpfer schafft, um sich mit dem Geschöpf radikal zu solidarisieren. Deshalb wird er selbst Geschöpf, verzichtet für die Dauer der Schöpfungsgeschichte auf seine Allmacht, um in der relativen Ohnmacht, Freiheit und Verantwortung der Geschöpfe mit ihnen und in ihnen das Abenteuer der Liebe zu einem guten Ende zu bringen: in der endgültigen Einheit aller Schöpfung mit dem Schöpfer, wie sie Jesus erbeten hat: „Auf daß sie alle eins seien, gleichwie du, Vater, in mir und ich in dir, daß auch sie in uns eins seien." (Johannesevangelium 27, 21)

Ökologische Theologie und Mystik

Gott als „ohnmächtige Kreatur" – ein solches Gottesbild hat seine ökologischen Konsequenzen. Es schafft erst den Freiraum für die Mitverantwortung des Menschen bei der weiteren

Entwicklung der Schöpfung. Ist sie doch ein Gemeinschaftsunternehmen von Geschöpf und Schöpfer, der jedoch nicht als transzendenter Weltenherrscher, sondern in immanenter Knechtsgestalt wirksam ist.

Eine ökologische Theologie gipfelt in dem Glauben: Unsere Erde wird in dem Maße eine „neue Erde und ein neuer Himmel" sein, als sie das gemeinsame Haus (griechisch *oikos*) von Schöpfer und Geschöpf wird. Indem auch wir dem ohnmächtig gewordenen Gott Raum geben, wie er uns immer schon Raum gegeben hat und immer noch gibt, kann er seine „Kraft und Herrlichkeit" (Graham Greene) frei entfalten – in uns, in der Schöpfung. „Die Geschöpfe nehmen teil an den göttlichen Eigenschaften der Ewigkeit und der Allgegenwart, wie der einwohnende Gott an ihrer befristeten Zeit und ihrem begrenzten Raum teilgenommen und sie auf sich genommen hat" (Moltmann, S. 337). Gott wird, so weit es ihm möglich ist, Geschöpf; das Geschöpf wird, so weit es einem Geschöpf möglich ist, vergöttlicht.

Das gilt nicht nur für den Menschen, sondern für die gesamte Schöpfung. In allen ihren Gestalten ist Gott gegenwärtig als der mehr oder weniger befreite und befreiende, als der mehr oder weniger ein- und ausgesperrte – wie Jesus Christus am Kreuz. Ist doch die Heilsgeschichte auch eine Unheilsgeschichte und noch in vollem Gange – mit offenem Ausgang für diese Erde, einen winzigen Ausschnitt des göttlichen Kosmos.

Einer solchen ökologischen Theologie entspricht eine ökologische Spiritualität, die nicht mehr auf ein gottgewolltes „Weltende" wartet und eine „Neue Erde" ersehnt, die es danach gratis gäbe. Albert Schweitzers „Ehrfurcht vor dem Leben" gewinnt neue Aktualität und eine Tiefendimension, die an die große Tradition mystischer Naturfrömmigkeit in allen Religionen anschließt. Der Umgang mit allem und jedem, nah und fern, ist immer auch der Umgang mit dem abwesenden allmächtigen und dem anwesenden ohnmächtigen Gott.

Carl Amery beendet sein Buch *Das Ende der Vorsehung* mit einem bedenkenswerten „Wort des Abwesenden Gottes" (S. 252 ff.):

„Erwählt, geprüft, verbündet mit der allmacht, wie du sie verstehst,

hast du aus deiner winzigen weltecke die erde erobert,

du hast die zeichen deines sieges und die zeichen der vernichtung

in die flanken der berge, in den schoß der erde, auf die linien des wassers geschrieben.

Und nun, da du mit deiner siegerfahne auf den leichen stehst,

da du dich einsam fühlst und von der zukunft verlassen,

willst du von Mir die alten verheißungen einfordern . . .

Du fragst: hast du mir nicht den Sohn geschickt mit der Verheißung einer Zukunft,

die alle meine zurüstungen übersteigt?

Ich aber sage dir: Er hat dir ein beispiel gegeben, daß du tust, wie Er getan hat.

Geh hin, gib deine untertanen frei und diene, wie Er gedient hat:

diene deinen brüdern und schwestern sonne, mond, ochs, esel, schimpansen, ameisen, bäumen, regen und tau"

Wen habe Ich je erwählt, den anderes erwartet hat als dienen?"

Ökologisch glauben ist absurd – weltweit und im Odertal

Angesichts der schrumpfenden Zahlen von Kirchenbesuchern und des wachsenden Autoritätsverlustes bei Kirchenleitungen, Bischöfen und Päpsten, auch bei beamteten Theologen, scheint es für die dringend notwendige Stärkung der ökologischen Bewegung nicht ins Gewicht zu fallen, welchem Gottesbild die Christen offiziell oder inoffiziell anhängen. Das mag zutreffen, was Zentraleuropa angeht, wobei wir die tiefe Prägung des Unbewußten bei Christen und auch Nichtchristen durch das herrschende Gottesbild nicht unterschätzen sollten.

Die über eine Milliarde Christen in der übrigen Welt kommen hingegen oft aus religiösen Traditionen, denen ein allmächtiger Gott fremd ist. Diese Christen sind irritiert, wenn sie mit einem überholten Gottesbild der griechisch-abendländischen Tradition konfrontiert und in ihrem ökologischen Engagement gebremst werden. Auf der Vollversammlung des Ökumenischen Rates der Kirchen in Canberra 1991 gestand die Südkoreanerin Chung Hyun Kyung, daß sie „nicht länger an einen allmächtigen Macho, an Gott den Streiter glaubt, der alle Guten errettet und alle Bösen bestraft. Ich verlasse mich auf den barmherzigen Gott, der inmitten der grausamen Zerstörung des Lebens mit uns um das Leben weint . . . Wir erfahren den lebenspendenden Geist Gottes im Ringen unseres Volkes um Befreiung, in seinem Schreien nach Leben und in der Schönheit und im Geschenk der Natur." (nach G. Altner in Ritter, S. 87)

Das erinnert an den eingangs erwähnten Horst Stern. Das untere Odertal soll streckenweise renaturiert werden. Stern ist irritiert über die Angst des Kulturmenschen vor der Wildnis in dem Wissen, daß Angst in Mensch und Tier leicht zu Gewalt wird. „Was also wundern wir uns, die wir ökologiegläubig das Recht der Natur auf eine partielle Rückkehr in den Urzustand vertreten, wenn uns immer wieder nackte Feindschaft entgegenschlägt?" Feindschaft von denen, die das „Paradies" noch immer im gnadenlosen Fortschritt sehen und in der Unterwerfung der Natur? Feindschaft von Christen, die auf das Kommen ihres „allmächtigen Vaters" warten und seine ohnmächtige, mütterliche Anwesenheit in der unterdrückten Natur mit Füßen treten. „Was ihr für einen dieser Geringsten nicht getan habt, das habt ihr auch mir nicht getan." (Matthäusevangelium 25, 45)

Horst Stern hat seinen ökologischen Glauben trotz aller scheinbaren Absurdität nicht verloren und erinnert an Tertullian von Karthago, den Schöpfer des Kirchenlateins. Als der „am Ende seines eigenen, Gott suchenden Lateins angekommen" war, hat er sein berühmtes „Credo quia absurdum" gesprochen: „Ich glaube, weil es absurd ist."

Literaturhinweise

Amery, C. (1972): Das Ende der Vorsehung. Die gnadenlosen Folgen des Christentums, Reinbek bei Hamburg: Rowohlt Verlag.

Fox, M. (1994): Mitfühlen, Mitdenken, Mitfreuen. Die neue Verantwortlichkeit des Menschen an der Schwelle zum 3. Jahrtausend, München: Scherz Verlag.

Moltmann, J. (1995): Das Kommen Gottes. Christliche Eschatologie, Gütersloh: Chr.Kaiser / Gütersloher Verlagshaus.

Ritter, W. H., R. Feldmeier, W. Schoberth, G. Altner (1996): Der Allmächtige. Annäherungen an ein umstrittenes Gottesprädikat, Göttingen: Vandenhoeck & Ruprecht.

Schiwy, G. (1995): Abschied vom allmächtigen Gott, München: Kösel Verlag.

Sven Leunig/Jörg E. A. Heider

Warum Menschen ihr Verhalten nicht ändern!

„Wann ändern Menschen ihr Verhalten?" fragte Thea Bauriedl im Jahrbuch Ökologie 1996. Sie bezog sich damit auf die Erkenntnis, daß das Wissen um die Möglichkeiten eines umweltgerechten Verhaltens bei vielen Menschen zwar vorhanden ist, die notwendigen Verhaltensänderungen aber ausbleiben. Unseres Erachtens ist eine solche Verhaltensänderung bei der Mehrheit der Menschen auch nicht zu erwarten. Im folgenden wollen wir daher der Frage nachgehen, *warum* Menschen ihr Verhalten *nicht* ändern.

Thea Bauriedl versucht, beide miteinander verbundenen Fragen aus Sicht der Psychologie zu beantworten. Dementsprechend fällt ihre Antwort aus: Sie vergleicht das Verhalten derjenigen, die wider besseres Wissen ihr umweltschädigendes Verhalten nicht ändern, mit dem von „Süchtigen". Wie diese würden sie sich an Schein-Vorteilen orientieren statt an den Zielen, die sie eigentlich anstreben. Alkoholkranke glauben mit dem Griff zur Flasche ihre Probleme lösen zu können, anstatt sich den Ursachen ihrer Sucht zu stellen. Ebenso ziehen viele Menschen die individuelle Mehrung von Besitz, Macht und Einfluß einem „sich mit anderen zusammen in Sicherheit [. . .] bringen und zufrieden [. . .] werden" vor (Bauriedl, 1996). Besitz, Macht und Einfluß seien „Drogen", deren sich die „Süchtigen" bedienten, um der klar erkannten globalen Gefahrensituation (Ozonloch, Klimaänderung, Verlust an Biodiversität usw.), in der sie sich aufgrund ihres Verhaltens und dem ihrer Mitmenschen befinden, und der Angst, die aus dieser Erkenntnis resultiert, zu entgehen. Wie alle Süchtigen versuchten diese Menschen daher, ihr Verhalten an der Mehrung dieser Suchtmittel auszurichten. Ihre subjektive „Kosten-Nutzen-Rechnung" ergebe dann, daß umweltgerechte Verhaltensänderungen zu viele persönliche Nachteile (Kosten) im Verhältnis zum individuellen Nutzen mit sich bringen würden. Ihr Verhalten würden die Menschen nur ändern, wenn sich zuvor die gesellschaftlich-politischen Rahmenbedingungen dahingehend geändert hätten, daß umweltgerechtes Verhalten im Rahmen dieser Orientierung „belohnt" werden würde.

Bauriedls These von Besitz, Macht und Einfluß als Suchtmittel erscheint uns aber nicht sehr überzeugend. Wir stellen daher ihrer Auffassung zur Erklärung des menschlichen Verhaltens unser Konzept des „Evolutionären Egoismus" gegenüber.

Besitz, Macht und Einfluß als Suchtmittel?

Aus den Ausführungen Bauriedls ergibt sich, daß der Grund für die fehlende Bereitschaft vieler Menschen, ihr Verhalten zu ändern, im Ineinandergreifen zweier Aspekte zu suchen ist: Zum einen sind diese grundsätzlich an „irrationalen" Zielen orientiert, die einer Verhaltensausrichtung an kollektiven Werten entgegenstehen; zum anderen spricht im Rahmen dieser Orientierung nichts für ein umweltgerechtes Verhalten.

Beschäftigen wir uns zunächst mit der Frage der grundsätzlichen Orientierung. Daß viele Menschen die Erweiterung von Besitz, Macht und Einfluß *gegen* andere als zumindest individuell nützlicher bewerten als das Streben nach Sicherheit und Zufriedenheit in Gemeinschaft *mit* anderen, erscheint uns unstrittig. Problematisch scheint uns aber die Einschätzung des Machtstrebens als reines Suchtmittel zu sein.

Wir gehen statt dessen davon aus, daß *beide* Orientierungen einen Eigenwert haben. Das bedeutet, daß das sicherlich ebenso gewünschte Ziel der gemeinschaftlichen Sicherheit und Zufriedenheit gegenüber der Mehrung von Besitz, Macht und Einfluß aus pragmatischen wie prinzipiellen Gründen *zurücktritt*.

Es ist, so meinen wir, für den einzelnen subjektiv *vorteilhafter*, Besitz, Macht und Einfluß im Kampf *gegen* andere zu erwerben als *mit* ihnen. Das Anstreben von Zielen mit anderen setzt Kooperation voraus. Diese bringt Kommunikationskosten (höherer Zeitaufwand, Notwendigkeit zu größerer Reflexionsbereitschaft) mit sich. Zwar entstehen auch beim Kampf um Macht Kosten, die unter Umständen den Kommunikationskosten entsprechen können. Zur Kooperation bedarf es aber zusätzlich der gegenseitigen Gewißheit um den Willen zur Zusammenarbeit des jeweils anderen, die der einzelne in der Regel nicht hat (vgl. dazu das spieltheoretische *Gefangenendilemma*). Daher erscheinen die auch ohne Kooperation erreichbaren Ziele *Besitz, Macht* und *Einfluß* dem einzelnen attraktiver.

Das menschliche Streben nach Besitz, Macht und Einfluß hat aber noch tieferliegendere Gründe. Sie werden deutlich, wenn man z.B. „Besitz" vor allem mit *materiellen Wirtschaftsgütern* in Verbindung bringt. Sie dienen ihrem Ursprung nach der *Sicherung der menschlichen Existenz* (Lebensmittel, Kleidung, Wohnraum). Wirtschaftliche Sicherheit wird aber am besten durch die Aneignung individueller Macht oder durch Kleingruppenmacht gewährleistet.

Die Entscheidung für die Ziele Besitz, Macht und Einfluß kann also als durchaus rational angesehen werden, wenn man nicht der gemeinsamen Sicherheit und Zufriedenheit einen höheren Wert *per se* zuordnet. Es dient somit nicht nur als Suchtmittel.

Der „kurzsichtige" Mensch

Auch die Annahme, daß sich umweltgerechtes Verhalten im Rahmen der „Besitz/Macht/Einfluß"-Orientierung nicht „rechnet", ist prinzipiell sicherlich richtig. Bei der Frage, *warum* dies so ist, erscheint uns aber ein Aspekt von entscheidender Bedeutung, der bei Bauriedl nicht erwähnt wird, nämlich die *zeitliche* Präferenz.

Greifen wir an dieser Stelle noch einmal den Begriff des „Besitzes" auf und dehnen ihn auf immateriell-abstrakte Werte aus. Dann lassen sich auch Werte wie Gesundheit oder das Leben an sich als „Besitz" betrachten. Damit ginge es bei der heute anstehenden Verhaltensentscheidung im weitesten Sinne auch um eine Frage des Besitzes. Fraglich ist, ob man den relativ sicheren Besitz materiellen Reichtums in der Gegenwart bzw. nahen Zukunft höher bewertet als die Aussicht auf den „Besitz" eines gesunden Lebens in einer möglicherweise fernen, ungewissen Zukunft. Bei dieser Abwägung scheinen sich die meisten Menschen für den kurzfristig sicheren Besitz zu entscheiden, nach dem Prinzip: „Besser den Spatz in der Hand, als die Taube auf dem Dach!"

Daß der Mensch zu solch „kurzsichtigem" Denken neigt, läßt sich mit seinem evolutionär entstandenen „Erkenntnisapparat" erklären. Wie Vertreter der „Evolutionären Erkenntnistheorie" (u.a. Mohr, 1987; Wuketits, 1984) gezeigt haben, war es für den Menschen zur Zeit der Herausbildung seines noch heute aktiven Wahrnehmungsapparates, im Präneolithikum, notwendig, unter Berücksichtigung ausschließlich kurzfristig zu erwartender Ereignisse schnelle Entscheidungen zu treffen. Es war nicht notwendig, über möglicherweise langfristig eintretende Ereignisse nachzudenken oder gar das eigene Handeln daran auszurichten. Dies hätte die eigenen Überlebenschancen eher verringert. Auch in der Philosophie wurde das Phänomen der menschlichen *Kurzsichtigkeit* schon früh erkannt (vgl. dazu David Hume).

Übertragen auf die Umweltproblematik hat diese eingeschränkte Wahrnehmung einen entscheidenden Effekt. Intellektuell sind wir in der Lage, die großen negativen Folgen unseres Handelns in der Zukunft zumindest abzuschätzen. Dennoch entscheiden wir uns gegen die notwendigen Verhaltensänderungen, die uns in der Gegenwart die Inkaufnahme von gegenüber den Folgen der Umweltverschmutzung – relativ kleinen Nachteilen (Bequemlichkeit, finanzielle Einbußen) abverlangen. Der gegenwärtige Nachteil erscheint uns in der Perspektive größer als der tatsächlich größere Nachteil in der Zukunft. *Rational* ist indes auch dieses Verhalten, nur eben *kurzfristig rational*. Um dem Einwand vorzubeugen, dieses Verhalten wäre aber doch in jedem Fall für die Gesamtheit aller Menschen (letztlich wohl aller lebenden Organismen auf dieser Welt) nachteilig und damit irrational, bliebe noch eines zu ergänzen: *subjektiv* kurzfristig rationales Verhalten.

Selbst Menschen, die die langfristige Schädlichkeit ihres Verhaltens für sich und andere eingesehen haben, handeln oft nicht danach. Warum?

Wie bereits angedeutet, tritt bei jeder Zielumsetzung, zu der es der Kooperation einer Vielzahl von Individuen bedarf, ein weiteres Problem auf: Jedes Individuum muß sich dessen sicher sein, daß auch alle anderen das zu erreichende Ziel als vordringlich ansehen und bereit sind, zur Zielerreichung gegenwärtige Nachteile (Kosten) in Kauf zu nehmen.

Mit diesem Problem haben wir es auch im Hinblick auf umweltgerechtes Verhalten zu tun. Es nützt wenig, wenn nur einige einsichtige Zeitgenossen ihr Verhalten umweltgerecht ändern. Um uns eine reale Chance zu geben, müßte sich daher eine große Zahl von Menschen kurzfristig anders verhalten. Dies wiederum müßte dem einzelnen bekannt sein. Aus der Sicht des Individuums tritt nun etwas auf, das wir als *„umgekehrtes Trittbrettfahrer-Syndrom"* bezeichnen wollen.

Das „Trittbrettfahrer-Syndrom" (vgl. Olson, 1985) besagt, daß es in Gemeinschaften immer einzelne „Schmarotzer" gibt, die zwar die Vorteile (gesunde Umwelt) nutzen, die Nachteile (z.B. Umweltgebühren) jedoch nicht in Kauf nehmen bzw. nicht bereit sind, die Kosten für den gemeinschaftlichen Nutzen mitzutragen. Dies ist ihnen nur möglich, da es sich bei den Vorteilen um ein Kollektivgut bzw. um kollektive Güter handelt, von deren Nutzung niemand ausgeschlossen werden kann. Ein solches Verhalten lohnt sich für sie nur so lange, wie sich ausreichend viele so verhalten, daß die Erhaltung des betreffenden Gutes nicht in Frage steht.

Hier stellt sich die Situation für den einzelnen also „umgekehrt" dar. Eben weil er *nicht* davon ausgehen kann, daß sich die meisten seiner Mitmenschen umweltgerecht verhalten werden, ist es für ihn kurzfristig rational nicht sinnvoll, als – womöglich – Einziger die gegenwärtigen Nachteile umweltgerechten Verhaltens in Kauf zu nehmen.

Fassen wir unsere bisherigen Antworten auf die Frage, warum der Mensch sein Verhalten nicht ändert, noch einmal zusammen:

Seine Orientierung auf Besitz, Macht und Einfluß resultiert aus dem Wunsch nach Sicherung seiner Existenz, die sich leichter in Konkurrenz zu anderen als in Kooperation mit anderen erreichen läßt. Im Rahmen dieser Grundorientierung bringt umweltgerechtes Verhalten kurzfristig subjektiv gesehen mehr Nach- als Vorteile mit sich. Auch die Menschen, die sich der langfristig-kollektiven Schädlichkeit ihres Verhaltens bewußt sind, werden sich nicht ändern, solange sie nicht sicher sind, daß die meisten anderen mitziehen.

Grundlegendes Charakteristikum solcher Orientierungen ist die Ausrichtung auf den individuellen Vorteil auch gegen andere. Wir verbinden daher die genannten Elemente zu einem Gesamtkonzept, das wir als *„Evolutionären Egoismus"* bezeichnen. Der Konzept-Begriff weist aus, daß es sich dabei nicht um „egoistische" Verhaltensweisen im engeren Sinn handelt, sondern um eine Vielzahl von Elementen, die – zumindest zum Zeitpunkt ihrer Entstehung – einen (Überlebens-)Vorteil für das Individuum mit sich brachten.

Daraus geht bereits hervor, daß wir von einer evolutionären Entstehung dieser Denkmuster und Verhaltensweisen ausgehen. Evolutionär heißt in diesem Zusammenhang nicht nur „in einem Entwicklungsprozeß", sondern soll vielmehr auf die prähistorische Entstehung der wesentlichen Elemente hindeuten. Aufgrund der Entwicklung des Menschen aus höheren Primaten kann man davon ausgehen, daß sich auch bei ihm überlebensdienliche Verhaltensweisen im Laufe seiner biologischen und sozialen Evolution herausgebildet haben und stammesgeschichtlich (phylogenetisch) verankert wurden (Eibl-Eibesfeld, 1994).

Der Kern des Strebens nach Besitz materieller Güter ist das Bedürfnis des Menschen, sich durch Beschaffung von Nahrungsmitteln, Bekleidung, Wohnraum etc. eine möglichst gute

Überlebens- und Fortpflanzungsbasis zu schaffen. Da diese Ressourcen aber in der Regel knapp sind, konkurriert er mit seinesgleichen und anderen Lebewesen. Seine Verhaltensweisen sind ihrem Grundsatz nach zunächst *egoistisch*, also auf das *eigene* Überleben ausgerichtet. Danach hat derjenige die bessere Überlebenschance, der im Vergleich zu seinen Konkurrenten möglichst viele Ressourcen an sich bindet. Dies kann er am besten, wenn er sich Macht über andere verschafft, die er dann nach eigenem Ermessen von den Ressourcen ausschließen oder sie ihnen zuteilen kann. Kooperation kann zwar ebenfalls zu einer Sicherung der Ressourcen führen, beinhaltet aber immer auch ein Teilen der Ressourcen, was für das individuelle Überleben nachteilig sein kann. Im Zuge der Evolution sind daher auch die Orientierung auf Kleingruppen, die ausgeprägte Bereitschaft zu innerartlicher Aggression und die Wahrnehmung der Natur als übermächtigen „Feind", gegen den es sich durchzusetzen gelte, entstanden. Diese Eigenschaften haben sich nicht nur in der frühen Menschheitsgeschichte, sondern noch bis vor einem guten Jahrhundert als individuell (!) überlebensdienlich, zumindest aber nicht schädlich erwiesen, so daß wir immer noch von ihnen „geleitet" werden.

Allgemeiner gefaßt läßt sich das Verhalten der meisten Menschen als an hedonistischen Nützlichkeitsüberlegungen orientiert bezeichnen, geleitet vom vernünftig reflektierten Eigeninteresse. Dieses Eigeninteresse ist aufgrund seiner *evolutionären* Entstehung auch heute noch „kurzfristig" ausgerichtet. Ansonsten wäre es kaum verständlich, warum der Mensch mit seinem umweltschädigenden Verhalten langfristig seinen eigenen Interessen zuwiderhandelt.

Die evolutionäre Entstehung bedeutet freilich nicht, daß diese Eigenschaften *unveränderlich* sind und ausnahmslos jeden Menschen leiten. Es gibt durchaus Ausnahmen von diesem Prinzip: Idealisten und Altruisten einerseits, Fanatiker andererseits, wobei letztere im Einzelfall sogar bereit sind, ihr eigenes Leben im Dienst einer von ihnen so aufgefaßten „höheren Sache" zu opfern.

Wie bereits erwähnt, ist der von uns verwandte Begriff des Egoismus nicht auf egoistische Verhaltensweisen im engeren Sinn beschränkt. Folge eines im Kern egoistischen „Kosten-Nutzen-Kalküls" kann durchaus auch scheinbar altruistisches Verhalten sein – in den in der Soziobiologie bekannten Formen des „reziproken" bzw. „nepotistischen" Altruismus (Voland 1993). Reziproker Altruismus besagt, daß der einzelne sich dann „selbstlos" verhält, wenn er davon ausgehen kann, daß ihm dieser selbstlose Einsatz von seinem Gegenüber entsprechend vergolten wird. Nepotistischer Altruismus ist die Form des selbstlosen Verhaltens insbesondere zwischen Kindern und Eltern – ebenso, in abgeschwächter Form, zwischen Verwandten –, auch wenn dieses Verhalten keinen ersichtlichen Nutzen für das Individuum haben mag. Dawkins erklärt dies mit der Absicht, genetisch Verwandte zu unterstützen (Dawkins, 1994; ähnlich Wickler/Seibt, 1977).

Ausblick

Die für die Zukunft des Menschen und wohl auch der Welt entscheidende Frage lautet also: Läßt sich dieser evolutionäre Egoismus überwinden? Wenn ja, in welcher Form?

Die Gründe, die unseres Erachtens *gegen* eine erfolgreiche Änderung sprechen, liegen im Zusammenspiel der verschiedenen Komponenten. Wir wollen das am Beispiel der von Bauriedl geforderten Änderung der Rahmenbedingungen deutlich machen.

Aus dem Ansatzpunkt der Rahmenbedingungen geht hervor, daß Bauriedl eine Änderung der Grundorientierung – weg von Besitz, Macht und Einfluß hin zu kollektiven Werten – eigentlich für nicht realistisch hält. Dieser Ansicht schließen wir uns an.

Daß es zwar möglich ist, unserem „stammesgeschichtlichen Imperativ" zuwiderzuhandeln, wissen wir nicht zuletzt angesichts historisch (wie z.B. Gandhi) und auch gegenwärtig immer wieder in Erscheinung tretender Idealisten. Wir halten es jedoch für sehr unwahrscheinlich, daß die notwendige gleichzeitige Verhaltensänderung einer *breiten Mehrheit* überall auf der Welt ohne regulative (Zwangs-)Maßnahmen eintritt.

Wer aber sollte überhaupt die notwendigen Maßnahmen – mithin also die Änderung der Rahmenbedingungen – vornehmen? Von den „Macht-Süchtigen" und Egoistisch-gewinnorientierten, die nicht nur zahlenmäßig unsere und andere Gesellschaften dominieren, sondern auch an den „Schalthebeln der Macht" sitzen, ist dies wohl nicht zu erwarten. Daß die wenigen Idealisten oder genauer gesagt, diejenigen, die sich aus den „Klauen" des evolutionären Egoismus befreien konnten, dazu ausreichen, scheint insbesondere angesichts der Wahlergebnisse für ökologisch ausgerichtete Parteien in der ganzen Welt eher unwahrscheinlich. Und eine „Öko-Diktatur" kann wohl angesichts der unabsehbaren „Nebenfolgen" niemand ernsthaft wollen.

Ist deshalb nun nichts mehr zu machen? Sollten wir die Hände in den Schoß legen?

Wie Thea Bauriedl kommen auch wir – trotz unserer deutlich pessimistischeren Sicht – zu der Antwort: Nein! Allerdings weniger aus begründeter Hoffnung auf eine tatsächlich eintretende „Kehrtwende" der meisten Menschen. Wir gehen eher von einer Art „Dualismus" aus zwischen der objektiven Erkenntnis, daß es für die Welt voraussichtlich keine Rettung mehr geben kann, und dem subjektiv-pragmatischen Engagement für eben diese Rettung. Dieser Dualismus muß nicht nur dem Wissenschaftler abgefordert werden, der wohl kaum optimistisch in die Zukunft sehen kann, ohne dabei die wissenschaftliche Redlichkeit sträflich zu verletzen. Auch für den engagierten Umweltschützer ist diese Einstellung notwendig – will er nicht am Ende Gefahr laufen, aus Enttäuschung über seinen wahrscheinlich „sinnlosen" Einsatz zu verzweifeln.

„Sinnlos" setzen wir hier bewußt in Anführungszeichen. Denn Sinn macht sein Handeln sehr wohl – zumindest zur zufriedenen Gestaltung seines eigenen, individuellen Lebens. Der verantwortungsbewußte Mensch fühlt sich ja – im Gegensatz zum kurzfristig denkenden Egoisten – geradezu innerlich gedrängt, ein umweltfreundliches Verhalten an den Tag zu legen und seine Mitmenschen zu einem ebensolchen zu bewegen. So ist es für seine seelische Gesundheit von eminenter Bedeutung, diesem Bedürfnis zu folgen.

Daß eine solche Geisteshaltung nicht so ungewöhnlich und schwierig ist, wie sie auf den ersten Blick scheint, zeigt ein Beispiel, das wohl die meisten von uns geradezu tagtäglich praktizieren. Gemeint ist hier der Dualismus zwischen der völlig unzweifelhaften Todesgewißheit und dem Wunsch, so gut und intensiv zu leben, wie nur möglich. Wir helfen uns aus diesem Dilemma eben so, wie wir es im Falle des zumindest sehr wahrscheinlichen Menschheitstodes tun können: Indem wir unseren Tod möglichst verdrängen, ohne in unserem Bestreben nach einem glücklichen Leben nachzulassen. In beiden Fällen verfolgen wir also – meist unbewußt – die Philosophie des „als ob" im Sinne Hans Vaihingers (Vaihinger, Berlin 1927): Wir verhalten uns so, „als ob" unsere Tage nicht schon gezählt wären!

Literaturhinweise

Bauriedl, Thea: Wann ändern Menschen ihr Verhalten?, in: Jahrbuch Ökologie 1996, München 1995, S.11–17.

Eibl-Eibesfeld, Irenäus: Wider die Mißtrauensgesellschaft. Streitschrift für eine bessere Zukunft, München 1994.

Dawkins, Richard: Das egoistische Gen, Neuauflage, Heidelberg 1994.

Hume, David: Ein Traktat über die menschliche Natur, Buch II und III, Neuauflage, Hamburg 1972, S.283–288.

Mohr, Hans: Natur und Moral. Ethik in der Biologie, in: Dimensionen der modernen Biologie, Band 4, Darmstadt 1987.

Olson, Mancur: Die Logik des Kollektiven Handelns. Kollektivgüter und die Theorie der Gruppen, Tübingen 1985.

Vaihinger, Hans: Die Philosophie des „Als ob", Berlin 1927.

Voland, Eckart: Grundriß der Soziobiologie, Stuttgart, Jena 1993.

Wickler, Wolfgang/Seibt, Uta: Das Prinzip Eigennutz. Ursachen und Konsequenzen sozialen Verhaltens, München 1981.

Wuketits, Franz M.: Evolution, Erkenntnis, Ethik. Folgerungen aus der modernen Biologie, Darmstadt 1984.

Werner Schenkel/Christine Ax

Schlaraffenland –
Alte Märchen und neue Wirklichkeit

Erinnern Sie sich noch an das Grimmsche Märchen vom *Schlaraffenland*? Es ist ein Land, in dem Milch und Honig fließen und in dem einem die gebratenen Tauben in den Mund fliegen. Faulheit ist die höchste Tugend und Fleiß das schlimmste Laster. Das Schlaraffenland ist der Inbegriff sorgenfreien Lebens, aber auch der maßlosen Völlerei. Wenn wir uns einen Menschen vorstellen, der vor etwa 200 Jahren gelebt und sich damals ein Leben im Schlaraffenland gewünscht hat, dann wäre er sicher von der heutigen Realität überwältigt. Die Verhältnisse aber sind noch vielfältiger, als die damalige Phantasie es sich überhaupt träumen ließ.

Erinnern Sie sich an die *Kölner Heinzelmännchen*?

> Wie war zu Köln es doch vordem
> mit Heinzelmännchen so bequem.
> Denn, war man faul
> man legte sich
> hin auf die Bank und pflegte sich.
> Da kamen bei Nacht, eh' man's gedacht
> die Männlein und schwärmten
> und klappten und lärmten
> und rupften und zupften
> und hüpften und trabten
> und putzten und schabten
> und eh' ein Faulpelz noch erwacht
> war all' sein Tagewerk bereits gemacht.

Auch dieses Märchen enthält Wunschträume, die viel mit der Entlastung von körperlicher Arbeit zu tun haben. Wir sprechen oft liebevoll von „unseren Heinzelmännchen", wenn wir von unseren Haushaltshilfsgeräten sprechen.

Beide Phantasiewelten, das *Schlaraffenland* und die *Heinzelmännchen*, sind in mancher Weise in Erfüllung gegangen. Wohlstand, Bildung, Mobilität, Entlastung von körperlicher Arbeitsfron, individuelle Freiheit haben einen Umfang angenommen, der zu Zeiten der Gebrüder Grimm noch als märchenhaft galt.

Die Menschen in den Industrieländern leben wie im Schlaraffenland. Unsere Lebensverhältnisse sind im allgemeinen so gut, wie sie sich im Märchen allenfalls Könige leisten konnten. Doch sind wir zufrieden?

Wir sind offenbar nicht *Hans im Glück,* der bei jedem Tausch zwar ökonomisch verlor, aber mental gewann. Er tauschte den Klumpen Gold schließlich für eine Gans ein und fühlte sich als glücklicher Mensch dabei. Etwa nach dem spanischen Sprichwort: *„Nicht der ist glücklich, der viel hat, sondern der, der wenig braucht."* Im Gegensatz zum *Mann mit dem steinernen Herzen*, dem Menschen, der aus Geldsucht und Habgier zu Stein wird und der die Probleme seiner Mitbürger nicht mehr wahrnimmt, geschweige denn zu lindern vermag.

Welche Wünsche haben wir heute noch?

„Es war wie im Märchen", pflegen wir zu sagen, wenn etwas Unerwartetes, Schönes sich ereignet oder in Erfüllung geht. Im Märchen spielen materielle Wünsche eine große Rolle: ein Brot, der Brei, ein Pferd, viel Gold, ein Königreich. Gleichen diese Wünsche unseren heutigen Wünschen nach einer Wohnung, einem Auto, einer Reise, oder sind unsere Wünsche heute eher immaterieller Art wie Beschäftigung, Gesundheit, Freundschaft, Friede, Glück? Wir lassen diese Frage unbeantwortet, stellen aber die Behauptung auf, daß sich unsere hemmungslose Konsumgesellschaft mit ihrer dauernden Sucht nach *größer, schneller, schöner* und der Droge *Verbrauch* statt Gebrauch für solche Art von Wünschen nicht eignet. Glück läßt sich eben nicht kaufen. Man gewinnt es und verliert es, aber wie man es bekommt, muß jeder für sich herausfinden. *„Jeder ist seines Glückes Schmied"*, pflegt der Volksmund zu sagen.

Das Geheimnis der Zeit

Märchen machen uns auch die Gegenwartsschrumpfung deutlich. Gemeint sind nicht die *Siebenmeilenstiefel* und der *Fliegende Teppich,* mit dem sich schnell und ökologisch verträglich weite Entfernungen überwinden ließen. Wir denken eher an *Momo.* In *Momo* geht es um Zeitdiebstahl, die gestohlene Zeit, die Zeit, die vergeht, ohne daß sie uns nutzt. Die uns am Leben hindert. Die Ökologie der Zeit muß studiert werden, denn es ist die Zeit der Ökologie. Wie verarbeiten wir die stetige Beschleunigung, die wir erleben und die es macht, daß wir den Kindern erklären müssen, was Küfer, Zimmerleute, Bürstenbinder, Drechsler, Garköche, Feintäschner, Stellmacher für Berufe waren. Sie kennen sie ja nicht mehr. Sie wollen Logistiker, Programmierer, Börsenmakler, Werbeberater, Animateure, Yuppy, Immobilienhändler, Developer werden. Solche Berufe kommen in keinem Märchen vor.

Ganz ähnlich geht es uns mit den Tieren im Märchen. Der Bär in *Schneeweißchen und Rosenrot,* der *Wolf mit den sieben Geißlein*, das Einhorn beim *tapferen Schneiderlein*, die Schwäne bei der *Geschichte vom Nesselhemd* oder der Hase beim *Swinigel.* Sie gibt es bei uns nicht mehr, oder es wird sie in absehbarer Zeit nicht mehr geben. Wir haben sie hinter Gitter und Mauern gesperrt oder ausgerottet. Wir haben ihre Lebensräume besetzt. Wir beherrschen unsere Mitgeschöpfe. Wir haben um uns eine Bonsai-Natur geschaffen und den christlichen Kulturauftrag der Bibel: „Macht Euch die Erde untertan" mehr als gut erfüllt.

Es gibt aber ganz andere Tierchen, wie Ratten, Kakerlaken, Spinnen, Milben, Flöhe, Läuse, Viren und Bakterien, von denen kein Märchen erzählt. Sie leben im Dunkel, in den Abwasserkanälen und Fernheizungsschächten, in den Küchenabfällen und auf den Müllhalden. Sie sind auch Gesellschafter unseres

Lebens. Sie sind die Überlebenskünstler dieser Welt. Vielleicht erzählen wir unseren Enkeln einmal das Leben der dicken Küchenschabe oder die Erlebnisse von Franz, der Kanalratte.

Damit nicht nur Endzeitstimmung aufkommt, könnten wir auch Märchen erfinden von fremden, eingewanderten Tieren und Pflanzen, z.B. den putzigen Waschbären, der lustigen Sumatraschildkröte, den farbigen Wellensittichen, der Vogelkirsche, den Rhododendren und Zypressen. Die Wissenschaftler sagen Neozoen und Neophyten dazu. Das sind in fremde Gefilde verbrachte Lebewesen, die dort ihre natürliche Überlebensfähigkeit durch Anpassung und Fruchtbarkeit unter Beweis stellen und dabei die angestauten „Einheimischen" verdrängen. Das Chinaschilf, *miscanthus giganteus*, das uns beim Einfangen der Sonnenenergie helfen soll, wurde 1934 von Aksel Olsen als wuchsstarkes Klon von Japan nach Dänemark importiert.

Von Bildern und Märchen

Unser Handeln wird trotz aller verlautbarten Rationalität von vielen kollektiven Glaubenssätzen geleitet. Beispiele hierfür sind Sätze wie:

Wer rastet, der rostet

Stillstand ist Rückschritt

Was nicht zur Tat wird, hat keinen Wert

Arbeit adelt

Müßiggang ist aller Laster Anfang

Morgenstund hat Gold im Mund

schneller – höher – weiter

Öfter mal was Neues (man gönnt sich ja sonst nichts ...)

jung und dynamisch

Geschwindigkeit ist keine Hexerei

Stadtluft macht frei

Diese Glaubenssätze beschreiben Bilder, die in uns wirksam sind und nach denen sich unser Handeln sehr häufig richtet. Geht man diesen Sätzen nach, finden wir uns in der Sagen-, Mythen- und Märchenwelt wieder. Wir landen bei Märchen wie z.B. *Der süße Brei*, das vom Umgang mit dem Überfluß handelt, *Sterntaler*, in dem sich Naturgüter in Geld verwandeln, oder in *Aschenputtel*, wo das hohe Lied vom Lohn für klaglose Arbeit und Leiden so süß gesungen wird.

Diese Liste ließe sich beliebig verlängern, und es stellt sich die Frage, was um alles in der Welt die alten Bilder so wirkungsmächtig macht. Wir werden damit groß und glauben fest daran, daß zum Schluß immer alles, alles gut wird. Wir sind schlecht darauf vorbereitet, daß die Welt möglicherweise ganz anders ist und wir sowohl in unserem eigenen Leben als auch kollektiv damit rechnen müssen, daß das Ende auch ein schreckliches sein kann.

Märchenhaft

Märchen transformieren komplizierte Sachverhalte und Erfahrungen in einfache, kurzweilige Geschichten. Sie wurden von Märchenerzählern erfunden, die vor den Medien Film und Fernsehen „mit Worten malten" und eine magische Bilderwelt schufen, die sich tief in unser Gedächtnis eingegraben hat. Weltbilder und Wertungen, die von einer Generation an die nächste weitergegeben wurden, um das kostbare „in Bilder geronnene kollektive Wissen" zu sichern.

Märchen erzählen Geschichten, in denen meist Wirklichkeit unwirklich und Utopisches real wird. Da sprechen Pflanzen mit Tieren, Tiere mit Menschen, Menschen mit Pflanzen und alle verstehen sich. Märchen kennen „Märchentechnik": der *Fliegende Teppich* und die *Siebenmeilenstiefel*, der *Geist aus der Flasche*, der fernsehende Spiegel, das sprachgesteuerte Tresor-Tor. Märchentechnik ist immer einfach und umweltfreundlich, effektiv und menschenorientiert, durchschaubar und verständlich. Oft werden die einfachsten Mittel überraschend intelligent oder auch subversiv angewandt: *Rapunzels* Zopf wird zum Aufzug, *Hänsels* Stöckchen dient als Prüfgerät für Gewichtszunahme, und beim *Zauberring* genügt ein bißchen Reiben und alle Träume werden wahr. Technik dient stets einem wichtigen Ziel, z.B. dem Erreichen des Glücks für den oder die Protagonistin.

Märchentechnik ist nie Selbstzweck, morallos oder objektiv. Märchen haben immer eine Moral. Gut und Böse, oben und unten, arm und reich sind klar auszumachen und zu unterscheiden. Abwägende Stellungnahmen von Experten kommen hier nicht vor. Das Märchen kennt nur schwarz oder weiß, gut oder böse, klug oder dumm. Die Handelnden tragen ganz märchenhaft stets die Konsequenzen für ihr Handeln. Die moderne Auflösung der Moral und der Institutionen, die darin besteht, daß wir alle irgendwie, irgendwann Opfer sind, kennt das Märchen nicht. Uns scheint, auch hierbei ist das Märchen uns ein Stück voraus.

Die alten Bilder

Was aber, wenn die Lebenswirklichkeit die Märchen überholt, wenn die Situationen und Lebensmöglichkeiten in wenigen Jahrzehnten unvergleichbar werden? Was bewirken diese Märchen heute, angesichts von Produktbergen, die zu Müll werden, angesichts des beschleunigten Bedeutungswandels und des Aussterbens archetypischer Berufsbilder, von Zeit- und Raumvorstellungen, die technisch überholt sind und angesichts natürlicher Begrenzungen, die aufgehoben scheinen. Was also, wenn Märchen Wirklichkeit werden, ohne daß die Wirklichkeit märchenhaft wird und sich nur noch die Widersprüche vermehren?

Was soll die Geschichte von der schrecklichen Armut, die bei *Hänsel und Gretel* oder bei *Däumling* zum Aussetzen der Kinder in der Wildnis führte und sogar Ansätze von Kannibalismus erkennen läßt? Oder das Märchen von der körperlichen Arbeit und deren qualitätsvoller Erfüllung, die beim *Gestiefelten Kater* oder bei *Aschenputtel* die zentrale Rolle spielen. Was soll der Mythos vom Landmann, der den Boden versteht und mit den Tieren spricht – vorbei, passé!

Die Disziplin, Hingabe und Bescheidenheit des lieben kleinen *Aschenputtels*, das am Ende für seinen protestantischen Arbeitsethos belohnt wird, während die Hoffart im Unglück versinkt. Was bedeuten sie in einer Zeit, die immer weniger

(Erwerbs-)Arbeit zu vergeben hat und in der dennoch das Märchen vom Glück durch Arbeit weiter erzählt wird? Wir wissen heute, daß bezahlte Arbeit unser Problem nicht lösen wird und tragen trotzdem das Bild vom Glück durch Arbeit tief in uns und empfinden den Verlust der Erwerbsarbeit nicht als Entlastung, sondern als Stigmatisierung in einer Gesellschaft der Arbeitenden.

Heinzelmännchen und *Schlaraffenland*: Wir haben es hier mit Bildern zu tun, die zwei- oder dreihundert Jahre alt sind und älter. Sie wurden im letzten Jahrhundert von Erzählern wie Andersen, den Gebrüdern Grimm, Hauff, Novalis, Stifter und andern gesammelt und aufgeschrieben. Und sie sind eng verbunden mit Zeiten, in denen

erbarmungslos gearbeitet wurde

entsetzliche Armut herrschte

Kriege und Krankheit schreckliche Unsicherheiten

mit sich brachten

Unwissenheit und Unbildung weite Kreise

der Bevölkerung prägten

Zeiten, die überwunden wurden dank eines ökonomischen Modells, eines strikten Arbeitsethos, durch Wissenschaft und Technik und *last but not least*: durch den Expansionsdrang und die erbarmungslose Ausbeutung der natürlichen Umwelt. Wir haben eine „attraktive Ökonomie" errichtet und ihr mehr oder weniger bedenkenlos die alten Kulturen geopfert. Wir leisten uns zwar einen gewissen Umweltschutz und sind stolz darauf. Doch wenn's ernst wird, dies zeigt die Debatte um den „Standort Deutschland", bewahrheitet sich die Brechtsche Weisheit: „Zuerst kommt das Fressen und dann die Moral." Die Ambivalenz der Werte in unserer Gesellschaft zeigt sich besonders in unserem Verhalten und Empfinden.

Unsere Welt ist:

sicher, aber wir versichern uns zunehmend

frei, aber wir schließen uns immer mehr ein

mobil, aber wir sind immer ruheloser

schnell, aber wir sind immer oberflächlicher

behütet, aber wir sind zunehmend kopflos

weltoffen, aber wir fühlen uns oft heimatlos
informiert, aber wir werden zunehmend verständnisloser
wohlhabend, aber wir sind unsolidarisch, mitleidlos
und hartherzig
erlebnishungrig, aber wir entdecken nichts mehr
reich, aber wir fühlen uns arm und bedroht und unzufrieden
wir wollen jung bleiben und können nicht würdevoll altern
wir sind befriedet, aber es herrscht soviel Gewalt
wir sehen fern, aber nehmen in der Nähe nichts mehr wahr
wir kennen von allem den Preis und von nichts mehr den Wert

Neue Bilder müssen her!

Das Problem in unserem Teil der Welt ist nicht der Mangel, sondern der Überfluß, nicht mehr die Arbeitsfron, sondern der Mangel an Arbeit. Die Produktivität dieser Gesellschaft schafft keine eigentlichen Werte mehr. Sie konsumiert nur noch und hinterläßt die Produkte als Müll. Es geht daher heute darum, die Suchtstruktur des Konsums offenzulegen. Und um davon loszukommen, gilt es, sich klarzumachen, was uns in unserem Leben wirklich fehlt: Zuwendung, Anerkennung, Trost, Ermutigung, Solidarität und Mitgefühl.

Das Wirtschaftswachstum, das von orthodoxen Wirtschaftlern noch immer postuliert wird, muß vom Energie- und Rohstoffdurchsatz entkoppelt werden. Eine nachhaltige, umweltverträgliche Entwicklung verlangt ein neues Gleichgewicht zwischen Ökologie, Ökonomie und sozialer Entwicklung.

Märchen leben von dem Unterschied zwischen Wirklichkeit und Möglichkeit. Märchen sind ein Fenster in die Zukunft. Auch wenn es nicht sicher ist, daß das Ende gut ist, leben wir alle von der notwendigen Hoffnung, daß es uns gelingt, diesen Unterschied zwischen Wirklichkeit und Möglichkeit zu nutzen. Gäbe es keine Märchen, keine Träume und Utopien, unser Leben wäre ärmer und wir wären flügellahm. Diese Dialektik auszuhalten, für das Happy End (wie im Kino) zu arbeiten, wohl wissend, daß es zum Schluß auch wie bei *High Noon* ausgehen kann, ist eine wichtige Funktion des Prinzips Märchen.

Keine Frage, die alten Märchen sind passé. Die Welt verändert sich gründlich, und so auch die alten Lösungen. Werte und Verhaltensweisen sind daraufhin zu überprüfen, ob sie heute überhaupt noch zutreffen. So untauglich die alten Märchen sein mögen: Das Prinzip Märchen darf nicht sterben. Wenn es keine Märchen mehr gäbe, man müßte sie erfinden als Gegengift gegen Phantasielosigkeit, Bedenkenträgerei – das Prinzip Hoffnung gegen die normative Kraft des Faktischen.

Wir brauchen also neue Bilder. Die dazugehörigen neuen Maximen könnten lauten:

Bescheidenheit ist eine Tugend
Überfluß ist Leben auf Kosten anderer
Aus der Strenge kommt die Kraft
Weisheit braucht mehr als Wissen
Glück kann man nicht kaufen
Erfüllung hat nichts mit Völlerei zu tun
Lebensfreude ist mehr als ein Rausch
Wohlfahrt braucht mehr als Wohlstand

Was nutzt uns diese Erkenntnis? Wer formuliert die neuen Bilder und bringt sie dem staunenden Volke nahe?

Also, neue Märchen braucht das Land. Die alten Märchen sind tot: Es lebe das Märchen!

Literaturhinweise

Ackermann, Erich: Märchen und Geschichten aus Urgroßmutters Schatztruhe, Frankfurt a. M.: Fischer Taschenbuch 1990.

Drewermann, Eugen, Neuhaus, Ingritt: Die Kristallkugel, Hagen: Walter 1993.

Ende, Michael: Momo, Stuttgart: Thienemann 1973.

Fetscher, Iring: Wer hat Dornröschen wachgeküßt?, Frankfurt a. M.: Fischer Taschenbuch 1992.

Nadolny, Sten: Die Entdeckung der Langsamkeit, München: Piper 1987.

Perrault, Charles: Märchen aus alter Zeit, Buchschlag: Melzer 1976.

Riedel, Ingrid: Tabu im Märchen, Hagen: Walter 1990.

Edda Müller
Neue Spielregeln für die Umweltpolitik

Die Umweltpolitik muß die Weichen stellen für eine „nachhaltige Entwicklung", die die Bedürfnisbefriedigung auch künftiger Generationen gewährleistet. Ich will im folgenden nicht die Inhalte der hierzu notwendigen Veränderungen beschreiben. Dazu gibt es bereits eine umfängliche Literatur. Mein Thema ist vielmehr der politisch-administrative Prozeß. Wie kann die Umweltpolitik – auch gegen Widerstände – die notwendige Integration von Umweltzielen in die Politikbereiche schaffen, die für die umwelt- und zukunftsbedrohenden Strukturen verantwortlich sind?

Grundsätzlich bieten sich für die Lösung von Konflikten drei Strategien an: der Interessenausgleich, das Zurückgreifen auf verbindliche Spielregeln und Rechtspositionen sowie der Einsatz von Macht (Ury et al., 1991).

Der ungleiche Kampf Davids gegen Goliath

Macht ist in der Umweltpolitik eine höchst flüchtige Ressource. Während der Umweltschutz in den 80er Jahren mit Rücksicht auf die Wählergunst noch ein Thema des Parteienwettbewerbs war, scheint mit der festen Etablierung von Bündnis 90/Die Grünen in der deutschen Parteienlandschaft die Bedeutung von Umweltthemen im parteipolitischen Machtspiel eher zurückzugehen. Die großen Parteien konkurrieren um Wählerstimmen mit anderen Themen. Sie überlassen den Grünen ohne viel Widerstand das umweltpolitische „Gütesiegel". Je häufiger und länger diese aber Regierungsverantwortung mittragen, ohne weitgesteckte Umweltziele zu erreichen, desto größer wird die Gefahr der Wählerfrustration. Damit wird aber auch das durch Wahlen und die öffentliche

Meinung mobilisierbare Machtpotential der Umweltpolitik kleiner. Faktisch kämpft die Umweltpolitik gegen widerstreitende Interessen wie ‚David gegen Goliath'. Gültige Spielregeln, die in den Geschäftsordnungen von Regierungen, Ministerien und Parlamenten festgelegt sind, erschweren – so meine zentrale These – zusätzlich sowohl die umweltpolitische Durchsetzung als auch den Interessenausgleich zwischen Umwelt- und sonstigen Interessen. Ich werde diese Behauptung anhand praktischer Beispiele aus der Bundes-, Landes- und der Europäischen Politik erläutern und schließlich einige Vorschläge für neue Spielregeln für die Umweltpolitik präsentieren.

Von der Macht der Geschäftsordnung

Ich unterscheide drei Arten von Spielregeln:
– Die Zuständigkeitsregel, die verknüpft ist mit der „agenda setting power",
– die Regel von der „amtlichen Reihenfolge", mit Auswirkungen auf Beratungsverfahren und die Gestaltung von Tagesordnungen,
– die „protokollarische Etikette" und ihre psychologischen Wirkungen.

„What is the difference between wood and a civil servant? Wood works." Dieser Beamtenwitz parodiert einen weitverbreiteten Irrglauben über die Innenwelt der Ministerialverwaltungen. Da Beamte notorisch faul seien, würden Zuständigkeiten hin und her geschoben. Keiner wolle sie haben. In der Wirklichkeit ist dieser „negative" Kompetenzkonflikt die Ausnahme. Die Regel ist der „positive" Kompetenzkonflikt: Die Ressorts streiten sich um die Zuständigkeit und damit die Federführung für eine Aufgabe; gute Beamte befolgen die administrative Lehre: Wer schreibt, der bleibt.

Die Gründe für das Gerangel um Zuständigkeit ergeben sich aus den Geschäftsordnungsregeln. Sie statten denjenigen, der die Zuständigkeit hat, mit Exklusivrechten aus. Der Zuständige ist Herr des Verfahrens. Er, nur er kann ein Thema auf die Tagesordnung für interministerielle Abstimmungen zur Vorbereitung von Kabinettsentscheidungen setzen. Er bereitet eine Vorlage vor, bestimmt Zeitpunkt und Ort der Verhandlungen. Er führt den Vorsitz bei Verhandlungen, schreibt das Protokoll und setzt die Fristen für Stellungnahmen. Die Geschäftsordnung gibt ihm auch das Recht, die Vorgehensweise bei der Beratung festzulegen. Er kann außerdem die Beratung von Beiträgen beteiligter Ressorts ablehnen, wenn sie aus seiner Sicht nicht zur Tagesordnung gehören.

Der Streit um Zuständigkeiten pflastert die Geschichte der deutschen Umweltpolitik. Ende der 70er Jahre stritten sich das damals für den Umweltschutz zuständige Bundesministerium des Innern (BMI), das Bundesarbeitsministerium (BMA) und das Bundesministerium für Jugend, Familie und Gesundheit (BMJ) um die Zuständigkeit für das Chemikalienrecht. Gefunden wurde ein äußerst ablaufhemmender Kompromiß, nämlich die Aufteilung der Federführung auf alle drei Ressorts.

In den 80er Jahren verlor das Bundesumweltministerium (BMU) den Streit um die Federführung beim Gentechnikrecht. Zuständig ist bis heute das Bundesgesundheitsministerium, das nicht nur bei den Vollzugsregelungen zum Gentechnikgesetz die volle Mitsprachemöglichkeit der Umweltbehörden bei Freisetzungen erfolgreich abwehren konnte. Es initiierte Anfang der 90er Jahre auch erfolgreich die Deregulierung des Gentechnikgesetzes.

Hochaktuell ist das Thema Verfahrensherrschaft in der Klimapolitik. 1989 eroberte sich das Bundesumweltministerium die Zuständigkeit für die Herbeiführung eines Kabinettsbeschlusses über ein CO_2-Minderungsziel. Es erhielt am 13. Juni 1990 durch Kabinettsbeschluß auch die Federführung für den Vorsitz in der Interministeriellen Arbeitsgruppe CO_2-Reduktion. Zugleich wurde allerdings die Federführung des Bundeswirtschaftsministeriums (BMWi) für die Beiträge der Energiepolitik, des Bundesverkehrsministeriums (BMV) für die der Verkehrspolitik, des Bundesbauministeriums (BMBau) für den Gebäudebereich, des Bundeslandwirtschaftsministeriums (BML) für die der Landwirtschafts- und Forstpolitik sowie des Bundesforschungsministeriums (BMFT) für den

Bereich Neue Technologien festgeschrieben. Schon bei der Vorbereitung des Kabinettsbeschlusses zum CO_2-Minderungsziel hatten diese Ressorts die Beratung der vom Bundesumweltministerium erarbeiteten Gesamtvorlage zu Reduzierungsbeiträgen ihrer Politikbereiche mit der Begründung abgelehnt, daß das BMU hierfür nicht zuständig sei.

Einen Anschauungsunterricht zur Macht von Geschäftsordnungsregeln vermittelt auch der Werdegang der wichtigsten vom Bundeskabinett im November 1990 verabschiedeten Aufträge zur Umsetzung des CO_2-Minderungsprogramms (BMU, 1991): Die „zuständigen Ressorts" (BMWi, BMV, BMBau, BML, BMFT, BMF und BMU) erhielten den Auftrag, dem Bundeskabinett ein Gesamtkonzept zur Nutzung ökonomischer Instrumente für die CO_2-Minderung in der Bundesrepublik Deutschland vorzulegen. Einbezogen werden sollte ein Förderkonzept zur Ausschöpfung von CO_2-Minderungspotentialen im Gebäudebereich, bei der Fernwärmeversorgung, bei der verstärkten Nutzung erneuerbarer Energien, bei der rationellen und sparsamen Energieverwendung sowie bei umweltfreundlichen Verkehrssystemen. Ein solches Konzept wurde niemals, nicht zuletzt wegen der verteilten Zuständigkeiten, ausgearbeitet und dem Kabinett vorgelegt.

Die „Zuständigkeitsblockade" fand im übrigen ihre Fortsetzung auf der Ebene der Europäischen Union. Die Detailberatungen der vom Energie- und Umweltministerrat 1990 grundsätzlich beschlossenen Einführung einer CO_2-Energiesteuer fanden in einer Arbeitsgruppe unter Vorsitz des ECO-Fin-Rates statt. Die deutsche Delegation aus Vertretern des BMF, des BMWi und des BMU bot den übrigen Mitgliedstaaten der EU nicht nur wegen unterschiedlicher Auffassungen, sondern auch wegen eines ständigen Kompetenzhickhacks ein verwirrendes Bild.

Im Jahre 1990 war der Bundeswirtschaftsminister beauftragt worden, eine Novelle zum Energiewirtschaftsgesetz vorzulegen. Dieser Auftrag wurde vom Bundeswirtschaftsministerium 1996 in einer Weise erfüllt, die eher kontraproduktive Wirkungen für den Klimaschutz befürchten läßt.

Umweltressortchefs als Ankündigungsminister

Was tut ein Umweltminister, den die regierungsinternen Spielregeln daran hindern, Entscheidungen zu initiieren? Er tritt – wie der frühere Bundesumweltminister Töpfer es öfters getan hat – die Flucht in die Öffentlichkeit an. Er geht diesen Weg auch deshalb, weil die öffentliche Meinung zumeist seine einzige Machtressource ist. Er kündigt z.B. die baldige Verabschiedung einer CO_2-Abgabe bzw. Energiesteuer oder die Einführung des 3-Liter-Autos an. Er hofft zum einen, damit den Entscheidungsprozeß innerhalb der Bundesregierung zu beschleunigen. Zum andern will er erreichen, daß sich die gesellschaftlichen Akteure frühzeitig auf entsprechende rechtliche Regelungen einstellen, um ihren späteren Widerstand zu verringern. Dieses Vorgehen ist aber riskant. Die Meinungsmacher in den Medien interessieren sich nämlich meist mehr für Personalia und machtpolitische Pikanterien als für Inhalte. Sie stempeln so agierende Umweltminister sehr rasch zum „Ankündigungsminister", sie bezichtigen diese der politischen Schwäche und Einflußlosigkeit. Damit kann die Flucht in die Öffentlichkeit sich rasch als Bumerang erweisen und die Position des Umweltministers im regierungsinternen Entscheidungsprozeß zusätzlich schwächen.

Die „amtliche Reihenfolge"

Rein rechtlich gesehen gibt es im deutschen Regierungssystem keine Rangfolge von Regierungsmitgliedern. De facto hängt der Einfluß eines Ministers im Kabinett bzw. seines Ressorts im interministeriellen Abstimmungsprozeß jedoch von vielerlei Machtfaktoren ab. Ich möchte hier nur die möglichen Auswirkungen der „amtlichen Reihenfolge", d. h. der jeweils zu Beginn einer Legislaturperiode festgesetzten Reihung der Ministerien, erwähnen.

Die Umweltressorts in Bund und Ländern sind zumeist jüngeren Datums. Sie rangieren in der „amtlichen Reihenfolge" daher auf den hinteren Plätzen. So liegt das Bundesumweltministerium in der 13. Wahlperiode bei insgesamt 16 Ressorts auf Platz 12 hinter den klassischen und großen Ressorts. In Schleswig-Holstein bildet das Umweltressort in der „amtlichen Reihenfolge" der Regierungsmitglieder das Schlußlicht. Normalerweise spielt die „amtliche Reihenfolge" im Alltag der Ministerialarbeit eine untergeordnete Rolle. Sie kann aber zur Schwächung des Umweltressorts genutzt werden, wenn die jeweiligen „Herren des Verfahrens" es so wollen.

Die Verfahrens-Champions aus dem Bundeswirtschaftsministerium

Die Beamten des Bundeswirtschaftsministeriums sind nach aller Erfahrung wahre Meister des Verfahrensmanagements. Dies gilt für die Wahl des Zeitpunkts einer Ressortsitzung, das Timing für die Versendung von Unterlagen und die Abgabe von Stellungnahmen. Wegen einer relativ guten Personalausstattung, der exzellenten Beziehungen zu den Wirtschaftsverbänden, die eine rasche Mobilisierung von Sachverstand ermöglichen, kann kaum ein anderes Ressort die Knappheit der personellen und zeitlichen Kapazitäten des Bundesumweltministeriums taktisch besser zum eigenen Vorteil nutzen. Dies soll am Beispiel der Abstimmung der Vorlage zum CO_2-Minderungsprogramm, die vom Bundeskabinett am 7. November 1990 verabschiedet wurde, näher erläutert werden.

Die damalige Verhandlungslage war für den BMU schwierig. Er hatte zwar die Federführung für die Formulierung des Vorschlags zum Kabinettsbeschluß. Vor dessen Beratung mußten jedoch die Teilberichte jeweils unter Vorsitz des BMWi, BMV, BMBau, BMFT und BML abgestimmt werden. An der Einhaltung des Kabinettstermins war im Prinzip nur der BMU interessiert. Die übrigen Ressorts machten „ihre Schularbeiten", auch wenn sie an einer raschen Kabinettsberatung nicht sonderlich interessiert waren, in mehr oder weniger kollegialem Geist. Nicht so die Vertreter des BMWi: Sie luden die Ressorts zur Abstimmung des Berichts des Arbeitskreises „Energieversorgung der Interministeriellen Arbeitsgruppe

CO$_2$-Reduktion" zu einem Freitag im Oktober 1990 um 14 Uhr ein. Abweichend vom sonst bei Ressortabstimmungen üblichen Verfahren, in dem eine Vorlage Seite für Seite aufgerufen und verhandelt wird, schlug der Vorsitzende ein Verfahren nach „der amtlichen Reihenfolge" der Bundesressorts vor. Den Widerspruch der BMU-Vertreter, dem sich angesichts des bevorstehenden Wochenendes kein anderes Ressort anschloß, wies er mit dem Hinweis auf seine Verfahrensherrschaft zurück. Die Folge war, daß ein Manuskript von etwa 100 Seiten zusammenhanglos in der Weise abgestimmt wurde, daß die Ressortvertreter, beginnend mit dem Auswärtigen Amt, gefolgt von BMI, BMJ, BMF, BML, BMA, BMV ihre Änderungswünsche jeweils en bloc vortrugen. Angesichts der Geringfügigkeit ihres Änderungsbegehrens erzielten sie rasch Einigung und verließen nach getaner Arbeit die Sitzung. Zurück blieben mit zwei oder drei weiteren Ressortvertretern die Beamten des BMU mit einer umfangreichen Liste grundlegender Änderungs- und Ergänzungsvorschläge zum BMWi-Text.

In dieser Situation blieben den BMU-Vertretern nur zwei Möglichkeiten. Sie konnten, da das BMWi jede Einigung mit Hinweis auf die Zustimmung des überwiegenden, schon abwesenden Teils der Ressorts ablehnen konnte, entweder ihrerseits die Zustimmung verweigern. Dies hätte dem BMWi die durchaus nicht ungewollte Möglichkeit geboten, die Gesamtabstimmung der Kabinettsvorlage zu verzögern. Oder sie stimmten dem vorliegenden Text widerwillig zu, um in der nächsten Runde in eigener Federführung und auf eigenem Spielfeld den Vorschlag zum Kabinettsbeschluß verhandeln zu können. Die BMU-Vertreter wählten die zweite Möglichkeit und konnten in der Verhandlungsrunde, in der sie selbst Herr des Verfahrens waren, eine Reihe von Verbesserungen erreichen, so z.B. die Offenhaltung eines nationalen Alleingangs bei der Einführung ökonomischer Instrumente (S. 8).

Die Lehre aus diesem Fallbeispiel ist: Der hintere Platz des Umweltressorts in der „amtlichen Reihenfolge" der Regierungsmitglieder ermöglicht bei der Beratung von Querschnittsaufgaben dem zuständigen Ressort die Isolierung des BMU im Ressortabstimmungsprozeß. Zugleich wird damit die ohnehin vorhandene Tendenz zur Negativ-Koordination (F. W. Scharpf) unterstützt. Bei zusammenhangloser Beratung besteht keine Chance für einen sachgerechten Interessenausgleich zwischen Umweltinteressen und widerstreitenden Interessen.

Den Letzten beißen die Hunde

Ein Umweltminister, der sich nicht auf seine Fachaufgaben beschränkt, für die er selbst die Zuständigkeit hat, sondern sich als Querschnitts- und Umweltvorsorge-Minister in die Politik seiner Kollegen am Kabinettstisch einmischt, hat nicht viele Freunde. Diese psychologisch schwierige Situation wird zusätzlich erschwert, wenn – wie es in Schleswig-Holstein üblich war – die Tagesordnung des Kabinetts nach der „amtlichen Reihenfolge" mit dem Umweltressort auf dem hinteren Platz organisiert wird.

In Kabinettssitzungen muß meistens eine umfangreiche Tagesordnung bewältigt werden. Die Vorlagen des Umweltressorts werden oft zu einem Zeitpunkt erörtert, an dem die Ermüdung und Reizbarkeit der Kabinettsmitglieder ihren Höhepunkt erreicht hat und zugleich die Bereitschaft, zuzuhören und auf Argumente einzugehen, auf dem Tiefpunkt angekommen ist. In einer solchen Situation wird die Erörterung strittiger Vorlagen für den Umweltminister zu einem Vabanquespiel. Dessen Ausgang hängt mitunter mehr vom Konfliktniveau der bereits abgehandelten Tagesordnungspunkte, den weiteren Terminen der Kabinettskollegen und der allgemeinen Stimmung im Kabinett ab als von seinen Argumenten.

Politische Etikette und politisches Pokerspiel

Die Welt der Politik und der Verwaltung werden von psychologischen Faktoren mindestens so stark gesteuert wie von Sachargumenten und Sachzwängen. Je unüberschaubarer und komplexer die Sachverhalte sind, desto einflußreicher und wichtiger wird die politische Etikette und das sich hieraus ableitende Prestige.

Eschenburg beschreibt in seinem Essay „Kurze Historik der Tischordnungsetikette" (Eschenburg, 1987) einen Protokollstreit aus der Zeit des Absolutismus. Bei einem Besuch der Kurfürstin Sophie von Hannover am Pariser Hof konnten sich die Protokollchefs nicht auf die Höhe der Rückenlehnen und der Armlehnen der Stühle für die Kurfürstin und die Gattin Ludwigs XIV. einigen. Die beiden Damen trafen sich daher im Stehen.

Die Bedeutung der Etikette hat seither kaum abgenommen. Ein Großteil der im politischen Prozeß so wichtigen Machtressource beruht auf Prestige. Der politisch-administrative Entscheidungsprozeß hat deshalb viel Ähnlichkeit mit dem Pokerspiel. Wer dem Gegner glaubhaft machen kann, daß er Trümpfe auf der Hand hat, kann Entscheidungen leichter zu seinen Gunsten beeinflussen.

Ich habe an anderer Stelle auf die für die Umweltpolitik problematische Entscheidung hingewiesen, das Bundesumweltministerium beim Regierungsumzug nach Berlin in Bonn zu belassen (Müller, 1994). Diese Entscheidung wird zwangsläufig zu einem Ansehens- und Prestigeverlust des BMU führen und die Durchsetzungsfähigkeit des Umweltressorts im Konfliktaustragungsprozeß weiter schwächen.

Neue Spielregeln für die Umweltpolitik

Die Weiterentwicklung der Umweltpolitik zu einer wirkungsvollen Umweltvorsorgepolitik darf sich nicht allein auf Leitbilder, Ziele und Instrumente beschränken. Reformen müssen auch die Mechanismen und Spielregeln des regierungsinternen Willensbildungs- und Entscheidungsprozesses einschließen. Im folgenden hierzu einige Vorschläge.

Initiativrecht für Umweltminister: Umweltpolitik, die eine nachhaltige Entwicklung bewirken will, muß verändern, muß auch bei Querschnittsaufgaben, für die andere Ressorts zuständig sind, in die Offensive gehen können. Die Geschäftsordnungen der Bundesregierung und der Landesregierungen sollten deshalb ergänzt werden um ein Initiativrecht des Umweltministers, analog zum frauenpolitischen Initiativrecht in § 15a GOBReg und § 14a GOLReg Schleswig-Holstein. Das Initiativrecht ermöglicht es dem Umweltminister, bestimmte Themen auf die Tagesordnung des Kabinetts zu setzen. Zugleich kann er die Ausübung des Initiativrechts öffentlich nutzen, um politisch Druck zu erzeugen.

Die Generaldirektion für Umweltfragen der Europäischen Kommission (DG XI) hat im Prinzip mit den gleichen Problemen zu kämpfen wie die nationalen Umweltressorts. Seit längerem wird deshalb über die Notwendigkeit neuer Verfahrensregeln diskutiert, die zu einer stärkeren Integration der Umweltpolitik in die übrigen europäischen Politikbereiche beitragen könnten. Ein erster Beitrag hierzu könnte die Ausstattung der DG XI mit einem Initiativrecht sein, d.h. der „agenda setting power" für notwendige umweltgerechte Programme anderer Generaldirektionen.

Vetorecht für Umweltminister: Umweltminister müssen nicht nur offensiv, sie müssen auch stark in der Abwehr umweltschädlicher Projekte anderer Politikbereiche sein. Sie brauchen daher ein Vetorecht im Sinne der Definition von Tsebelis: „A veto-player is any player ... who can block the adoption of a policy" (Tsebelis, 1995).

Auch für ein Vetorecht des Umweltministers gibt es Analogien in den geltenden Geschäftsordnungen. § 26 Abs 1 und 2 GOBReg räumt dem BMF in finanzpolitischen Fragen sowie dem BMJ und BMI in Rechtsfragen ein suspensives Widerspruchsrecht ein. Es führt zumeist zur Absetzung von der Tagesordnung und zur erneuten Beratung und Abstimmung der umstrittenen Vorlage. In diesem Fall kann der Widerspruch nur mit der Mehrheit aller Kabinettsmitglieder und der Stimme des Bundeskanzlers überwunden werden. Die Geschäftsordnung der Landesregierung Schleswig-Holstein räumt dieses Recht auch der Frauenministerin ein.

Ein Vetorecht wirkt in der Regel antizipativ, d.h. seine bloße Existenz würde die Rolle des Umweltressorts im interministeriellen Entscheidungsprozeß stärken und zumindest vor Praktiken des „Über-den-Tisch-Ziehens" durch mangelnde oder zu späte Beteiligung schützen.

„Protokollarische" Aufbesserung des Umweltministers: Das Bundesumweltministerium gehört ins Zentrum der Regierungsorganisation, nicht an dessen Peripherie. Die Standortentscheidung sollte deshalb zugunsten Berlins revidiert werden. Als Ausgleich für Bonn könnte ein starkes Ressort, z.B. das BMF oder das BMI, in Bonn bleiben. Die Revision der Standortentscheidung ist auch angesichts der Sparzwänge und dem Ruf nach weiteren Stelleneinsparungen in den Ressorts für die deutsche Umweltpolitik überlebenswichtig. Man kann ein Querschnittsressort nämlich auch mit Hilfe der Personalverknappung zur Wirkungslosigkeit verdammen, da es weder in der Lage sein wird, die Arbeit relevanter Ressorts kompetent zu begleiten, noch sich erlauben kann, in Ressortabstimmungen unbequem und hartnäckig zu sein, wenn es die hierfür notwendigen personellen und zeitlichen Kapazitäten nicht aufbringen kann.

Zu den protokollarischen Aufbesserungen gehört schließlich die Änderung der „amtlichen Reihenfolge" der Ministerien. Querschnittsressorts wie das Bundesumweltministerium oder wie die Landesumweltministerien sollten in der Reihenfolge nach vorne rücken, um der geschilderten Situation zu entkommen.

Den Ball im eigenen Spielfeld halten

Die vorgeschlagenen Veränderungen der Spielregeln könnten die Einflußmöglichkeiten des Umweltressorts erheblich verbessern. Sie können allerdings die grundsätzlichen Verfahrensschwierigkeiten des Umweltressorts nicht vollständig ausräumen. Es wird deshalb bei der Entwicklung neuer umweltpolitischer Instrumente mehr als bisher die Frage mitbedacht werden müssen, in wessen Zuständigkeit neue Instrumente eigentlich entwickelt und zur Entscheidung gebracht werden. Für die Einführung einer Energiesteuer oder das Konzipieren der ökologischen Steuerreform ist z.B. der Bundesfinanzminister zuständig. Eine Klimaschutzabgabe oder Schadstoffabgaben können dagegen vom Umweltminister in eigener Zuständigkeit gestaltet, verhandelt und zur Entscheidung gebracht werden. (Dies war im übrigen auch ein wesentliches Motiv bei der vom damaligen Bundesumweltminister Anfang der 90er Jahre ins Gespräch gebrachten CO_2-Abgabe.)

Die aus vielerlei Gründen notwendige Ergänzung des traditionellen Instrumentariums der Umweltpolitik um ökonomisch wirkende Instrumente ist für die Umweltpolitik auch wegen der geschilderten Verfahrensimplikationen ein Problem. Der Umweltminister muß ein Interesse daran haben, den „Ball im eigenen Spielfeld" zu halten.

Wir müssen also nicht nur neue Spielregeln einführen, sondern auch neue Instrumente erfinden, die die Umweltpolitik bei der Gestaltung einer nachhaltigen Entwicklung in die Rolle des Spielführers anstelle der des Ausputzers bringen.

Literaturhinweise

Bundesminister für Umwelt, Naturschutz und Reaktorsicherheit (BMU): Beschluß der Bundesregierung vom 7. November 1990 zur Reduzierung der CO_2-Emissionen in der Bundesrepublik Deutschland bis zum Jahr 2005, 2. Auflage, Bonn 1991.

Eschenburg, Theodor: Spielregeln der Politik. Beiträge und Kommentare zur Verfassung der Republik, Stuttgart 1987.

Müller, Edda: Das Bundesumweltministerium – „Randbereich" der Bundesregierung? Organisationsreform mit dem Taschenrechner, in: ZParl 4, 1994, S. 611–619.

Tsebelis, George: Decision Making in Political Systems: Veto Players in Presidentialism, Parliamentarism, Multicameralism and Multipartyism, in: British Journal of Political Science 3, 1995, S. 289–325.

Ury, William L./Brett, Jeanne M./Goldberg, Stephen B.: Konfliktmanagement. Wirksame Strategien für den sachgerechten Interessenausgleich, Frankfurt a.M., New York 1991.

II. SCHWERPUNKTE

1. GLOBALISIERUNG – ABER ANDERS: UMWELTPOLITIK

Sascha Müller-Kraenner
Klimakonferenz von Kyoto – Was nun kommen muß

Unabhängig davon, ob sich die 3. Vertragsstaatenkonferenz der Klimarahmenkonvention, die vom 1.–10. Dezember 1997 in Kyoto zusammentrifft, auf ein Protokoll oder ein anderes völkerrechtlich bindendes Instrument zur Reduktion der Treibhausgase (im folgenden: „Kyoto-Protokoll") wird einigen können, und unabhängig davon, wie auch immer diese Einigung aussehen mag, ist schon jetzt, ein halbes Jahr vorher, absehbar, was die Aufgaben und Konfliktlinien in der internationalen Klimaschutzpolitik nach Kyoto sein werden.

Das Protokoll der zweiten Generation

Ziel der Klimarahmenkonvention ist es, „die Stabilisierung der Treibhausgaskonzentrationen in der Atmosphäre auf einem Niveau zu erreichen, auf dem eine gefährliche anthropogene Störung des Klimasystems verhindert wird" (Art. 2). Es ist vollkommen klar, daß das Kyoto-Protokoll nur einen ersten Schritt auf dem Weg zu diesem Ziel darstellen wird. So war die Klima-Enquêtekommission des Deutschen Bundestages schon 1990 der Auffassung, daß zur Erreichung des Zieles der Konvention die energiebedingten CO_2-Emissionen bis 2050 weltweit halbiert und in den fortgeschrittenen Industriestaaten um 80 Prozent verringert werden müssen. Für die anderen Treibhausgase werden ähnlich steile Reduktionspfade als notwendig angesehen. Die Umweltschutzorganisation *Greenpeace* hat ein Zukunftsszenario vorgeschlagen, das ganz ohne fossile Energieträger auskommt („Fossil Free Energy Scenario").

Das Abkommen von Kyoto muß also, daran kann kein Zweifel bestehen, regelmäßig fortgeschrieben werden. Dabei sollten folgende Prinzipien beachtet werden:

- Die in Kyoto vereinbarten Reduktionszahlen und -zeiträume müssen anhand der vorhandenen wissenschaftlichen Erkenntnisse über den globalen Klimawandel überprüft und gegebenenfalls verschärft werden.
- Weitere Reduktionsschritte für längerfristige Zeiträume müssen nach und nach beschlossen werden.
- Alle anderen klimaschädlichen Gase, die nicht im Montrealer Protokoll zum Schutz der Ozonschicht geregelt werden, sollten, sobald ihr Treibhauspotential zweifelsfrei feststeht, in das entstehende Klimaregime aufgenommen werden.
- Weitere Vertragsstaaten müssen Schritt für Schritt in das Kyoto-Protokoll mit einbezogen werden.

Zwangsläufig werden sich die Reduzierungsverpflichtungen der Vertragsstaaten entsprechend ihrer jeweiligen Emissionsniveaus und ihrer wirtschaftlichen Leistungsfähigkeit mit der Zeit immer mehr ausdifferenzieren. Zu einer starken Ausdifferenzierung der Verpflichtungen wird es vor allem dann kommen, wenn die ersten Entwicklungsländer in die Verpflichtungen mit einbezogen werden. Innerhalb der Verhandlungen der nächsten Jahre sollte allerdings darauf geachtet werden, daß vergleichbare Gruppen von Staaten weiterhin die möglichst selben Verpflichtungen auferlegt bekommen und das Klimaschutzregime nicht in einem großen „Basar" endet, auf dem die Verpflichtungen nicht mehr auf Grund objektiv nachvollziehbarer Kriterien, sondern auf Zuruf festgelegt werden.

Die auf Kyoto folgende 4. Vertragsstaatenkonferenz (1998/99) sollte, ähnlich wie die Berliner Klimakonferenz (1995), das Mandat für ein Protokoll der zweiten Generation erteilen. Abgeschlossen werden sollten die Verhandlungen über die Verschärfung des Kyoto-Protokolls spätestens im Jahr 2000.

Verpflichtungen der Entwicklungsländer

Das auf der 1. Vertragsstaatenkonferenz in Berlin erteilte Mandat („Berliner Mandat"), das Grundlage der Verhandlungen für das Kyoto-Protokoll ist, legt ausdrücklich fest, daß das auszuhandelnde Abkommen keine Reduzierungsverpflichtungen für die Entwicklungsländer enthalten darf. Diese Klausel war Voraussetzung dafür, daß die Entwicklungsländer dem Berliner Mandat damals zustimmten. Jeder Versuch, die Entwicklungsländer in dieser ersten Stufe der Vertragsumsetzung mit „an Bord" zu bekommen, wäre deshalb zum Scheitern verurteilt gewesen.

Ganz anders sieht es aus, wenn es um die Verhandlungen um das Klimaprotokoll der zweiten Generation geht. Hierbei muß eine erste Gruppe der Entwicklungsländer in die Reduzierungsverpflichtungen mit aufgenommen werden. Welche Staaten dieser Gruppe angehören werden, wird sich letztendlich in politischen Verhandlungen entscheiden. Generell bieten sich folgende Auswahlkriterien an:

– Pro-Kopf-CO_2-Emission: Eine Gruppe von Entwicklungsländern hat inzwischen eine Pro-Kopf-CO_2-Emission erreicht, die mit der der Mitgliedstaaten der EU vergleichbar ist. Dazu gehören einige der ostasiatischen Staaten wie Südkorea, Taiwan und Singapur, aber auch die ölexportierenden Staaten der arabischen Halbinsel wie Saudi-Arabien, Kuwait, Katar und Bahrein.

– OECD-Mitgliedschaft: In jedem Falle sollte der Beitritt zur OECD, dem Klub der Industrieländer, damit verbunden werden, daß die entsprechenden Staaten auch in den internationalen Umweltregimen die Verpflichtungen der Industrieländer übernehmen. Das betrifft inzwischen Mexiko; Beitrittsaspiranten sind die ostasiatischen und einige der lateinamerikanischen Länder.

– Beteiligung am Handel mit Emissionsrechten: Weil es nicht unwahrscheinlich ist, daß innerhalb des Klimaschutzregimes zukünftig der internationale Handel mit Emissionsrechten zugelassen wird, besteht auf diesem Wege die Möglichkeit, weitere Entwicklungsländer in die Verpflichtungen mit einzubeziehen. Das beträfe wohl vor allem die großen Länder China und Indien. Schließlich sollten nur diejenigen Staaten mit Emissionszertifikaten handeln dürfen, deren Verpflichtungen innerhalb der Konvention auch quantifiziert festgelegt sind.

Neue Instrumente

Neben vereinbarten Reduzierungszielen und -zeiträumen werden in der Debatte der kommenden Jahre zunehmend international zu koordinierende politische Maßnahmen zum Klimaschutz eine Rolle spielen. Dabei dürften zwei Gruppen von Maßnahmen besonders intensiv diskutiert werden:

- Die Festsetzung von *Energieeffizienzstandards*, die gemeinsame *Förderung erneuerbarer Energien,* die harmonisierte *Einführung von Öko-Steuern* und der gemeinsame *Abbau ökologisch kontraproduktiver Subventionen* sollten dazu dienen, unter Vermeidung von Wettbewerbsnachteilen die ökologische Modernisierung der nationalen Volkswirtschaften voranzutreiben. Die Europäische Union hatte schon lange vor der Kyoto-Konferenz einen umfangreichen Katalog an politischen Maßnahmen, die für eine solche globale Harmonisierung in Frage kommen, vorgelegt. Realistisch erscheint eine Einigung vorerst allerdings nur über einige wenige der zahlreichen Möglichkeiten. Hier sollten Maßnahmen gewählt werden, deren Einführung tatsächlich abhängig ist von einer internationalen Einigung und die eine strategische „Türöffnerfunktion" für den zukünftigen Ausbau des Weltumweltrechtes bieten. Solche Maßnahmen wären die internationale *Einführung einer Kerosinsteuer* auf den Flugverkehr und der *Abbau der Kohlesubventionen.* Bei beiden Maßnahmen hätte das Weltumweltrecht das Welthandelsrecht auf seiner Seite.

- Neue Instrumente wie handelbare *Emissionszertifikate* und die *Gemeinsame Umsetzung* („joint implementation") von Klimaschutzprojekten sollten dazu dienen, mit marktwirtschaftlichen Mechanismen die Umsetzung der vereinbarten Reduzierungsverpflichtungen flexibler zu handhaben und kostengünstiger zu gestalten. Diese Instrumente werden beispielsweise von den USA favorisiert. Hier gilt es, in den Verhandlungen der nächsten Jahre darauf zu achten, daß diejenigen Vertragsstaaten, die sich für den Einsatz dieser Instrumente entscheiden, ihre national konkreten Reduzierungsverpflichtungen aus dem Klimaschutzregime trotzdem erfüllen. Voraussetzung für den Einsatz international handelbarer Emissionszertifikate und von „joint implementation" sollte es also sein, daß ein festzulegender Mindestanteil der Verpflichtungen weiterhin im *eigenen* Land erbracht wird – so wie es der Wissenschaftliche Beirat der Bundesregierung Globale Umweltveränderungen (WBGU) ja auch schon in seinem Jahresgutachten 1995 vorgeschlagen hat.

Literaturhinweise

Brauch, Hans Günter: Klimapolitik. Naturwissenschaftliche Grundlagen, internationale Regimebildung und Konflikte, ökonomische Analysen sowie nationale Problemerkennung und Politikumsetzung, Berlin 1996.
Grubb, Michael: Controlling Carbon and Sulphur – International Investment and Trading Initiatives, London 1997.
Müller-Kraenner, Sascha/Knospe, Christiane: Klimapolitik. Handlungsstrategien zum Schutz der Erdatmosphäre, Basel 1996.
Patterson, Matthew/Grubb, Michael (Hg.): Sharing the Effort. Options for Differentiating Commitments on Climate Change, London 1996.
Wissenschaftlicher Beirat Globale Umweltveränderungen (1995): Welt im Wandel. Wege zur Lösung globaler Umweltprobleme. Jahresgutachten 1995, Berlin 1996.

Jörn Altmann
Handelspolitik im Dienste des Umweltschutzes?

Umweltwirkungen des Welthandels

Der internationale *Güterhandel* hat nur geringe unmittelbare Umweltwirkungen. Die Masse der interkontinentalen Warentransporte erfolgt mit Schiffen, welche die Umwelt wenig belasten (von Unfällen und Ölverschmutzungen abgesehen). Innerkontinental werden Waren meist mit Lastwagen oder Bahn befördert – dies bedeutet entsprechende Emissionen. Das Luftfrachtaufkommen ist im Vergleich mit den anderen Verkehrsträgern relativ gering. Im *Personenverkehr* hingegen ist das Lufttransportvolumen beträchtlich. Die Emissionen der Jets sind recht klimawirksam: Bei der Verbrennung von Flugzeugkerosin entstehen zwar quantitativ nur relativ geringe Emissionen. Sie haben aber eine lange Verweildauer, verteilen sich schnell außerhalb der Flugrouten und erhöhen die ozonzerstörenden Schadstoffkonzentrationen in den oberen Luftschichten.

Die hauptsächlichen Umweltbelastungen rühren jedoch her vom Energieverbrauch bei Produktion und Konsum von Gütern, sowohl in den Industrieländern als auch in den demographisch und ökonomisch stark wachsenden Entwicklungsländern. Und dabei wirkt der Welthandel indirekt als Verstärker.

Schwierige Rahmenbedingungen

Nur geschärftes Umweltbewußtsein schafft den notwendigen Raum für staatliches Handeln. Gegenwärtig würde sich eine strikte Umweltpolitik *gegen* das allgemeine Problembewußtsein richten. Damit ist sie politisch nicht opportun und unterbleibt weitgehend. Es ist – so scheint es – ein schlechter Zeitpunkt für die Behandlung von Umweltproblemen:

- Viele Länder kämpfen mit ökonomischen Krisen, insbesondere mit Massenarbeitslosigkeit. Und wer um seinen Job bangen muß, hat andere Sorgen als die globale Verminderung von klimaverändernden Emissionen.
- Arme Transformations- und Entwicklungsländer haben für Umweltschutz meist wenig Sinn und keine Mittel übrig. (Daß gleichwohl auch in solchen Ländern oft enormer Reichtum, aber entwicklungspolitisches Desinteresse anzutreffen ist, liegt außerhalb unseres Themas.)

Zwei Faktoren dürften die globalen Umweltprobleme der Zukunft entscheidend bestimmen:

- Der erste ist die rapide Zunahme der Weltbevölkerung. Sie vollzieht sich fast ausschließlich in Ländern, in denen Umweltschutz kaum eine Rolle spielt. China hat heute mehr als 1200 Mio. Einwohner, Indien 900 Mio. Trotz rigoroser Bevölkerungspolitik werden in China etwa im Jahr 2025 – also in einer Generation – 1500 Mio. Menschen leben: soviel wie zur Jahrhundertwende auf der ganzen Erde. In nur 30 Jahren wird es aber noch mehr Inder als Chinesen geben. Insgesamt werden dann 7–8 Mrd. Menschen die Erde bevölkern, 2050 können es 10 Mrd. sein.
- Parallel zum Bevölkerungswachstum ergeben sich zusätzliche Umweltbelastungen in den zahlreichen marktwirtschaftlich boomenden Ländern, vor allem in Asien. Die dortige Bevölkerung orientiert sich an westlichen Konsummustern: Kühlschränke, Kochherde, Fernsehen, Autos, Haushaltsgeräte. Diese Länder wiederholen genau das, was wir ihnen vorgelebt haben: ökonomisches Wachstum unter rigoroser Ausbeutung von Rohstoffen und Schädigung der Umwelt. Rikschas werden abgeschafft, weil sie den rasch zunehmenden Autoverkehr behindern. Die Ausdehnung des Konsumstandards aber geht einher mit erhöhtem Energiebedarf: Auch eine nur geringe Zunahme pro Kopf multipliziert sich bei Milliarden Menschen zu gewaltigen Summen.

Sicherlich gibt es bremsende Faktoren: Wenn z. B. der allgemeine Motorisierungstrend anhielte, müßte ein Großteil der weltweiten Ölreserven allein nach China fließen. Auch andere

Ressourcen könnte China gar nicht in dem Maße importieren, wie es die westlichen Industrieländer für ihre Entwicklung getan haben. Vielfach wird der Trend auch durch unzureichende Infrastrukturen gebremst: Auf welchen Straßen sollen all die Autos fahren? Die großen Länder wie China, Indien oder Rußland werden also auch Alternativen finden müssen. Aber zunächst werden sie die existierenden Weltressourcen mit beanspruchen, fossile Energien verbrauchen und klimawirksame Emissionen freisetzen, und sie werden sich in ihrer ökonomischen Entwicklung nicht sonderlich von ökologischen Bedenken beeindrucken lassen.

Notwendige Emissionsminderungen

Theoretisch wäre es erforderlich, den auf fossilen Brennstoffen beruhenden Energieverbrauch weltweit drastisch zu senken. Dies ist hinreichend bekannt (auch wenn die Praxis etwas anderes lehrt) und soll hier nicht nochmals ausgebreitet werden. Es ist hier auch nicht Thema, warum dieses Umdenken in den Industrieländern politisch nicht realisiert wird. Nehmen wir aber zur Vereinfachung einmal an, daß die Industrieländer umweltpolitisch mit gutem Beispiel vorangehen und der Klimaveränderung entgegenwirken wollen. Deutschland beispielsweise hat sich auf der Umweltkonferenz in Rio de Janeiro 1992 vollmundig (allerdings völkerrechtlich unverbindlich) zu einer drastischen Verringerung der Treibhausgase verpflichtet. Wir – die Industrieländer – leisten also unseren Beitrag, die globale Umwelt zu entlasten. Nur mal so angenommen.

Viele Transformations- und Entwicklungsländer geben Verbesserungen des wirtschaftlichen Wohlstandes aber eindeutig eine höhere Priorität als dem Schutz der Umwelt. Dadurch werden unsere (theoretischen) eigenen Bemühungen zum globalen Umweltschutz konterkariert. Was nützt es, wenn wir unsere Emissionen verringern, andere Länder hingegen um so mehr emittieren? Was nützt es, wenn wir unseren Industrien Umweltschutzauflagen machen, aber ausländische Konkurrenten ohne solche Restriktionen billiger sind („Öko-Dumping") und dadurch Märkte erobern, von denen auch Arbeitsplätze bei uns abhängen?

Grundsätzlich ist jedes Land völkerrechtlich dafür verantwortlich, daß von seinem Territorium aus keine Umweltbelastungen ausgehen, welche die internationalen „Eigentumsrechte" (*property rights*) der Staatengemeinschaft an der Umwelt verletzen. Sowohl aus ökologischen, aber auch aus ökonomischen Gründen könnten wir daher zu der Ansicht kommen, daß wir auf andere Staaten Druck ausüben sollten, um sie zu einem anderen Umweltverhalten zu bewegen. Als Vehikel bieten sich die Handels- und die Entwicklungspolitik an. Auf diesen beiden politischen Handlungsfeldern liegt das besondere Interesse der folgenden Ausführungen.

Umweltschutz und internationales Handelsrecht

Ein wirksamer Hebel könnten Importbeschränkungen sein, um sich gegen Öko-Dumping zu schützen und grenzüberschreitenden Umwelteffekten zum Nachteil des eigenen Landes entgegenzuwirken. Was aber sagt das Welthandelsabkommen (GATT), was sagt die *World Trade Organisation* (WTO) dazu, die Wächterin über den internationalen Handel?

Die Umweltproblematik ist bis heute nicht formal im WTO/GATT-Abkommen verankert. Dieses Abkommen ist für Umweltschutzbelange unzweckmäßig ausgerüstet, allerdings auch dafür nicht konstruiert worden. Historisch gesehen ist dies vielleicht nachvollziehbar, denn 1947/48, als das GATT geschaffen wurde, gab es noch kein nennenswertes allgemeines Umweltbewußtsein. Daß aber bis heute, einschließlich der jüngsten Verhandlungen in der Uruguay-Runde, der Begriff Umwelt (*environment*) in den WTO/GATT-Bestimmungen überhaupt nicht erwähnt wird (außer in der Präambel), ist mehr als nur bedauerlich. Allerdings hat sich die WTO in den letzten Jahren in zunehmendem Maße mit den Wechselwirkungen zwischen Handel und Umwelt befaßt, und mittlerweile ist es gelungen – nach langem Mühen und Zögern –, einen formal schon ewig existierenden Ausschuß für Handel und

Umwelt aus seinem Dornröschenschlaf zu erwecken. Die WTO gibt nun sogar eine eigene Zeitschrift zum Umweltthema heraus.

Es gibt aber nur *eine* Bestimmung im GATT, die man – wenn auch etwas mühsam – für Umweltschutzaspekte heranziehen kann: den Art. XX: „Allgemeine Ausnahmen" vom Freihandelsgebot. Diese Norm muß allerdings weit ausgelegt werden, um heutige Umweltschutzbelange mit dem GATT/WTO-Recht in Einklang zu bringen.

Produkt- und Prozeßstandards

Art. XX GATT erlaubt „Maßnahmen zum Schutz des menschlichen, tierischen oder pflanzlichen Lebens und der Gesundheit", also u.U. Handelsbeschränkungen im Importland. Allerdings war dabei ursprünglich an Hygiene- oder Sanitärmaßnahmen gedacht, z.B. zum Schutz vor Seuchen, nicht an Umweltschutz im heutigen Sinn.

Es steht grundsätzlich im freien Ermessen eines Staates, Umweltstandards auch für Importe festzulegen, z.B. Verbote von Asbest oder DDT oder bestimmte Höchstgrenzen (z.B. Abgaswerte) oder Mindeststandards (z.B. Recyclingfähigkeit); Art. XX deckt dies ab. Das GATT läßt aber entsprechende Handelsbeschränkungen nur dann zu, wenn diese zum Schutz von Leben und Gesundheit von Menschen, Tieren und Pflanzen *im Importland* dienen und wenn diese Maßnahmen *notwendig* sind, der angestrebte Zweck also nicht anders erreicht werden kann. Der Zusammenhang muß wissenschaftlich bewiesen sein. Dies gelingt nicht immer überzeugend, wie beispielsweise bei den EU-Importverboten für US-Rinder, die mit Hormonen behandelt worden waren, oder bei Exportverboten für britische Rinder wegen der BSE-Seuche.

Zwei weitere Aspekte sind herauszustellen:
– Handelsbeschränkende Maßnahmen sind WTO-rechtlich nur dann zulässig, wenn dieselben Vorschriften auch auf inländisch produzierte Güter angewendet werden (Grundsatz der Nicht-Diskriminierung bzw. der *Inländer-Behandlung*).

– Nur entsprechende *Produktstandards*, die an den Eigenschaften des betreffenden Gutes anknüpfen, sind zulässig und WTO-rechtlich problemlos. Nun gibt es aber Güter, die für sich genommen gar nicht umweltbelastend sind.

Zwei Beispiele:
– Schnittblumen sind als solche ökologisch harmlos. Bei der Schnittblumen-Zucht werden in Kolumbien aber in hohem Maße Herbizide, Pestizide etc. eingesetzt (einschließlich DDT), welche die lokale Umwelt belasten und die Gesundheit der Arbeiter gefährden.
– Stahl aus Indien ist „sauber", aber die dortige Stahl*produktion* verursacht außerordentlich hohe CO_2-Emissionen.

Aus ökologischer Sicht läge es daher nahe, auch solche Güter Importbeschränkungen zu unterwerfen, deren *Produktion* hohen Naturverbrauch und starke Umweltbelastungen mit sich bringt. Dies gälte grundsätzlich für alle Güter (und Verhaltensweisen), die Energie verbrauchen: Der Energieverbrauch ist – wegen der Kohle- oder Öl-Kraftwerke – weltweit die größte CO_2-Quelle. Solche prozeßbezogenen Handelsbeschränkungen (*Process and Production Measures*, PPM) sind jedoch nach dem WTO/GATT-Regelwerk *unzulässig*.

Die USA haben im GATT einen entsprechenden Rechtsstreit verloren, als sie den Import von mexikanischem Thunfisch verbieten wollten, der nicht mit delphinsicheren Netzen gefischt war. Diese Maßnahme bezog sich also nicht auf den Thunfisch, sondern auf die Netze, d.h. auf die Fangmethode. Diese Beschränkung war nach GATT-Recht folglich illegal und mußte aufgehoben werden. (Mexiko hat dann von sich aus die Fangmethoden verändert. In der Folge hat sich auch das sog. Thunfischlabel durchgesetzt, obwohl es für den Import rechtlich unverbindlich ist.)

Gefahr des Mißbrauchs

Aus handelspolitischer Sicht ist das Verbot von Prozeßstandards im internationalem Handel einsichtig, denn Beschränkungen durch staatliche Restriktionen können ein gefährliches Instrument sein: Die Gefahr ist zumindest groß, daß der Umweltschutz nur als Vorwand dient, eigene wirtschaftliche Interessen gegen eine bessere oder billigere Konkurrenz im Ausland zu verteidigen („Öko-Protektionismus"). Auch andere Aspekte des Produktionsprozesses (z.B. niedrige Lohnkosten, Kinderarbeit: sog. *Sozial-Dumping*) könnten dann möglicherweise Gründe sein, Importe zu behindern.

Unter Umweltschutzgesichtspunkten ist das Verbot von Prozeßstandards jedoch bedenklich: Es besteht nämlich keine legale Möglichkeit, Länder auch durch handelspolitische Maßnahmen zu umweltfreundlicheren Produktionsmethoden anzuhalten. Völkerrechtlich steht dies, wie erwähnt, im Einklang mit der Wahrung der Souveränität der Staaten. Viele Fachleute lehnen staatliche Handelsbeschränkungen grundsätzlich ab und plädieren statt dessen dafür, auf marktwirtschaftliche Weise Druck auszuüben, z.B. durch das Kaufverhalten der privaten Konsumenten. Anders formuliert ist dies ein Boykott-Aufruf gegen umweltschädliche Produkte oder umweltschädigende Länder.

Umweltzeichen

Ist es einem Staat also verwehrt, gegen umweltschädigende Produktionsverfahren in einem Exportland Sanktionen zu verhängen, so steht es dem Konsumenten hingegen frei, Importprodukte aus bestimmten Ländern auch aus Gründen zu boykottieren, die nach GATT-Recht nicht in die staatliche Handelspolitik einfließen dürfen. Privater Boykott hat Schildkrötensuppen und Froschschenkel von den Speisekarten verbannt, Thunfisch wird mit gutem Gewissen nur gekauft, wenn ein Umweltzeichen delphinsichere Fangmethoden bescheinigt, der Shell-Konzern ist durch Tankstellen-Boykott zu unfreiwilligen Aktionen gezwungen worden usw.

Wie aber soll der einzelne Konsument erkennen können, welche Güter direkt oder indirekt (über den Produktionsprozeß) umweltschädlich sind? In der Praxis gibt es inzwischen zahlreiche Beispiele für Umweltzeichen (bzw. Öko-Labels), mit denen deutlich gemacht wird, daß ein bestimmtes Produkt *nicht* umweltschädlich ist oder nicht umweltbelastend produziert wurde. Die Auswahl der Produkte erfolgt dann nicht durch Importrestriktionen, sondern auf der Ebene der individuellen Kaufentscheidung. Solange es sich um freiwillige Kennzeichnungen handelt, sie also nicht vom Importstaat zwingend vorgeschrieben sind, werden sie nicht vom GATT erfaßt. Staatliche Kennzeichnungs*pflichten* wären nur dann GATT/WTO-konform, wenn sie auch für inländische Güter gälten und die Melde- und Begründungspflicht für die Handelspartner beachtet würde.

Problematisch ist, daß nicht nur bei der Vergabe von Umweltzeichen, sondern auch später die Einhaltung bestimmter Kriterien geprüft und überwacht werden muß. Diese sind für den Verbraucher oft nicht hinreichend transparent. So trifft man nicht selten auf die irrige Vorstellung, der „grüne Punkt" signalisiere die Umweltverträglichkeit des *Produkts*. Tatsächlich bezieht sich dieses Zeichen nur auf die *Verpackung*.

Perspektiven

Selbst wenn sie WTO-rechtlich zulässig wären, ist aus heutiger Sicht kaum davon auszugehen, daß Handelsrestriktionen zum Umweltschutz eine nennenswerte Bedeutung haben werden. Drei Überlegungen sprechen dagegen:

1. Aus ökonomischen Gründen werden wir dynamische Handelspartner wie China, Indien, Brasilien oder Korea nicht mit Handelsrestriktionen aus Umweltgründen verprellen wollen. Dies betrifft den Import- wie den Exportbereich.
2. Wir selbst wollen uns in unseren Lebensgewohnheiten nicht einschränken. Wir können von anderen daher nichts verlangen, was wir nicht selbst auch zu tun bereit sind.
3. Um signifikante Umwelteffekte zu bewirken, sind partielle nationale Insellösungen unzureichend. Vielmehr sind global unterstützte Maßnahmen erforderlich. Dies kann nicht durch Konfrontation, sondern nur durch Kooperation erreicht werden.

Internationale Abkommen zur Harmonisierung von Umwelt-standards sind grundsätzlich der richtige Weg. Je größer der Kreis der teilnehmenden Staaten, desto besser, denn dies erhöht die globale Akzeptanz. Diesem Vorteil steht als Nachteil gegenüber, daß multilateraler Konsens in der Regel mit einer tendenziellen Verwässerung der Ergebnisse einhergeht, der berühmte „kleinste gemeinsame Nenner".

Daher wäre es u.U. sinnvoll, von der Teilnehmerzahl her begrenzte (pluri-laterale) Abkommen abzuschließen, mit der Option, sie auf weitere Mitglieder ausdehnen zu können. Dies böte sich beispielsweise innerhalb der EU oder im Rahmen der OECD an. Derart harmonisierte Normen sollten nicht nur intern gelten, sondern – nicht-diskriminierend – auch gegenüber den anderen Staaten angewendet werden. Dies vermindert den Anreiz zum ,Trittbrettfahren' nach dem Motto: Es gibt viel zu tun, fangt schon mal an.

Umweltbewußte Länder wie Deutschland, die Niederlande oder die skandinavischen Länder könnten folglich eine Vorreiterfunktion ausüben und Zeichen setzen, an denen sich andere orientieren können. Dies ist nicht mit „Öko-Imperialismus" zu verwechseln, nach dem andere Länder ihre Umweltstandards zwingend an das bereits hohe Schutzniveau bei uns anpassen müßten: Standards für Mülldeponien z.B. müssen nicht vereinheitlicht werden. International sollten aber Mindeststandards für grenzüberschreitende und insbesondere für global wirkende Umwelteffekte angestrebt werden, wie insbesondere beim Klima- und Biodiversitätsproblem.

Deutschland hat in vielen Fällen vor allen anderen Staaten eine Vorreiterrolle übernommen, so im Außenwirtschaftsrecht, bei der Exportkontrolle oder bezüglich der Schutzvorschriften beim Transport lebender Tiere. Das Schengener Abkommen ist nicht von allen EU-Mitgliedern ratifiziert worden. Ebenso werden die Kriterien der EU-Währungsunion zunächst auch nur von einigen Staaten realisierbar sein. Warum sollte ein Alleingang bzw. eine Vorreiterrolle einiger weniger Länder beim Umweltschutz also nicht möglich sein?

Unzureichende Umweltprioritäten

Umweltschutz ist nur im Kleinen populär. Fast die ganze Nation sortiert grüne und weiße Flaschen und karrt Papier zu den Recyclingcontainern. Die eigentliche Umweltproblematik besteht aber in der Verwendung und Verschwendung von Energie aus fossilen Energieträgern.

Um hier eine Änderung zu erreichen, müßten die Rahmenbedingungen entsprechend verändert werden, u.a. in der Energie-, der Verkehrs- und der Steuerpolitik. Solange wir Kohle und Öl verstromen, Dieselautos steuerlich benachteiligen und alternative Energien vernachlässigen, sind unsere Empfehlungen an andere Adressaten nichts als Sprechblasen.

Entwicklungspolitik

Offenbar geht erst ein recht hohes ökonomisches Entwicklungsniveau eines Landes mit aktiven Umweltschutzmaßnahmen einher. Die These, daß arme Länder sich Umweltschutz nicht leisten (können oder wollen), wird jedenfalls durch viele Beispiele belegt. (Natürlich wird die These ausgehebelt durch das Vorbild von Naturvölkern, die nach ökonomischen Maßstäben sehr arm sind, aber mit der Natur behutsam umgehen.) Wenn wir es mit dem globalen Umweltschutz wirklich ernst meinen, werden die Industrieländer den Umweltschutz in den Entwicklungsländern mitfinanzieren müssen.

Erwägenswert ist eine Art „Konditionalität" aus Umweltgründen, indem die Gewährung von Handelserleichterungen (z.B. im Allgemeinen Zollpräferenzsystem der EU) und die Entwicklungsfinanzierung verstärkt mit Umweltüberlegungen verknüpft würden. Allerdings ist der Anreizeffekt von Handelspräferenzen gering, denn das tarifäre Protektionsniveau der Industrieländer ist heute zum einen recht niedrig, zum anderen bekommt fast jedes Land irgendwelche Zollpräferenzen (aus

EU-Sicht weltweit alle übrigen Staaten, außer etwa einem Dutzend Industrie- und Schwellenländern), und dies höhlt die eigentliche „Vorzugs"-Behandlung aus. Zudem bleiben sensible Sektoren in der Regel ausgenommen, und die zunehmend schmaleren Budgets der Entwicklungszusammenarbeit können hier keinen Ausgleich bieten.

Die Perspektiven zum Zusammenhang von internationalem Handel und Umweltschutz sind also ziemlich düster. Selbst wenn sich die Industrieländer an ihre Versprechungen hielten, den CO_2-Ausstoß zu reduzieren, wird dies überkompensiert werden durch die Wachstumseffekte in den wenig umweltbewußten Ländern. Der Norden verbraucht zuviel Energie, der Süden sucht es ihm gleichzutun – jedes für sich ist bereits zuviel, doch beides zusammen ist fatal.

Der Welthandel als solches ist meines Erachtens nicht die dominierende Ursache für die globalen Umweltbelastungen. Der gewaltige internationale Energieverbrauch, das rasante Wirtschaftswachstum in zahlreichen Ländern und die progressiv wachsende Weltbevölkerung sind die eigentlichen globalen Umweltprobleme.

Leider gibt es keine strikten Querverbindungen: Das Bevölkerungswachstum im Süden wird nicht geringer, wenn der Norden weniger Energie verbraucht, und der Norden wird nicht weniger verbrauchen, wenn der Süden weniger schnell wächst. Die Umweltkerze brennt also an beiden Enden.

Literaturhinweise

Altmann, Jörn: Umweltpolitik, Stuttgart 1997.
Helm, Carsten: Sind Handel und Umwelt vereinbar? Für eine ökologische Reform des GATT, Berlin 1995.
Kulessa, Margareta E.: Umweltpolitik in einer offenen Volkswirtschaft, Baden-Baden 1995.
OECD: The Environmental Effects of Trade, Paris 1994.
OECD: Trade, Environment and Development Co-operation, Paris 1995.

Frank Biermann
Institutionenlernen: Das Beispiel des „Ozon-Fonds"

„Ist das nötige Geld vorhanden, wird am Ende alles gut", so beschloß Bert Brecht das *Finale* seiner Dreigroschenoper. Und wenn das nötige Geld nicht vorhanden ist? Je mehr in Industrieländern nach der Rio-Konferenz 1992 die Bereitschaft sinkt, Entwicklungsländern finanziell beim Schutz globaler Umweltgüter zu helfen, desto stärker wächst das Interesse an innovativen Verbesserungen in den Mechanismen, über die solche Finanztransfers von Nord nach Süd gemeinhin laufen. Man kann dies als einen Prozeß des „Lernens" von internationalen Institutionen und von Staaten begreifen. Dieser Prozeß hat in letzter Zeit besonderes Interesse bei Sozialwissenschaftlern erregt.

Das „Lernen" von zwischenstaatlichen Institutionen steht auch im Mittelpunkt dieses Beitrages, der sich empirisch mit dem Finanzierungsmechanismus des Regimes zum Schutz der Ozonschicht auseinandersetzt. Der Direktor des UN-Umweltprogramms (UNEP) stellte 1990 über den „Ozonfonds" fest, dieser sei ein „Modell für das Völkerrecht". Ist der Fonds tatsächlich ein Vorbild, dem nachzueifern wäre – oder waren die Bedingungen seiner Entstehung zu spezifisch, um einen „institutionellen Export" in andere Politikbereiche zu rechtfertigen?

Ozon-Politik als Nord-Süd-Konflikt

Als 1987 im „Montrealer Protokoll" die schrittweise weltweite Reduktion der FCKW-Verwendung beschlossen wurde, war ein Sonderfonds für Entwicklungsländer zunächst nicht vorgesehen. Immerhin erhielten diese das Recht, die allgemeinen Reduktionszeitpläne um bis zu zehn Jahre zu verzögern, um ihnen so einen Anreiz zum Vertragsbeitritt zu bieten. Ohne konkretere Zusagen zu machen, versprachen die Industrieländer zudem, den Süden mit Krediten und Hilfsprogrammen bei der Umsetzung des Protokolls zu unterstützen.

Schon 1987/1988 wurde jedoch deutlich, daß derartige unverbindliche Kreditzusagen den Regierungen der Entwicklungsländer nicht reichten: Sie sahen im Ozonproblem eher die drohenden Löcher in ihren öffentlichen und privaten Haushalten als das Loch in der stratosphärischen Ozonschicht. Der Ausstieg aus der FCKW-Verwendung war für sie vor allem ein Kostenproblem, das ihrem realen oder erhofften Wirtschaftswachstum Barrieren in den Weg legte, zumal die Industrieländer seit über 60 Jahren ozonabbauende Stoffe produziert hatten und deshalb vorrangig für die zerstörerische Chlorkonzentration in der Stratosphäre verantwortlich waren.

Deshalb waren die Regierungen von Ländern wie Indien oder China auch nicht willens, sich dem Ozonregime anzuschließen, wenn nicht über einen Internationalen Sonderfonds ihre „vollen Mehrkosten" entschädigt würden. Dieser Sonderfonds sollte nicht wie die Weltbank von den Industrieländern dominiert werden. Der UNEP-Direktor erklärte dazu im Mai 1989: „Die Entwicklungsländer brauchen mit Sicherheit einen neutralen Mechanismus. Sie brauchen einen internationalen Mechanismus, der von jedermann im UN-System mit kontrolliert wird, und nicht nur von einer kleinen Gruppe von Staaten, wie es in den Bretton-Woods-Organisationen der Fall ist."

Allerdings waren die Industrieländer nicht bereit, radikal süd-freundliche Finanzierungsmechanismen hinzunehmen und aus dem Ozonproblem einen „Dukatenesel" für Länder wie China oder den Iran werden zu lassen. So erklärte der britische Umweltminister – dessen Land 1990 die entscheidende Konferenz ausrichten sollte – noch im Mai 1989 in der *Times*, daß die Idee eines Fonds „simplistic" sei. Dessen bindende Natur sei unannehmbar, denn sie schließe notwendigerweise „a degree of sovereignty over sovereign nations" ein.

Die Souveränität Großbritanniens und der anderen Industrieländer war jedoch schon durch den zunehmenden Abbau der weltumspannenden Ozonschicht eingeschränkt, denn ohne die Einwilligung der Entwicklungsländer konnten die Industrieländer ihre umweltpolitischen Ziele nicht erreichen. Anders als bei der traditionellen Entwicklungshilfe, war der Norden in der Ozonpolitik auf die Kooperation der Eliten des Südens eindeutig angewiesen. Denn die von den Industrieländern vereinbarten FCKW-Reduktionen wären schon nach wenigen Jahrzehnten umsonst gewesen, wenn sich nicht auch die Entwicklungsländer diesem Umweltregime angeschlossen hätten.

Gründung des Ozon-Fonds

So kam ein informeller Vorverhandlungsausschuß im August 1989 zu dem Ergebnis, daß nur sehr wenige Entwicklungsländer – 10 von etwa insgesamt 124 – das Protokoll ratifiziert hatten. Überdies waren die großen Produzenten und Nutzer von FCKW unter den Entwicklungsländern dem Protokoll noch nicht beigetreten. Wenn das Protokoll sein Ziel der Kontrolle von FCKW- und Halonemissionen erreichen sollte, mußten möglichst alle Staaten zu Parteien des Vertrages werden. Die *Financial Times* schrieb im Mai 1989 zutreffend: „Ohne einen internationalen Unterstützungsfonds ist es kaum wahrscheinlich, daß China das Montrealer Protokoll unterzeichnen wird." Es wurde befürchtet, daß, wenn große Länder wie China und Indien weiter FCKW entwickelten, dies die Anstrengungen der Industrieländer, solche Stoffe aus dem Verkehr zu bringen, wieder zunichte machen würde.

Angesichts dieser drohenden Alternative gingen die Industrieländer dann doch weitgehend auf die Forderungen der Entwicklungsländer ein. Sie verpflichteten sich 1990, die „vollen vereinbarten Mehrkosten" (all agreed incremental costs) der Entwicklungsländer im Ozonregime zu kompensieren und hierfür einen „Multilateralen Fonds zur Umsetzung des Montrealer Protokolls" einzurichten.

Dieser Fonds steht unter der Entscheidungsgewalt der Vertragsstaatenkonferenz des „Montrealer Protokolls". Über die jeweiligen Stimmrechte und das Abstimmungsverfahren wurden zahlreiche Varianten in die Verhandlungen eingebracht. Der UNEP-Direktor wollte den allgemeinen „demokratischen" Abstimmungsmechanismus des UN-Systems – *ein Land, eine Stimme* – übernehmen, und eine Sonderarbeitsgruppe plädierte für eine einfache Zweidrittelmehrheit, wobei in beiden Fällen die Entwicklungsländer den Fonds allein beherrscht hätten. Die USA wollten hingegen eine „Supermehrheit", worunter sie eine Zweidrittelmehrheit der Parteien plus Berücksichtigung der Beitragszahlungen plus einen ständigen Sitz der USA faßten – oder alles gleich der Weltbank übertragen. Dies wiederum wollten die Entwicklungsländer nicht hinnehmen.

Da jedoch die Industrieländer von der Umweltpolitik der Entwicklungsländer und diese von dem Geld der Industrieländer abhängig waren, war nur folgerichtig, daß ein Kompromiß in der Mitte gefunden wurde: Beschlüsse über den Ozon-Fonds erfordern seit 1990 eine Zweidrittelmehrheit der Parteien, die die Mehrheit der Entwicklungsländer und zugleich die Mehrheit der Industrieländer einschließen muß, so daß beide Seiten Beschlüsse blockieren können (doppelte Veto-Position). Ein solches paritätisches Verfahren ist ein Novum in den Nord-Süd-Beziehungen und der internationalen Politik im allgemeinen – und es ist interessanterweise exakt der Modus, den die Entwicklungsländer schon in den 70er Jahren für die Reform des Weltwährungsfonds gefordert hatten, damals allerdings vergeblich.

Umsetzung des Fonds

Mit der Planung und Durchführung des Ausstiegs aus der FCKW-Produktion und -Verwendung und der Konversionsprojekte vor Ort wurden UNDP, UNEP, die Weltbank und (seit 1992) die UNIDO betraut. Die Weltbank ist hierbei als Auftragnehmer des Fonds und der Vertragsstaatenkonferenz tätig. Die von den Industrieländern dominierte Weltbank kann daher in diesem Fall keine eigene Politik verfolgen, sondern muß für jedes Projekt die Zustimmung der Mehrzahl der sieben Entwicklungsländer im Geschäftsführenden Ausschuß des Fonds finden. Dies ist das revolutionär neue institutionelle Element im „Montrealer Protokoll".

Für die Aufteilung der Pflichtbeiträge zum Fonds zwischen den Industrieländern wurden 1989/1990 zwei Möglichkeiten erwogen: die Zuteilung auf der Basis der UN-Beitragsskala oder des jeweiligen FCKW-Verbrauchs. Letzteres wäre einer internationalen FCKW-Verbrauchssteuer gleichgekommen, wie sie derzeit für Energie und Kohlendioxid diskutiert wird. Die Industrieländer mit dem höchsten FCKW-Pro-Kopf-Verbrauch hätten die Umrüstung der Produktionsanlagen im Süden vorrangig finanzieren müssen und zugleich den größten Anreiz zur Verbrauchsbegrenzung erhalten. Auch wenn diese Idee Ende 1989 die bevorzugte Variante war, wurde sie letztlich von der Beitragsbemessung nach dem UN-Beitragsschlüssel abgelöst. Ausschlaggebend hierfür dürfte das seit Ende 1989 geplante FCKW-Totalverbot gewesen sein, das einer FCKW-Steuer die Grundlage entzog. Die Beiträge der Parteien werden nun nach der (leicht modifizierten) UN-Skala bestimmt, wobei die Vertragsstaatenkonferenz den Gesamtetat des Fonds festlegt.

Hierfür waren 1990 zunächst 160 Millionen US-Dollar für drei Jahre eingeplant worden, mit zusätzlich eingeplanten Mitteln von je 40 Millionen für den erhofften Beitritt Chinas und Indiens. Die 5. Vertragsstaatenkonferenz füllte den Fonds für 1994 bis 1996 dann mit 510 Millionen US-Dollar auf, wodurch die Emission ozonabbauender Stoffe im Süden um weitere 30 Prozent reduziert werden sollte. Insgesamt kletterten die jeweils für ein Jahr vereinbarten Beiträge von knapp 53 Millionen US-Dollar für 1991 auf 152 Millionen US-Dollar für 1996. Inzwischen beschloß die Vertragsstaatenkonferenz, den Fonds bis 1999 mit 466 Millionen US-Dollar aufzufüllen, so daß bis zur Jahrhundertwende etwa eine Milliarde US-Dollar von den Industrieländern zur Umsetzung des „Montrealer Protokolls" an die Entwicklungsländer überwiesen sein werden.

Was sind die „vollen Mehrkosten" der Entwicklungsländer?

Insgesamt sollen mit diesen Fondsgeldern die „vollen verein-barten Mehrkosten" der Entwicklungsländer (bis 1999) ersetzt werden. Welches genau die Mehrkosten der Umstellungspro-jekte im Süden sind – und somit zu kompensieren sind –, legt der paritätisch besetzte Geschäftsführende Ausschuß des Fonds im Einzelfall fest.

Im Ergebnis wurden durch den Fonds eine Vielzahl um-weltpolitischer Maßnahmen in den Entwicklungsländern fi-nanziert, beginnend mit dem Aufbau von spezialisierten Verwaltungseinheiten in den Ministerien bis hin zur Ver-schrottung von FCKW-produzierenden Fabriken und dem Aufbau von Fabriken für Ersatzstoffe. Soweit Ersatztechniken in den Süden transferiert worden sind, wurden Kosten für Patente, Pläne und die Mehrkosten bei Lizenzabgaben erstat-tet, wie auch die Kosten für die Umschulung von Arbeitskräf-ten, die Forschung zur Anpassung neuer Techniken an ört-liche Gegebenheiten und zur Entwicklung von Alternativen bei der Nutzung ozonabbauender Stoffe, Maßnahmen gegen die unbeabsichtigte Freisetzung ozonabbauender Stoffe und zu deren Wiederverwertung oder Entsorgung. Allerdings drängten die Industrieländer erfolgreich darauf, nur wirklich zusätzliche Kosten zu erstatten: So muß beispielsweise eine neue Fabrik für FCKW-Ersatzstoffe exakt die gleiche Kapa-zität der alten verschrotteten FCKW-Anlage haben, andern-falls würde der erstattete Geldbetrag entsprechend gekürzt.

Fazit

Insgesamt kann die bisherige Arbeit des Ozon-Fonds als ef-fektiv gelten. Die gegenwärtige entwicklungspolitische Dis-kussion legt zwar nahe, daß Geld allein keine wirtschaftliche Entwicklung voranbringen kann – Entwicklungshilfe gilt viel-fach gar als nutzlos. Zumindest im Ozonregime stimmt dies aber nicht. In diesem Fall war die Finanzierung ein Erfolg. Das Geld erreichte die Empfänger, und es bewirkte die erwünschten Produktionsumstellungen und Verbrauchsänderungen. So haben manche Entwicklungsländer mit dem Ausstieg aus der FCKW-Verwendung begonnen, auch wenn das „Montrealer Protokoll" ihnen noch eine „Gnadenfrist" von zehn Jahren zusichert. Die meisten Entwicklungsländer werden wohl, wenn die bisherigen Finanzzusagen der Industrieländer eingelöst werden, ihre Pflichten noch vor Ablauf dieser Frist umgesetzt haben.

Dieser Erfolg des Ozon-Fonds spiegelt sich in seiner Ausstrahlung auf andere Politikbereiche: Ein dem Fonds entsprechendes paritätisches Entscheidungsverfahren wurde 1994 in der Globalen Umweltfazilität (GEF) eingeführt, die von der Weltbank gemeinsam mit UNDP und UNEP verwaltet wird. Ebenso wurde der Grundsatz der Kompensation der „vollen vereinbarten Mehrkosten" vom Ozonregime 1992 direkt in die „Klimarahmenkonvention" und die „Biodiversitätskonvention" übernommen. Auch wenn dies auf eine Modellfunktion des Ozon-Fonds schließen läßt, scheint es für eine endgültige Bewertung aber noch zu früh zu sein.

Literaturhinweise

Benedick, Richard E.: Ozone Diplomacy. New Directions in Safeguarding the Planet. 2. Aufl., Cambridge/Mass.: Harvard University Press 1997.

Biermann, Frank: Financing Environmental Policies in the South. An Analysis of the Multilateral Ozone Fund and the Concept of ‚Full Incremental Costs'. WZB-Paper, Berlin: Wissenschaftszentrum Berlin 1996.

Jakobeit, Cord: „Non-State Actors Leading the Way. Debt-for-Nature Swaps", in: Robert O. Keohane, Marc A. Levy (Hg.): Institutions for Environmental Aid. Pitfalls and Promise. Cambridge/Mass.: MIT Press 1996, S. 127–166.

Jordan, Andrew: „Paying the Incremental Costs of Global Environmental Protection. The Evolving Role of GEF", in: *Environment,* 36. Jg., Nr. 6, 1994, S. 12–36.

Frank Hönerbach
Der schwierige Weg zu einem globalen Waldschutzabkommen

Über den Weg, ein internationales Instrumentarium zum Schutz der Wälder zu vereinbaren, herrscht immer noch Uneinigkeit. Seit dem Versuch, im Verlauf der UN-Konferenz 1992 in Rio de Janeiro ein internationales Waldschutzabkommen zu verhandeln, hat sich an den Konflikten und den Grundpositionen der Akteure im Grunde wenig geändert. Wie damals gibt es Vertreter, die strikt gegen jede Vereinbarung sind, es gibt Anhänger einer eigenständigen Waldkonvention und es gibt Verfechter eines Waldprotokolls unter dem Dach der Biodiversitätskonvention. Dennoch ist einiges in Bewegung geraten, worüber hier zu berichten ist.

Erfolgreich konnte in Rio – neben der Klimakonvention und der völkerrechtlich unverbindlichen Walderklärung – das *Übereinkommen der Vereinten Nationen über die biologische Vielfalt* (Biodiversitätskonvention) unterzeichnet werden, das 1993 in Kraft trat. Erstmals wurde damit explizit der Schutz aller Formen des Lebens und ihrer Lebensräume zum Inhalt eines internationalen Abkommens. Die Schutzbedürftigkeit der Wälder taucht in diesem – wie auch in der Klimakonvention – allerdings nur an untergeordneter Stelle auf. Dies ist deshalb besonders problematisch, weil die Wälder den Großteil der terrestrischen Biodiversität enthalten. Von den geschätzten insgesamt 13 bis 14 Millionen Arten leben etwa die Hälfte in tropischen Waldökosystemen. Bei anhaltender Aussterberate, vor allem bedingt durch die weitere Zerstörung der Wälder, können – so die Befürchtung von E. O. Wilson, dem „Vater" des Konzepts der Biodiversität – bis zum Jahr 2020 mehr als 20% aller Arten unwiderruflich verlorengehen. Aufgrund des komplexen Ursachengeflechts der weltweiten Waldzerstörung kann ein nationales bzw. regionales Handeln zur Bewahrung der Wälder nicht vom nötigen Erfolg gekrönt sein. Deshalb brauchen wir – so die These dieses Beitrages – so schnell wie möglich eine globale Waldkonvention bzw. ein Waldprotokoll im Rahmen der Biodiversitätskonvention.

Globale Konvention oder Protokoll?

Die Wälder stehen in vielfältigen Wechselwirkungen mit der Biosphäre und der Anthroposphäre. In ihnen kulminieren verschiedene Umweltprobleme, die nicht nur regionale, sondern auch globale Auswirkungen haben. Daher erscheint es recht paradox, daß ein derartiger Dreh- und Angelpunkt der globalen Umweltproblematik nicht im Zentrum weltweiter politischer Bemühungen steht. Gelänge es, diesen „gordischen Knoten" aus nationalen Interessen, Souveränitäten und Nord-Süd-Konflikten zu lösen, könnten auf internationaler Ebene wirksame Schutz-, Nutzungs- und Kompensationskonzepte entwickelt und umgesetzt werden.

Nur eine Strategie, die in der Lage ist, für einen Ausgleich zwischen dem Schutz der Biosphäre, einer stabilen wirtschaftlichen Entwicklung und der gerechteren Verteilung von Lebenschancen zu sorgen, kann auf Dauer erfolgreich sein. Die Problematik der Wälder stellt die internationale Gemeinschaft vor eben diese Herausforderung. Die Frage ist, wodurch dieses Ziel besser erreicht werden kann: durch eine eigenständige Waldkonvention oder durch ein Protokoll im Rahmen einer schon bestehenden Konvention?

Die Vorteile einer Konvention sind klar zu benennen: Sie würde der Problematik den politischen Stellenwert verleihen, der ihr gebührt; es beständen größere Aussichten auf angemessene Finanzmittel (ein eigener Fonds oder ein zusätzlicher Förderbereich in der *Global Environment Facility* (GEF); die nötige dynamische Weiterentwicklung könnte fest verankert werden.

Ebenso deutlich sind jedoch gewisse Nachteile zu erkennen: Die Einigung auf eine Konvention, deren Problematik schon seit Jahren äußerst kontrovers diskutiert worden ist, wird eine lange Aushandlungszeit benötigen: Es ist zu befürchten, daß der kleinste gemeinsame politische Nenner – vermutlich nutzungs- wie handelsorientiert – die Grundlage der Konvention bilden wird; konkrete Umsetzungsmaßnahmen, das zeigen die Erfahrungen der bisherigen Konventionen, werden längere Zeit auf sich warten lassen.

Dagegen stehen die Vorteile eines Protokolls im Rahmen der Biodiversitätskonvention: Diese Konvention ist international bereits vereinbart, unterzeichnet und ratifiziert; die Umsetzung in nationales Recht ist im Gange. Die Finanzierung über die GEF ist vorläufig geklärt, erste Projekte haben begonnen. Vor allem aber besitzt der so dringend nötige Schutzgedanke für die globale Funktion der Wälder als größtes terrestrisches Biodiversitätshabitat Priorität.

Die Nachteile: Da globaler Waldschutz mittels eines Protokolls nur *ein* Bereich von vielen innerhalb der Biodiversitätskonvention wäre, würde sich dies sicher auf die Projektfinanzierung niederschlagen. Auch die Biodiversität in ihrer Gesamtheit stellt zur Zeit ja nur ein Teilgebiet der GEF-Förderung dar; unklar ist auch, ob die wichtigen Ebenen Forstwirtschaft/Holzhandel, ohne die ein Schutzkonzept nicht funktionieren kann, ausreichend zu integrieren sind.

Für beide Optionen gilt, daß vorab geklärt werden muß, wie das zur Zeit diskutierte Konzept des Schutzes und der nachhaltigen Nutzung von Wäldern (*Sustainable Forest Management*, SFM) zu definieren ist, und anhand welcher Indikatoren die Zielerreichung kontrolliert werden sollte. Desweiteren wäre die Abstimmung mit anderen den Wald betreffenden Abkommen sowie mit der *World Trade Organization* (WTO) herzustellen.

Die Entwicklung seit Rio

Erst im Juni 1993 brachte ein Treffen der europäischen Forst– und Waldminister in Helsinki Bewegung in den Stillstand der Verhandlungen nach der Walderklärung. Dieser sogenannte

„Helsinki-Prozeß" beschäftigt sich vor allem mit der Ausarbeitung von Kriterien und Indikatoren einer nachhaltigen Bewirtschaftung von Wäldern. Ihre außereuropäische Entsprechung fand diese Entwicklung mit dem „Montreal-Prozeß" (Nordamerika, Japan, Australien, Neuseeland, Südkorea, China, Rußland). Hinzu kamen in den folgenden Jahren bilaterale Bemühungen, die Initiative der Amazonasanrainerstaaten sowie Versuche, die unterschiedlichen Ansätze zusammenzuführen, welche jedoch mehr oder weniger scheiterten.

Um die parallel laufenden Prozesse zu bündeln, beschloß die 3. Sitzung der *Commission on Sustainable Development* (CSD) im Herbst 1995 die Einberufung des *Intergovernmental Panel on Forest Convention* (IPF). In den zwei Jahren bis zur 5. CSD-Sitzung im Frühjahr 1997 wurde über die weitere Vorgehensweise im globalen Waldschutz beraten. Ergebnis sollte eine Empfehlung an das CSD-Sekretariat sein, in welcher Form globaler Waldschutz und nachhaltige Nutzung in Zukunft durchzuführen seien. Auf der abschließenden Sitzung des Panels konnten sich die Experten jedoch auf kein eindeutiges Ergebnis einigen. Malaysia, Indonesien, Kanada und die EU sprachen sich für einen baldigen Beginn von Konventionsverhandlungen aus. Von der Mehrheit der Akteure (USA, Indien, China, Rußland und der überwiegende Teil der G77-Staaten) wurde dieses Vorgehen jedoch abgelehnt. Sie schlugen statt dessen ein *Intergovernmental Forum on Forests* unter der CSD vor; in diesem Gremium solle ein breiter Konsens hinsichtlich der Schlüsselthemen einer zukünftigen Vereinbarung gefunden werden.

Der schwierige Verhandlungsgegenstand Wald

Eine systematische Analyse der Walddiskussion im UNCED-Prozeß hat gezeigt, worin die Schwierigkeit der Waldverhandlungen besteht (vgl. Hönerbach 1996). Einerseits existieren Eigentums- und Verfügungsrechte für die monetär erfaßten Funktionen der Wälder, die daher keine völkerrechtlichen Lösungen verlangen (bzw. sie nicht möglich machen); andererseits fehlen aber gleichzeitig Regelungen über die globalen Funktionen der Wälder, die deshalb einer völkerrechtlichen Lösung in Form eines Umweltregimes bedürfen.

Für die Biodiversität ist dieser „Spagat" im UNCED-Prozeß erreicht worden. Zum einen wurde der Schutz ihrer globalen Funktionen als „gemeinsame Sorge der Menschheit" proklamiert, zum anderen erhalten die Staaten/Individuen, auf deren Territorium eine zu schützende Art vorkommt, Besitzrechte, wenn Dritten ökonomischer Nutzen entsteht. Trotz dieser mit der Waldproblematik vergleichbaren Eigenschaften ist es hier gelungen, einen Kompromiß zu finden. Die Gründe:

1. Die Inwertsetzungsmöglichkeiten einzelner Arten sind im Gegensatz zum Wald geringer und nicht ohne weiteres von jedem durchführbar.

2. Biodiversität kann relativ einfach als nicht-erneuerbares Gut definiert werden, dem entsprechend höherer Schutz zukommen muß als einem grundsätzlich erneuerbaren Gut.

Für alle lebenden oder belebten Teile der Natur existiert ein internationaler Konsens in dem Sinne, daß sie durch den Menschen nicht zu erschaffen oder zu ersetzen sind. Daher erlangt die Biodiversität ihre Bedeutung nicht erst durch die jetzige oder zukünftige Inwertsetzung, sondern stellt einen *intrinsic value,* einen Wert an und für sich dar, der im Sinne der intergenerativen Gerechtigkeit für die zukünftig lebenden Menschen erhalten werden muß (Präambel).

Durch die Reduzierung des Verständnisses von Wald auf sein Holz und die Möglichkeit seiner Erneuerung durch Nachwachsen sind viele Akteure nicht bereit bzw. sehen keine Notwendigkeit, ihre Nutzungen einzuschränken; oder sie sind aus existenziellen Gründen gezwungen, sie fortzuführen. Deshalb kommt es in Zukunft darauf an, die völkerrechtlichen Lösungen der Biodiversitätskonvention auf die Wälder zu übertragen, obwohl hier ein sehr viel stärkerer Inwertsetzungsdruck vorhanden ist. Auch Wälder müssen „globales Gut" und „gemeinsame Sorge der Menschheit" und gleichzeitig nationales/privates Eigentum werden. Das erstere verpflichtet zum Schutz, das zweite garantiert das Recht auf angemessene Kompensation.

Einschätzung der zukünftigen Entwicklung

Nach den neuesten Erhebungen der FAO im *State of the World's Forests Report 1996* ist das Tempo der weltweiten Entwaldung geringfügig zurückgegangen – von 15,5 Mio./ha pro Jahr zwischen 1980 und 1990, auf 13,7 Mio./ha pro Jahr zwischen 1990 und 1995. Wodurch diese Tendenz bedingt ist, und ob sie anhält, ist indes noch nicht geklärt. Dieser Hoffnungsschimmer sollte daher nicht dazu verleiten, die Dramatik der Lage zu unterschätzen: Die Situation der Wälder ist in vielen Teilen der Welt weiterhin schlecht bis katastrophal.

Es steht deshalb außer Frage, daß ein internationales Waldschutzinstrumentarium dringend gebraucht wird. Tatsächlich steht die lange diskutierte Frage Konvention oder Protokoll in dieser Form jedoch nicht mehr auf der politischen Tagesordnung. Heute geht es um den sofortigen Beginn von Konventionsverhandlungen oder um die Einsetzung eines *Intergovernmental Forum on Forests*.

In einer schnellen Konventionsaushandlung sehen einige Staaten (z.B. Malaysia, Kanada) eine Möglichkeit, die nutzungsorientierten (und damit ungenügenden) Standards der Walderklärung und *des International Tropical Timber Agreements* (ITTA) festzuschreiben. Eine internationale Waldkonvention würde – in dieser Tradition stehend – Gefahr laufen, eher ein weltweites Waldnutzungs-Übereinkommen zu verkörpern. Hinter dem „Feigenblatt" verstärkter Schutzbemühungen stände so das Risiko, eine Deregulierung vorzunehmen, was Verhandlungen über strengere Schutzmaßnahmen auf längere Zeit verhindern würde.

Die Mehrheit der IPF-Experten favorisiert deshalb die Einsetzung eines *Intergovernmental Forum on Forests*. Diese Position ist einerseits durch die Verweigerungshaltung einiger Staaten gegen jede völkerrechtlich verbindliche Vereinbarung motiviert. Andererseits ist klar – und auch Auffassung der Mehrheit der Nicht-Regierungsorganisationen (NGOs) –, daß dieses Gremium die Chance nutzen muß, vor eigentlichen Konventionsverhandlungen einen Konsens über die Definition von *Sustainable Forest Management* (SFM) und anderen Schlüsselthemen herbeizuführen.

Da ein übergreifendes Instrumentarium immer noch nicht existiert, könnte als Sofortmaßnahme ein sog. *Clearing House-Mechanismus* – ähnlich dem der Biodiversitätskonvention – eingerichtet werden. Die vorhandenen bilateralen Projekte (z.B. USA/Deutschland – Brasilien), die von der FAO unterstützten Projekte (z.B. die aus dem Tropenwaldaktionsplan hervorgegangenen Nationalen Forstentwicklungspläne), die Waldnutzung, Waldschutz und Wiederaufforstung betreffenden Entwicklungsvorhaben müßten koordiniert, gebündelt und verstärkt werden. Auf diese Weise würde die an und für sich hoffnungsvolle Tendenz einer Verlangsamung der Entwaldung des Planeten Erde sofort unterstützt. Dann lohnte sich auch das Warten auf eine globale Waldkonvention, die nicht nur ein weiteres Instrument zur Förderung des Handels mit Hölzern sein darf, sondern ein gut abgewogenes Schutz- und Nutzungskonzept, welches die direkt betroffenen Menschen einbezieht und eine lebenswerte, gerechtere Zukunft für alle möglich macht.

Literaturhinweise

FAO: State of the World's Forests. Rom 1997.
Hartenstein, L., Schmidt, J: Planet ohne Wälder. Bonn 1996.
Herkendell, J., Pretzsch, J. (Hg.): Die Wälder der Erde. München 1995.
Hönerbach, F.: Verhandlungen einer Waldkonvention. Ihr Ansatz und ihr Scheitern. WZB Paper FS II 96–404. Berlin 1996.
IUCN, EFI, CIFOR: Options for Strenghtening the International Legal Regime for Forests – A report prepared for the European Commission. Dezember 1996.
Malaysian Timber Bulletin: Vol. 2, No. 10, 1996.
Wilson, E. O.: Der Wert der Vielfalt. München, Zürich 1995.

2. BIOLOGISCHE VIELFALT

Andreas Gettkant/Udo E. Simonis/Jessica Suplie
Die Biodiversitäts-Konvention:
Der lange Weg vom Verhandeln zum Handeln

Nachdem die UN-Konvention über die biologische Vielfalt (im folgenden: Biodiversitäts-Konvention) während des „Erdgipfels" in Rio de Janeiro im Juni 1992 unterzeichnet worden war, ist sie am 29. Dezember 1997 nunmehr vier Jahre in Kraft. Bislang haben 170 Staaten diese Konvention ratifiziert. Das bedeutet, daß fast alle Länder dieser Welt sich verpflichtet haben, ihre nationale Gesetzgebung gemäß den Anforderungen der Biodiversitäts-Konvention auszurichten bzw. umzugestalten. Allerdings muß man immer noch auf ein günstigeres politisches Klima in den USA hoffen, die das Übereinkommen im Juni 1993 zwar unterzeichnet, jedoch wegen der Widerstände des zuständigen Senatsausschusses noch immer nicht ratifiziert haben.

Der Beitritt der USA wäre nicht nur aufgrund der zu erwartenden hohen Beitragszahlungen wünschenswert, sondern auch wegen ihrer Spitzenstellung in der Forschung im Bereich der biologischen Vielfalt. Schließlich waren es US-amerikanische Wissenschaftler, wie vor allem der Biologe Edward O. Wilson, die sich seit Mitte der 80er Jahre ausführlich und intensiv mit dem zunehmenden Artenverlust und der fortschreitenden Zerstörung der natürlichen Lebensräume befaßten – und so die Bedeutung dieser ökologischen Fehlentwicklung in das öffentliche Bewußtsein und auf die politische Tagesordnung brachten.

Das Konzept der biologischen Vielfalt – oder „Biodiversität" – ist somit ein vergleichsweise junges Thema in der internationalen Umweltpolitik. Es bezieht sich auf alle Tier- und Pflanzenarten sowie Mikroorganismen, die genetische Verschiedenheit der Individuen innerhalb der Arten sowie auf die unterschiedlichen Ökosysteme der Erde, in denen diese Arten zusammenleben.

In der Einsicht, daß ein Paradigmenwechsel in bezug auf den internationalen Naturschutz dringend erforderlich sei, wurde das Konzept der Biodiversität in den Verhandlungsprozeß im Vorfeld der Rio-Konferenz mit einbezogen. Vor dem Leitbild einer nachhaltigen Entwicklung (*sustainable development*) entstand – mit gewissem ,Termindruck' – ein äußerst komplexes Regelwerk über den Schutz und die Nutzung der biologischen Vielfalt, das zunächst eine gemeinsame Problem- und Zieldefinition der Staatengemeinschaft darstellte.

Trotz des relativ kurzen Zeitraumes, seit dem die Biodiversitäts-Konvention in Kraft ist, hat sie doch bereits eine beeindruckende Resonanz gefunden, was schon die rasch anwachsende Zahl der Vertragsstaaten beweist. Die Motivation – insbesondere in tropischen Ländern – zur Unterstützung dieses völkerrechtlich bindenden Regelwerks besteht vor allem in seiner innovativen Kraft, neue Wege zum Erhalt der Biodiversität aufzuzeigen. Dabei geht es nicht mehr ausschließlich um die Einrichtung von *Schutz*gebieten und -programmen, die dem Erhalt bestimmter Gebiete oder einzelner Arten dienen, sondern auch um eine nachhaltige, also ökologisch und sozial verträgliche *Nutzung* der biologischen Vielfalt.

Artikel 1 nennt drei Ziele: „... die Erhaltung der biologischen Vielfalt, die nachhaltige Nutzung ihrer Bestandteile sowie die ausgewogene und gerechte Aufteilung der sich aus der Nutzung genetischer Ressourcen ergebenden Vorteile".

Als handlungsleitende Prinzipien sieht Artikel 1 vor: den „... angemessenen Zugang zu genetischen Ressourcen, die angemessene Weitergabe der einschlägigen Technologien sowie eine (...) angemessene Finanzierung".

Diese Ziele und Prinzipien bilden einen – allerdings nicht konfliktfreien – ,Dreiklang', der sich auch in ihrer Umsetzung widerspiegeln soll (vgl. hierzu *Schaubild 1*).

Schaubild 1: Einordnung der Biodiversitäts-Konvention in die Weltwirtschafts- und Weltumweltpolitik

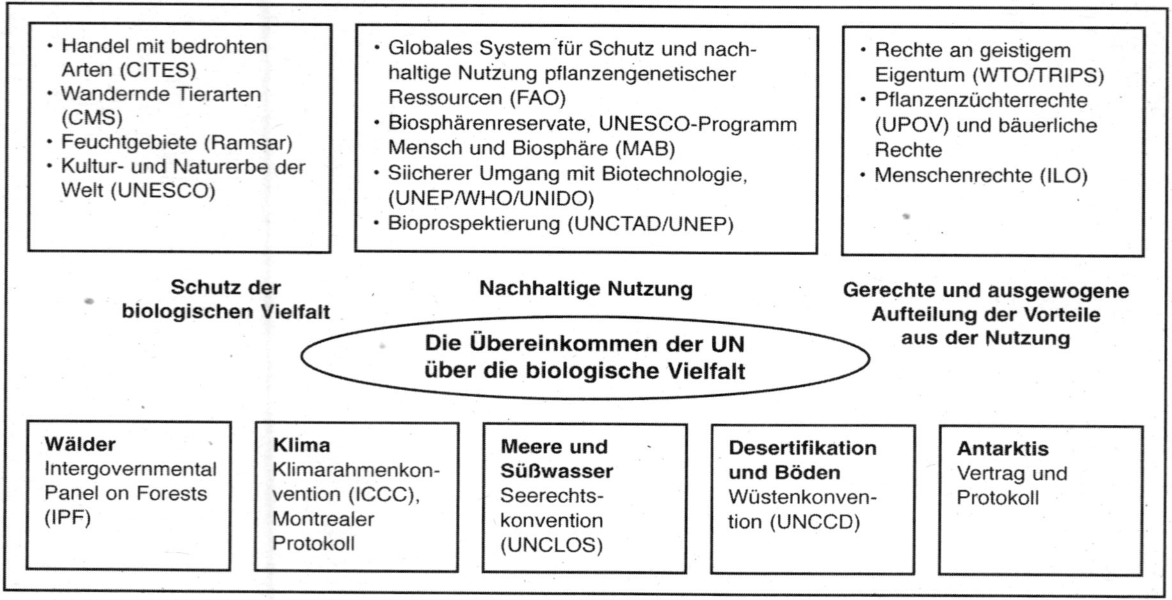

- Handel mit bedrohten Arten (CITES)
- Wandernde Tierarten (CMS)
- Feuchtgebiete (Ramsar)
- Kultur- und Naturerbe der Welt (UNESCO)

- Globales System für Schutz und nachhaltige Nutzung pflanzengenetischer Ressourcen (FAO)
- Biosphärenreservate, UNESCO-Programm Mensch und Biosphäre (MAB)
- Sicherer Umgang mit Biotechnologie, (UNEP/WHO/UNIDO)
- Bioprospektierung (UNCTAD/UNEP)

- Rechte an geistigem Eigentum (WTO/TRIPS)
- Pflanzenzüchterrechte (UPOV) und bäuerliche Rechte
- Menschenrechte (ILO)

Schutz der biologischen Vielfalt

Nachhaltige Nutzung

Gerechte und ausgewogene Aufteilung der Vorteile aus der Nutzung

Die Übereinkommen der UN über die biologische Vielfalt

Wälder Intergovernmental Panel on Forests (IPF)

Klima Klimarahmenkonvention (ICCC), Montrealer Protokoll

Meere und Süßwasser Seerechtskonvention (UNCLOS)

Desertifikation und Böden Wüstenkonvention (UNCCD)

Antarktis Vertrag und Protokoll

Quelle: Media Company GmbH, Bonn

Das Schaubild stellt in vereinfachter Form dar, wie die Biodiversitäts-Konvention in die Weltwirtschafts- und Weltumweltpolitik eingebunden ist. Die drei zentralen Ziele der Konvention richten sich auf Handlungsfelder, die im oberen Bereich des Schaubildes aufgeführt sind. Neben den globalen Arten- und Naturschutzabkommen, die bereits vor der Biodiversitäts-Konvention entstanden waren und an deren Arbeitsweise sich im Prinzip nichts geändert hat, stehen Handlungsfelder, die sich in jüngster Zeit entwickelt haben, wie z.B. die Harmonisierung von handelsrelevanten Rechten an geistigem Eigentum oder Umweltaspekte des Welthandels. Im unteren Bereich des Schaubildes ist das Verhältnis der Konvention zu einer Reihe neuerer Umwelt- und Ressourcenabkommen dargestellt. Die jeweiligen inhaltlichen Verknüpfungen sind hierbei unterschiedlich stark ausgeprägt. Teilweise lassen sich erst sehr schwache Berührungspunkte ausmachen, wie z. B. im Fall der Klimarahmenkonvention. Dagegen besteht z.B. zum *Intergovernmental Panel on Forests* (IPF) eine unmittelbare Beziehung, da die Waldverhandlungen zu den besonders dringenden Anliegen der Biodiversitäts-Konvention gehören. Wälder machen den Großteil der terrestrischen Biodiversität aus und bilden deswegen eine zentrale Größe für die Umsetzung der Konventionsziele. Es stellt sich also die Frage, inwieweit die Biodiversitäts-Konvention von den verschiedenen Abkommen und Verhandlungsforen der Weltwirtschafts- und Umweltpolitik wahrgenommen wird bzw. diese beeinflussen kann.

Vom Verhandlungsdokument zum Aktionsprogramm

Als sich die Unterzeichner der Biodiversitäts-Konvention im November 1993 zu der 1. Vertragsstaatenkonferenz auf den Bahamas zusammenfanden, stand im Mittelpunkt der Bemühungen, einen institutionellen Rahmen für die zukünftige Arbeit zu schaffen. So wurden unter anderem die Einrichtung eines ständigen Sekretariats und der Aufbau eines der Vertragsstaatenkonferenz nachgeordneten Gremiums für wissenschaftliche und technische Beratung (*Subsidiary Body on Scientific, Technical and Technological Advice,* SBSTTA) beschlossen. Bis heute ist es allerdings nicht gelungen, auch einen eigenständigen Finanzierungsmechanismus für die Umsetzung der Beschlüsse zu schaffen. Statt dessen ist nach wie vor die Globale Umweltfazilität (GEF) für die Finanzierung von Projekten zum Erhalt der biologischen Vielfalt zuständig. Die GEF, vor der Rio-Konferenz 1992 als gemeinsamer Fonds der Weltbank, des UN-Umweltprogramms (UNEP) und des UN-Entwicklungsprogramms (UNDP) eingerichtet, betreut auch die Projekte zum Klimaschutz, zum Erhalt der Ozonschicht und zum Schutz internationaler Gewässer – und wird deswegen generell als überlastet angesehen.

Im Gegensatz zur Klimakonvention wurde bei der Biodiversitäts-Konvention bisher davon abgesehen, ein nachgeordnetes Gremium zur Unterstützung und Überwachung des Umsetzungsprozesses einzurichten. Dagegen wurde von Beginn der Verhandlungen durch einige Vertragsstaaten und durch Nichtregierungsorganisationen angeregt, Umsetzungsprotokolle zu einzelnen Themenfeldern (z.B. zum Thema biologische Sicherheit oder zu den pflanzengenetischen Ressourcen) zu formulieren. Solche Protokolle sollen dazu beitragen, die Inhalte der Biodiversitäts-Konvention weiter zu konkretisieren und praktisch umzusetzen.

Während der 2. Vertragsstaatenkonferenz in Jakarta im November 1995 wurde ein ehrgeiziges Arbeitsprogramm für den Zeitraum 1995–97 verabschiedet, das vom SBSTTA vorbereitet worden war. Von besonderer Bedeutung war hier der Beschluß über die Erarbeitung eines Protokolls über den sicheren Umgang mit Biotechnologien *(Biosafety Protocol).*

Die Diskussion um die notwendigen Vorkehrungen beim Umgang mit und dem Transfer von genetisch modifizierten Organismen besteht zwar schon seit vielen Jahren, allerdings fehlte es bislang – insbesondere auf Seiten der Industrieländer – an dem politischen Willen für die Verabschiedung international gültiger Richtlinien. Im Zuge der vorherrschenden „Deregulierungs-Philosophie" werden vage Selbstverpflichtungen der

Industrie von den meisten OECD-Ländern als geeignetes und ausreichendes Instrument angesehen. Die Tatsache aber, daß bis Ende 1998 ein Biosafety-Protokoll erarbeitet werden soll, kann daher als eine hart erkämpfte Errungenschaft der Mehrheit südlicher Länder sowie der NGOs angesehen werden.

Ferner wird mit der Vertragsstaatenkonferenz von Jakarta auch das gleichnamige Mandat verbunden, das zur Erarbeitung eines Arbeitsprogramms zur Meeres- und Küstenbiodiversität aufruft. Die hierzu eingesetzte Expertengruppe traf sich erstmals im März 1997, um ein solches Programm zu beraten. Nicht zuletzt ist auch die Einrichtung eines dezentral angelegten Informationsmechanismus der Biodiversitäts-Konvention *(Clearinghouse Mechanism)* zur Förderung des internationalen Wissens- und Technologietransfers als wichtiger Fortschritt im ersten Jahr der Umsetzung der Konvention zu nennen.

Vieles wird in Zukunft davon abhängen, inwieweit auch finanzielle Mittel für die Umsetzung der beschlossenen Protokolle und Programme zur Verfügung gestellt werden. 1998 bietet – als UN-Jahr der Ozeane – eine gute Gelegenheit, um den Zusammenhang zwischen den Aktivitäten im Bereich des Schutzes der Ozeane und der Meeres- und Küstenbiodiversität zu stärken.

In Buenos Aires fand Ende 1996 die 3. Vertragsstaatenkonferenz der Biodiversitäts-Konvention statt. Im Mittelpunkt der Verhandlungen stand diesmal die Formulierung eines Arbeitsprogramms zu „Agrobiodiversität" sowie die Behandlung des Themas „Biologische Vielfalt der Wälder". In den betreffenden Abschlußdokumenten kommt der Wille zum Ausdruck, von der einseitigen Betrachtung der Produktionsseite (Holz und Agrargüter) zu einer ganzheitlichen Betrachtungsweise zu gelangen, die die Erhaltung der jeweiligen Ökosysteme in den Mittelpunkt stellt.

Damit ist auch bereits eines der Hauptprobleme der Biodiversitäts-Konvention benannt: Die besonders komplexe Zielsetzung (Schutz und nachhaltige Nutzung der biologischen Vielfalt sowie gerechter Vorteilsausgleich) verlangt im Umsetzungsprozeß die Berücksichtigung zahlreicher Aspekte. Diese reichen von Schutzgebietsmanagement über Inventarisierungsprogramme und Genbankstrategien bis hin zu Patentregelungen und Vereinbarungen über den Technologietransfer. Vor diesem Hintergrund muß die Vertragsstaatenkonferenz von Jahr zu Jahr eine Fülle an Dokumenten verhandeln, deren Vorbereitung das Konventionssekretariat schon jetzt überlastet. Damit teilt die Konvention das Schicksal anderer ‚Rio-Dokumente‘ – wie insbesondere der AGENDA 21 –, deren Umsetzungsfortschritte auf der UN-Sondergeneralversammlung im Juni 1997 kritisch beurteilt wurden.

Von der 4. Vertragsstaatenkonferenz in Bratislava im Mai 1998 werden weitere wichtige Entscheidungen erwartet. Das besondere Augenmerk richtet sich auf die zum 1. Januar 1998 eingeforderten Nationalberichte aller Vertragsstaaten. Aus diesen Berichten sollen auch die jeweiligen nationalen Strategien der Länder erkennbar hervorgehen, wenn auch nicht strikt formuliert (zu den Details vgl. Art. 6). Weiterhin sollen sie Aufschluß über den *in-situ*-Schutz geben – den Erhalt der Vielfalt in den natürlichen Lebensräumen –, wozu auch der Schutz und die Anerkennung des Wissens indigener Völker und lokaler Gemeinschaften gehören. Die Vertragsstaatenkonferenz 1998 wird außerdem die Zusammenarbeit mit anderen UN-Konventionen und Institutionen überprüfen. Zur Diskussion steht auch die Organisation und Prioritätensetzung der Vertragsstaatenkonferenz selbst.

Biopolitik in der Zukunft: drei zentrale Aspekte

In der gegenwärtigen Situation stellt das Thema „Biologische Vielfalt" eine enorme Herausforderung an alle Staaten dieser Welt dar, gleich ob in Nord oder Süd, Ost oder West. Bislang kann noch kein Vertragsstaat für sich in Anspruch nehmen, bereits alle notwendigen Schritte zur Umsetzung der Konvention eingeleitet zu haben. Die künftige Biopolitik der Staatengemeinschaft sollte sich daher an den folgenden drei grundlegenden Aspekten orientieren:

1. Erstens erfordert der komplexe Charakter der Konvention die *Einleitung eines Prozesses*. Dieser Prozeß, der Jahrzehnte dauern wird, muß die Formulierung von Zielvorstellungen und Leitbildern für den Erhalt der biologischen Vielfalt ebenso umfassen wie die Definition von Kriterien und Indikatoren der Biodiversität. Wie schwierig die Festlegung von operablen Zielwerten sein wird, zeigt ein Beispiel aus der Bundesrepublik. So darf das Bundesumweltministerium die von Experten wiederholt empfohlene Ausweisung von mindestens 15% Vorrangflächen für den Naturschutz nicht selbst als Forderung vertreten, sondern lediglich die Expertenmeinung hierzu zitieren. Zu groß ist der Druck der anderen Ressorts, die solch einen großen Beitrag zur Stabilisierung natürlicher Landschaftselemente in Deutschland verhindern möchten. Die Organisation dieses Prozesses soll nicht bedeuten, daß nicht sofort mit konkreten Maßnahmen begonnen werden könnte. Vor allem bei der Betrachtung der Faktoren, die zur Zerstörung der biologischen Vielfalt führen (nicht-nachhaltige Bewirtschaftungsfaktoren), oder bei Anreizmaßnahmen, die eine Zerstörung begünstigen (im Englischen griffig als „perverse incentives" bezeichnet), könnten sofort Gegenmaßnahmen eingeleitet werden. *Schaubild 2* verdeutlicht, wie ein solcher Prozeß in Gang gesetzt werden kann. Hier wird auch deutlich, daß ein gewisser Grad an Flexibilität erforderlich ist, um einzelne Zielvorstellungen gegebenenfalls anzupassen. Zum jetzigen Zeitpunkt ist es auf jeden Fall äußerst wichtig, daß solch ein Prozeß in den einzelnen Staaten überhaupt in Angriff genommen wird.

2. Der zweite bedeutsame Aspekt betrifft die *Setzung von Prioritäten zugunsten nachhaltiger Entwicklung*. Dabei können die Strategien der verschiedenen Vertragsstaaten entsprechend ihrer Prioritätensetzung durchaus voneinander abweichen, jedoch sollte ihnen die Berücksichtigung des „Dreiklangs" der Zielsetzung der Konvention (siehe oben) gemeinsam sein. Von entscheidender Bedeutung wird dabei sein, welche Maßnahmen von welchen politischen Ressorts durchgesetzt werden können. Bislang muß festgestellt werden, daß die staatliche Verwaltungsstruktur im Zusammenspiel mit der

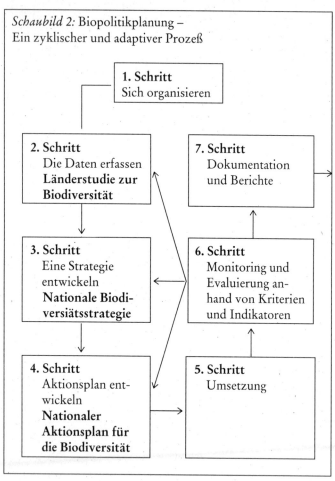

Schaubild 2: Biopolitikplanung –
Ein zyklischer und adaptiver Prozeß

1. Schritt
Sich organisieren

2. Schritt
Die Daten erfassen
**Länderstudie zur
Biodiversität**

7. Schritt
Dokumentation
und Berichte

3. Schritt
Eine Strategie
entwickeln
**Nationale Biodi-
versiätsstrategie**

6. Schritt
Monitoring und
Evaluierung an-
hand von Kriterien
und Indikatoren

4. Schritt
Aktionsplan ent-
wickeln
**Nationaler
Aktionsplan für
die Biodiversität**

5. Schritt
Umsetzung

Quelle: WRI/UNEP/IUCN: National Biodiversity Planning, Baltimore
1995.

unterschiedlichen politischen Gewichtung der Politikfelder in
fast allen Ländern der Welt kaum geeignet ist, einen Wandel
zugunsten einer innovativen Biopolitik herbeizuführen. Einerseits liegt dies an der arbeitsteiligen und fachspezifischen

(horizontalen) Aufsplitterung der Zuständigkeiten, andererseits ergeben sich aber auch (vertikal) größere Hindernisse bei der Vermittlung nationaler Maßnahmen auf die regionale und lokale Ebene.

Auch hier sei kurz das Beispiel der Bundesrepublik genannt. Allein auf Bundesebene sind von der Biodiversitäts-Konvention direkt folgende Ressorts betroffen: Bundesumweltministerium (als federführendes Ressort); Bundeslandwirtschaftsministerium (nachhaltige Nutzung genetischer Ressourcen, Genbanken, Forsten), Bundesministerium für wirtschaftliche Zusammenarbeit (Finanzierung, Technologietransfer, Projekte der Entwicklungszusammenarbeit), Bundesforschungsministerium (Biotechnologie, Wissenschaftliche Zusammenarbeit, Technologietransfer), Bundesgesundheitsministerium (Sicherer Umgang mit Biotechnologie) und Bundeswirtschaftsministerium (Zugangsregelungen, biologische Rohstoffe). Auch für fast alle weiteren Bundesressorts lassen sich relevante Stichworte aus der Biodiversitäts-Konvention identifizieren, und doch gibt es in Deutschland zum Thema biologische Vielfalt bislang keine entsprechende Interministerielle Arbeitsgruppe (IMA) zur Koordinierung der Politik.

In vertikaler Sicht ist die Gesamtheit des föderalen Systems der Bundesrepublik ebenfalls herausgefordert. Weil der Bund in wesentlichen Bereichen der Biopolitik (wie Naturschutz, Wasserwirtschaft, Land- und Forstwirtschaft, Raumplanung) lediglich Rahmenkompetenz besitzt, ist ein verstärktes Engagement der Bundesländer erforderlich. Diese wiederum sind auf Informationen und Kooperation seitens der Bundesregierung in bezug auf international eingegangene Verpflichtungen angewiesen. Ein effektives Zusammenspiel der unterschiedlichen staatlichen Ebenen ist jedoch aufgrund fehlender Koordinationsmechanismen bestenfalls ansatzweise feststellbar. Hinzu kommt die mangelhafte Abstimmung auf der Ebene der Europäischen Union, die vor allem im Außenhandelsbereich sowie im Rahmen der Gemeinsamen Agrarpolitik gefordert ist, das Thema der biologischen Vielfalt zu einem konstitutiven Element ihrer Politik zu machen.

3. Der dritte Aspekt betrifft den *partizipativen Charakter* der Konvention, der vor allem durch das (dritte) Ziel des gerechten und ausgewogenen Vorteilsausgleichs zum Ausdruck kommt. Auch wenn die Nationalstaaten die zentralen Akteure im Rahmen der Biodiversitäts-Konvention sind, darf nicht vergessen werden, daß über den Erfolg der Konvention vor allem die Bewahrer und Nutzer der biologischen Vielfalt auf lokaler Ebene entscheiden werden (siehe hierzu den Beitrag von Henne/Loose in diesem Jahrbuch). Neben der Gewinnbeteiligung bei der Nutzung genetischer Ressourcen ist von ebensolcher, wenn nicht von höherer Bedeutung, daß alle relevanten gesellschaftlichen Gruppen an den Entscheidungen über Planungen zur biologischen Vielfalt beteiligt werden. Damit ist die Anerkennung von Landrechten und traditionellem Wissen genauso angesprochen wie die Möglichkeit, sich umfassend über geplante Projekte informieren und gegebenenfalls auch Rechtsmittel einlegen zu können. Auch diese Anforderung fordert Industrie- und Entwicklungsländer gleichermaßen heraus und ermuntert so vielleicht zur Revision gesamtgesellschaftlicher Entscheidungsprozesse. Eine seit der Rio-Konferenz 1992 immer wieder betonte Förderung der „Zivilgesellschaft" und ihrer Institutionen für den globalen Entwicklungsprozeß kann sich nicht allein aufgrund von Lippenbekenntnissen einstellen, sondern erfordert einen politischen Entwurf und konkretes eigenverantwortliches Handeln.

Ausblick

Es wäre vermessen zu glauben, daß die nationalen und internationalen Politiken von heute auf morgen auf all die hier aufgezeigten Herausforderungen der neuen Biopolitik angemessen reagieren könnten. Der Anpassungsdruck auf die Politik der Nationalstaaten – vor allem im Süden – vollzieht sich derzeit sehr stark in anderen Sektoren. Hier seien nur die Strukturanpassungsprogramme von Weltbank/IWF oder die Anforderungen der Welthandelsorganisation (WTO) im Zeichen der Globalisierung der Wirtschaft erwähnt. Trotz allem ist es wichtig, daß Einzelpersonen und Vertreter von staatlichen oder nichtstaatlichen Organisationen, die sich der globalen Krise der Biodiversität bewußt und von einer erforderlichen Kehrtwende überzeugt sind, auf lokaler, regionaler und internationaler Ebene ihre Zusammenarbeit verstärken und ihre Erfahrungen vermehrt austauschen. Auf diese Weise kann es gelingen, dem überwiegenden, von den konkreten internationalen Verhandlungen ausgeschlossenen Teil der gesellschaftlichen Gruppen einen Kurswechsel in der Biopolitik plausibel zu machen – und so Schritt für Schritt diese Neuorientierung zu verfolgen.

Literaturhinweise

Bundesamt für Naturschutz (Hg.): Materialien zur Situation der biologischen Vielfalt in Deutschland, Bonn 1995.

Pirscher, F.: Möglichkeiten und Grenzen der Integration von Artenvielfalt in die ökonomische Bewertung vor dem Hintergrund ethischer Normen, Frankfurt a.M., Berlin 1997.

Watson, R.T. et al. (im Auftrage des UNEP): Global Biodiversity Assessment. A Summary for Policy Makers, Cambridge 1995.

Wolters, J. (Hg): Leben und leben lassen. Schutz der biologischen Vielfalt – Gradmesser für eine umwelt- und sozialverträgliche Entwicklung, Gießen 1994.

WRI/UNEP/IUCN: National Biodiversity Planning. Guidelines based on early Experiences around the World, Baltimore 1995.

Gudrun Henne/Carsten J. Loose

Gutes Geld für grünes Gold?
Der Poker um die genetischen Ressourcen

Weihrauch und Weizen

Vor 3500 Jahren sandte die ägyptische Königin Hatschepsut den Prinzen Nehasi in das Land von Punt im heutigen Somalia und Äthiopien, um Exemplare einer Pflanze zu erlangen, deren Trauben das wertvolle Weihrauch enthalten. Der Prinz brachte 31 junge Bäume mit, die im Garten des Tempels von Amon in Theben gepflanzt wurden. Im Mittelpunkt der Expedition stand diese bestimmte Pflanze: Es war die erste überlieferte Pflanzensammlungsreise aus ökonomischen Motiven.

Seit Menschengedenken werden Samen, Setzlinge, Pflanzen und Tiere gesammelt, über Kontinente und Ozeane transportiert und in anderen Teilen der Welt angebaut und weitergezüchtet. Saatgut, das höhere Erträge liefert oder bessere Resistenzen gegen Krankheiten und Schädlinge bietet, und Pflanzen mit Heilwirkung sind wesentliche Gründe für diese Sammelleidenschaft. Im Zuge der Kolonialisierung erlangten Pflanzensammlungen und botanische Gärten eine besondere Bedeutung. Mit ihrer Hilfe suchten zum Beispiel die Briten systematisch nach Nutzungsmöglichkeiten von neuentdeckten Pflanzen für ihr weltumspannendes Empire. Auch in anderen Ländern entstanden umfangreiche Pflanzensammlungen: das Vavilov-Institut in St. Petersburg und die Genbank in Gatersleben bei Magdeburg sind Beispiele hierfür.

Durch die Entwicklung der systematischen Pflanzenzüchtung Ende des letzten Jahrhunderts konnten der Ertrag der Kulturpflanzen und ihre Widerstandskraft gegen Schädlinge und Krankheiten wesentlich verbessert werden. Das war eine der Voraussetzungen für die „Grüne Revolution", durch die

die Erträge – auf die Fläche bezogen – seit den 60er Jahren dieses Jahrhunderts immens gesteigert werden konnten. Dies hat wesentlich dazu beigetragen, daß heute die Ernten reichen würden, um die wachsende Weltbevölkerung zu ernähren – wenn nur die Verteilung funktionieren würde. Um in diese Hochleistungspflanzen die gesuchten Eigenschaften einkreuzen zu können, braucht man als Grundlage ein möglichst breites Spektrum an traditionellen Bauernsorten und wilden Verwandten der Kulturpflanzen. In ihnen verbirgt sich das „Grüne Gold": Ihr Erbmaterial ist wertvoll und als „genetische Ressource" für die Weiterentwicklung der Kultursorten unverzichtbar.

Von der „Grünen Revolution" zur „Grünen Erosion"

Die Kehrseite der Medaille ist, daß die neuen Hochertragssorten gedüngt, bewässert und mit Schädlingsbekämpfungsmitteln behandelt werden müssen, um die hohen Erträge liefern zu können. Das schädigt die Umwelt: Vor allem die Böden und das Grundwasser haben darunter zu leiden.

Die traditionellen Sorten waren von Generationen von Bauern durch Ausleseverfahren vor allem unter dem Gesichtspunkt der Ernährungssicherheit gezüchtet worden, so daß auch bei ungünstigen Bedingungen (z. B. Schädlingsbefall, Schlechtwetterperioden) keine totalen Ernteausfälle auftraten. Die Bauernsorten sind erstaunlich gut an die örtlichen Verhältnisse angepaßt. So hat z. B. das Volk der Dorse in Äthiopien eine frostresistente Gerste entwickelt. Dies ist ein Beispiel für eine genetische Besonderheit, die sich vielleicht nur in dieser begrenzt angebauten Sorte findet und die für den Züchter sehr wertvoll sein kann. Durch den Siegeszug der neuen Sorten werden die Bauernsorten von den Äckern verdrängt. Mit dem alten Saatgut stirbt sozusagen das genetische Erbe der örtlichen Bauern. Der bisherige Verlust wird auf 70% der ursprünglichen Vielfalt geschätzt: man spricht von Generosion.

So stehen wir denn vor einem Dilemma. Die Grüne Revolution vernichtet ihre eigenen Grundlagen und wird zur „Grünen Erosion": Mit jeder Art und jeder Sorte, die verschwindet, geht Potential für die Zukunft irreversibel verloren. Das könnte katastrophale Folgen haben, denn die Ernährungssicherung der Menschheit steht auf einer sehr schmalen Grundlage. Von den mehreren hunderttausend existierenden Pflanzenarten werden nur zwanzig (!) mit weltweiter Bedeutung angebaut. Von diesen zwanzig Arten sind wiederum nur wenige Sorten mit enger genetischer Basis im Anbau. Zum Beispiel werden von 30 000 Reissorten in Indien nur noch 50 genutzt, letztlich bedingt durch die Erfolge der Biotechnologie.

Biotechnologie und die Gier nach Genen

„Biotechnologie" ist ein breit definierter Begriff: Er umfaßt die Nutzung biologischer Systeme, um durch stoffliche Transformation Erzeugnisse herzustellen oder sie für Verfahren zu nutzen. Dazu gehört zum Beispiel die Herstellung von Schnaps, von Joghurt und von Sauerteig, oder eben die Methoden zur Züchtung von Pflanzen und Tieren. Der modernste und umstrittenste Teilbereich der Biotechnologie ist die Gentechnik, die inzwischen so weit entwickelt ist, daß dem künstlichen genetischen Austausch heute im Prinzip keine Grenze mehr gesetzt ist. Gene können isoliert, vervielfältigt und nach Belieben vom Pilz zum Tier, vom Bakterium zur Pflanze übertragen werden.

Diese wissenschaftliche Revolution mit all ihren Chancen und Risiken verstärkt das Interesse an neuem genetischem Material. Das Gen mit den besten Vermarktungschancen kann überall stecken: in Bodenorganismen, im Regenwald, in den Korallenriffen der Tropen, vielleicht gar in der Tiefsee oder in heißen Thermalquellen.

Auch in der Medizin hängt viel vom „Grünen Gold" ab. In Deutschland beruht etwa ein Drittel der pharmazeutischen Erzeugnisse auf pflanzlichen Substanzen, ob in Reinform, verändert oder künstlich nachgebaut. Daher wird von den Pharmaunternehmen „Bioprospektierung" betrieben: In den artenreichen Ursprungsländern werden massenhaft Proben gesammelt; zu Hause werden sie zu Extrakten verarbeitet und dann einem „screening" unterzogen, in dem sie mit vielen unterschiedlichen Reaktionsstoffen auf eine Wirkung gegen eine bestimmte Krankheit untersucht werden. In einem von vielen tausend Fällen kann ein positiver Effekt nachgewiesen werden, der dann möglicherweise die Grundlage für ein neues Medikament ist.

Wissen oder Nicht-Wissen

Noch gezielter wird vorgegangen, wenn Pharmazeuten und Ethnologen von traditionell lebenden Ureinwohnern, etwa den *Yanomami* im brasilianischen Regenwald, zu erfahren suchen, welche Pflanzen oder Tiere sie auf welche Weise für die Heilung von Krankheiten verwenden. Im Labor wird anschließend versucht, die betreffenden Wirkstoffe zu isolieren und daraus Medikamente zu entwickeln. Dieses Wissen über die Natur, das über Generationen hinweg gewonnen wurde, ist jedoch genauso bedroht wie die biologische Vielfalt selbst. Mit der Zerstörung ihres Lebensraums wird den Ureinwohnern die Lebensgrundlage entzogen; sie müssen sich anpassen, abwandern und ihr Wissen geht verloren.

Dabei ist eben dieses Wissen der Ureinwohner von besonderer Bedeutung. Die westliche Forschung weiß nämlich noch recht wenig über die biologische Vielfalt (oder „Biodiversität"). Man versteht darunter den Dreiklang von (1) Vielfalt der Ökosysteme, (2) Vielfalt der Arten und (3) innerartlicher oder genetischer Vielfalt. Mit letzterer meint man die Vielfalt innerhalb der Erbinformationen, also der Gene. Von den weltweit 10 bis 50 Millionen Arten, der mittleren Ebene der biologischen Vielfalt, sind nur etwa 1,7 Millionen bekannt. Und von den bekannten Arten ist nur ein winziger Bruchteil auf seine medizinische Wirkung getestet worden.

Dabei beschränkt sich das Spektrum der Anwendung nicht nur auf die Landwirtschaft und die Medizin. Genetische Vielfalt wird auch benötigt für die modernen gentechnischen Verfahren in der Lebensmittelindustrie, für Biosensoren, für

Kompostierung von Abfall, für Bodendekontaminierung und vieles andere mehr. (Es soll sogar Industrieunternehmen geben, die ihre Mitarbeiter anweisen, im Urlaub Bodenproben zwischen der Ferienkleidung verborgen mit nach Hause zu bringen, um die darin enthaltenen Mikroorganismen dann auf nutzbare Eigenschaften untersuchen zu können.) Die bislang unentdeckte biologische Vielfalt gleicht also einem noch ungehobenen Schatz.

Doch diesem Schatz droht die Vernichtung, noch bevor sein Wert überhaupt erkannt worden ist. Großgrundbesitzer fällen Urwald für Plantagen, Kleinbauern brandroden ihn, um zu überleben, Regierungen bauen Straßen, Mineralölfirmen und Bergbauunternehmen verschmutzen und zerstören riesige urwüchsige Areale, Kleinunternehmer zerhacken den Mangrovenwald, um in Aquakulturen Shrimps zu züchten, und Korallenriffe werden durch Zyanidfischerei großflächig vergiftet und zerstört.

So stehen wir am Ende des 20. Jahrhunderts vor einem gravierenden Paradox: Einerseits ist die Nachfrage nach genetischer Vielfalt so groß wie nie zuvor, andererseits sind wir die Verursacher eines Artensterbens von erschreckendem Ausmaß. Aus dieser Situation entstand in den 80er Jahren der neue Ansatz, den notwendigen Schutz der Natur mit der nachhaltigen Nutzung zu verknüpfen (*sustainable use*). Diese Philosophie war auch die Grundlage für einen neuen weltweiten Völkerrechtsvertrag: die UN-Konvention über die biologische Vielfalt (*Biodiversitäts-Konvention*) von 1992.

Eine neue Ordnung für die Gene

Neue internationale Vereinbarungen entstehen oft im Spannungsfeld zwischen Nord und Süd mit ihren jeweiligen unterschiedlichen Interessen: so auch beim Thema Biodiversität. Der Löwenanteil an biologischer Vielfalt findet sich in den Entwicklungsländern: Korallenriffe und tropische Wälder gehören zu den artenreichsten Ökosystemen. Die Industrieländer beobachten mit Sorge den dramatischen Flächenschwund

und die Degradation dieser Ökosysteme und verlangen vom Süden deren Schutz. Die Entwicklungsländer ihrerseits wollen sich vom Norden nicht ihren Umgang mit der Natur vorschreiben lassen, zumal es häufig die existentielle Armut der Bevölkerung ist, die zur Zerstörung führt. Außerdem verweisen sie darauf, daß infolge der wirtschaftlichen Entwicklung in den Industrieländern kaum unberührte Natur geblieben ist, so daß diese beim Schutz der Natur im Süden mit in die Pflicht genommen werden müssen.

In den Verhandlungen um die Biodiversitäts-Konvention einigte man sich schließlich auf einen Kompromiß: Alle Staaten verpflichten sich zur Einhaltung grundsätzlicher Regeln über den Schutz und die Nutzung der Natur. Die Industrieländer müssen die vollen Mehrkosten bezahlen, die dem Süden durch die Erhaltung ihrer biologischen Vielfalt entstehen, und sichern zudem eine faire und gerechte Beteiligung an den Gewinnen zu, die aus der Nutzung genetischer Ressourcen entstehen.

Diese Vereinbarung kommt einer kleinen Revolution gleich, denn bislang war der Profit allein beim Nutzer verblieben. Die oben erwähnten Sammelexpeditionen kehrten zwar mit reicher Beute nach Hause zurück, aber diejenigen, die für den Erhalt der Vielfalt sorgten – die Bauern, die die Bauernsorten entwickelt hatten, die Länder, die für den Schutz der Wälder wirtschaftliche Nachteile in Kauf nahmen, und die Ureinwohner, die ihr Wissen über die medizinische Wirkung von Pflanzen teilten – erhielten keinen angemessenen Ausgleich für ihre Leistung und ihr Wissen.

Für die Nutzung bezahlen, um die Vielfalt zu erhalten

Die Biodiversitäts-Konvention setzt nicht nur einen allgemeinen Rahmen für die Erhaltung der Biodiversität, sondern schafft zudem eine neue Ordnung für die Nutzung der genetischen Ressourcen. Die Staaten, in denen sich die Ressourcen befinden, haben das Recht, die Voraussetzungen und Bedingungen für den Zugang zu den genetischen Ressourcen zu regeln, wobei sie den Zugang für eine umweltverträgliche Nutzung erleichtern sollen. Wichtig ist dabei vor allem das Prinzip des „prior informed consent": Der Zugang gewährende Staat muß vor Erteilung der Genehmigung umfassend informiert werden, auch über die geplante Verwendung der Ressource.

Als Gegenleistung für die Gewährung des Zugangs sollen die „Geberländer" an den Gewinnen beteiligt und zudem in der Forschung und durch Technologietransfer gefördert werden. Wie dies im einzelnen ausgestaltet wird, müssen die Vertragspartner untereinander für den Einzelfall einvernehmlich regeln („mutually agreed terms"). Diese Vorteile aus der Nutzung sollen einen zusätzlichen Anreiz bieten, die biologische Vielfalt zu erhalten.

Wer ist wie beteiligt? Die Umsetzung der neuen Ordnung

Die Biodiversitäts-Konvention regelt die neue Ordnung für die Gene nur in ihren Grundzügen. Sie muß in die nationale Gesetzgebung und Politik der Geber- wie der Nehmerländer umgesetzt und für die einzelnen Akteure konkretisiert werden, denn eine Konvention richtet sich nur an ihre Vertragsstaaten. Die tatsächlich Handelnden im Gengeschäft sind jedoch nicht nur die Staaten: auf der Nehmerseite sind vor allem Unternehmen und Forschungseinrichtungen aktiv und auf der Geberseite treten zu dem Staat – etwa als Eigentümer eines Nationalparks – vor allem die Bauern und Ureinwohner hinzu, deren genetische Ressourcen bzw. deren Wissen nachgefragt werden.

Es geht also nicht nur darum, daß der Geberstaat für die Bereitstellung der Ressource eine Gegenleistung erhält. Es soll auch die Weitergabe des Wissens belohnt werden, das den Nachfragern nach genetischen Ressourcen mitgeteilt wird, oder das in der gezüchteten Bauernsorte enthalten ist.

So erfährt der Sammler einer traditionellen Bauernsorte vielleicht vom Eigentümer, daß sie winterfest oder wenig für Mehltau anfällig ist. Die Medizinfrau eines Stammes mag ihm verraten, daß eine bestimmte Pflanze gut gegen Magenkrämpfe wirkt und wie sie zubereitet werden muß, damit sie hilft. Dieses traditionelle Wissen kann frei verwendet werden, sogar ohne auf die Quelle des Wissens hinweisen zu müssen, denn die traditionellen Kenntnisse der Landbevölkerung und der Ureinwohner kann man mit dem Patentrecht nicht schützen. Dennoch würde ein Forscher nach der akademischen Ethik hier zum Plagiator, denn er schmückte sich mit fremden Federn. Wenn er aber dem Bauern oder der Schamanin keine angemessene Gegenleistung für die genetische Ressourcen zukommen läßt, wird er gemäß der Konvention zum Dieb – das böse Wort der „Biopiraterie" hat sich dafür etabliert.

Bei genetischen Ressourcen und dem Wissen darüber handelt es sich also um wertvolle Informationen, die schwierig zu gewinnen, aber einfach zu kopieren sind. Biopiraten sind somit das Pendant zu den Raubkopierern der Softwareindustrie: In ein paar gezielten Interviews und einer Tüte voll Saatgut können das Wissen und die Erfahrung von Generationen stecken. Der Rahm kann umsonst und ohne große Mühe abgeschöpft und exportiert werden, und zu Hause kann damit Gewinn gemacht werden – es steht sogar der Weg zum Patent offen.

Das Patentrecht, das den Erfinder vor Ideenraub schützen soll, wirkt bei genetischen Ressourcen nur einseitig: Marktfähige Produkte aus der Laborarbeit von Biopiraten können damit geschützt werden, während die Initiatoren der Erfindung leer ausgehen – und letztlich sogar Patentgebühren für Produkte zahlen müssen, die ohne die „eigenen" Ressourcen nie entwickelt worden wären.

Für die Umsetzung der neuen Genordnung müssen also zum einen Schutzmechanismen für das Wissen der Ureinwohner und Bauern geschaffen werden, die ihnen die Verfügungsgewalt über ihr Wissen verschaffen. Zum anderen muß auch das Patentrecht so geändert werden, daß die Patentinhaber zur Anerkennung dieses traditionellen Wissens und zur Gewinnbeteiligung verpflichtet werden.

Die Umsetzung der Konvention in nationales Recht ist bereits in Gang gekommen: Die Mitglieder des Andenpakts Bolivien, Kolumbien, Ecuador und Venezuela haben gemeinsame

Bestimmungen erlassen. Sie regeln darin detailliert das Verfahren für den Zugang zu genetischen Ressourcen sowie die Zustimmung durch Ureinwohner und Bauern. Die Philippinen haben ebenfalls entsprechende Vorschriften erlassen, die Fidschi-Inseln, Australien und Malaysia und viele andere Länder bereiten entsprechende Zugangsregeln vor.

Ein besonderes Problem hierbei ist die Kontrolle der von den Geberländern neu festgelegten Regeln. Den Nutzerländern kommt ebenfalls Verantwortung zu: Sie müssen durch geeignete Rahmenbedingungen dafür sorgen, daß ihre Unternehmen die Vorschriften einhalten.

Auch die Industrie hat bereits begonnen, indigene Gemeinschaften für ihr Wissen durch materielle Zuwendungen zu entlohnen, aber es gibt auch Kritik an solchen Abmachungen. Viele möchten ihr Wissen nicht für kommerzielle Verwendung und gegen finanzielle Kompensation zur Verfügung stellen, weil es integraler Bestandteil ihrer Kultur ist und mit seiner Weitergabe die Integrität der Gemeinschaft gefährdet wird. Die Entscheidung, ob und wofür sie ihr Wissen weitergeben wollen, müssen die Mitglieder einer Gemeinschaft aber letztlich selbst treffen. Bis die entsprechenden gesetzlichen Regelungen getroffen sind und umgesetzt werden können, sprechen sich viele indigene Gruppen für ein Moratorium von Bioprospektierung aus.

Vom Wert des Grünen Goldes

Letztlich ist aber noch ungeklärt, wie sich der derzeit niedrige Marktwert genetischer Ressourcen in Zukunft entwickeln wird. Die hierzu vorliegenden Studien kommen zu höchst unterschiedlichen Ergebnissen. Der Wert wird vor allem davon abhängen, in welchem Maße sich die Geberländer auf gemeinsame Zugangsbedingungen mit hoher Vorteilsbeteiligung einigen und inwieweit sie in der Lage sind, die Erhaltungskosten von Ökosystemen im Vergleich zu konkurrierender Nutzung in die Preise für genetische Ressourcen zu internalisieren. Ohne eine Einigung der Geberländer auf gemeinsame Standards

besteht die Gefahr eines „Dumpings", bei dem die Pharma–
und Agrofirmen des Nordens die Länder mit den niedrigsten
Standards bevorzugen werden.

Eine Chance für Wertsteigerung bietet sich, wenn die Geberländer in die Lage kämen, nicht nur „genetische Rohstoffe"
anzubieten, sondern wenn sie diese selbst bereits durch zusätzliche Informationen aufwerten, wenn sie im Lande Extrakte fertigen oder eigene Screeningprogramme durchführen könnten. Für den Technologie- und Wissenstransfer im Rahmen der
Entwicklungszusammenarbeit öffnet sich hier ein fruchtbares
Feld.

Erste Schritte sind also bereits getan, aber auf dem Weg zu
einer funktionierenden Genordnung stehen wir noch ganz am
Anfang.

Was noch getan werden muß

In der nationalen Strategie zur Umsetzung der Biodiversitäts-
Konvention muß die Bundesregierung Mechanismen vorsehen,
durch die die neue Ordnung für die Gene in deutsches Recht
umgesetzt wird. Regelungen der Herkunftsländer müssen
durch deutsches Recht abgesichert werden, etwa durch die
oben erwähnte Änderung patentrechtlicher Vorschriften sowie
insbesondere des Sortenschutzrechts.

„... Botaniker [müssen] viele Monate im Jahr auf Expedi-
tionen bis in dunkelste Tropenwälder oder die entlegensten
Himalaya-Dörfer ... [unterwegs sein], um die Pflanzen zu
sammeln." Dies schrieben die Werbemacher eines deutschen
Chemiekonzerns in einer Selbstdarstellungsbroschüre. Diese
Bioprospektierungsexpeditionen zu Ureinwohnern sind zwar
mit bestem technischem Material ausgestattet, jedoch kaum
mit angemessenen Verhaltensregeln. Unternehmen, die sich in
der Bioprospektierung engagieren, sollten daher mindestens
folgende Punkte beachten:

Wenn Ureinwohner nach ihrem Wissen befragt werden,
müssen die Forscher ihnen den Zweck erklären und um Zustimmung nachsuchen, das Wissen verwenden zu dürfen. Sie

müssen eine Gegenleistung verabreden, die von den Ureinwohnern bestimmt wird und „fair und gerecht" ist.

Im einzelnen wird das sehr schwierig zu bestimmen sein. Es
wird viel vom guten Willen der Forscher und der Unterneh-
mensleitungen abhängen, zu einer gerechten Nutzungsvertei-
lung beizutragen. Entsprechende Kodizes müssen erst neu
entwickelt und natürlich auch von staatlichen Institutionen,
etwa botanischen Gärten oder landwirtschaftlichen Forschungseinrichtungen, beachtet werden. Die Politik muß die
Ressourcennutzer motivieren, die Regeln einzuhalten und für
eine gerechte Vorteilsbeteiligung zu sorgen.

Den Nichtregierungsorganisationen kommt bei der Errichtung und Umsetzung der neuen Ordnung für die Gene eine
wichtige Aufgabe zu – besonders in der Öffentlichkeitsarbeit.
Sie sollten bei der Erstellung dieser Verhaltenskodizes ihr
Fachwissen über indigene Völker und genetische Ressourcen
einbringen, die Einhaltung dieser Regeln überprüfen und Ver-
stöße an die Öffentlichkeit bringen.

Ein bislang völlig ungelöstes Problem wird eine gemeinsame
Aufgabe aller oben genannten Akteure sein: Die Bestände der
Genbanken und botanischen Gärten, die vor Inkrafttreten der
Biodiversitäts-Konvention gesammelt wurden, fallen nicht
unter ihre Bestimmungen; die Konvention gilt also nicht
„rückwirkend".

Es besteht daher die Gefahr, daß gentechnische Unternehmen die in den *ex-situ*-Sammlungen gepflegte Vielfalt für
eine Handvoll Dollar pro Muster erwerben. So hat z.B. eine
pharmazeutische Firma aus den USA versucht, Pflanzen aus
botanischen Gärten in Europa zu kaufen. Damit werden die
Ordnung der Biodiversitäts-Konvention und die Zugangsregeln der Ursprungsländer umgangen. Eine Lösung für die
genetischen Ressourcen in *ex-situ*-Sammlungen, die allen gerecht wird, ist eine heikle politische Aufgabe. Derzeit werden
im Rahmen der Welternährungsorganisation (FAO) Verhandlungen für ein entsprechendes internationales Übereinkommen
geführt. Eine Einigung darüber tut not, liegt aber noch in weiter Ferne.

Literaturhinweise

Balick, M. J./Elisabetsky, E./Laird, S. A. (Hg.): Medicinal Resources of the Tropical Forest. Biodiversity and its Importance to Human Health. New York: Columbia University Press 1996.

Juma, C.: The Gene Hunters. Biotechnology and the Scramble for Seeds, London: Zed Books 1989.

Katz, C./Schmitt, J. J./Hennen, L./Sauter, A.: Biotechnologien für die „Dritte Welt". Studien des Büros für Technikfolgenabschätzung des Deutschen Bundestages, Berlin: edition sigma 1996.

von Weizsäcker, Chr.: Biodiversity Newspeak, in: Baumann, M. et al.: The Life Industry. Biodiversity, People and Profits, London: Intermediate Technology Publications 1996.

Wilson, E. O.: Der Wert der Vielfalt. München, Zürich: Piper 1995.

Wissenschaftlicher Beirat Globale Umweltveränderungen: Die Biodiversitätskonvention – Die Umsetzung steht an. In: Welt im Wandel – Wege zur Lösung globaler Umweltprobleme. Jahresgutachten 1995. Berlin, Heidelberg: Springer 1996, S. 170–184.

Wolters, J. (Hg.): Leben und Leben lassen. Biodiversität – Ökonomie, Natur- und Kulturschutz im Widerstreit. Ökozid-Jahrbuch Nr. 10. Gießen: Focus 1995.

Heidrun Mühle/Svenne Eichler
Landwirtschaft und Schutz der biologischen Vielfalt

Biologische Vielfalt in der Landwirtschaft

Ein großer Teil der heutigen Landwirtschaft ist arm an Nutz-
und Wildpflanzen, an Nutz- und Wildtieren. Das bemerkt
nicht nur der Experte, sondern auch der aufmerksame Beobachter beim Spaziergang durch Felder und Dörfer. Die bunte
Fülle von Nutzpflanzen und deren wildwachsenden Begleitern
sowie die Haltung von unterschiedlichen widerstandsfähigen
Landrassen ging im Zuge der Intensivierung der Landwirtschaft und der damit verbundenen Flurneuordnung, der Che-
misierung, dem Anbau von ertragreichen Zuchtsorten und der
Züchtung leistungsstarker Tierrassen verloren. Das ist ein sicheres Zeichen für den Rückgang der biologischen Vielfalt, ein
Haupttrend des globalen Wandels.

Nun fragt sich mancher, ob dieser Zustand wirklich so bedenklich ist, wie Natur- und Umweltschützer immer wieder
sagen. Viele Menschen sind noch in der Meinung erzogen
worden, daß etwas „nicht Nützliches" nicht erhaltenswert sei.
Mittlerweile wird jedoch zunehmend klar, daß z. B. Ackerwildkräuter eine große ökologische Bedeutung haben. Werden
Unkräuter beseitigt, dann können ganze Nahrungsketten ge-
stört werden. Bienen, Hummeln und Schmetterlinge, die vom
Nektar und von den Pollen blühender Pflanzen leben, werden
empfindlich beeinträchtigt. Sie sind andererseits für die Be-
stäubung vieler Kulturarten wie Raps, Luzerne oder Klee notwendig, die ohne diese Insekten keinen Ertrag hervorbringen.
Nach neueren Studien leben ca. 1000 blatt- und wurzelfressen-
de Insekten (Schmetterlingsraupen und Insektenlarven) an den
100 häufigsten Ackerunkräutern (Dörfler und Dörfler 1990).
Diese Insekten dienen wiederum räuberisch lebenden Nütz-

lingsarten wie Laufkäfern, Marienkäfern und Schwebfliegen als Nahrung. Die Wirbeltiere stehen am Ende der Nahrungskette, und auch sie sind stark bedroht. Es fehlt ihnen an Refugien wie Hecken, Grasinseln oder breiten Feldrainen.

Aber auch die Vielfalt an Kulturpflanzen und Nutztieren ist bedroht. Die einseitige Nutzung und Züchtung weniger Hochleistungssorten und -rassen birgt große Gefahren. Wenn Krankheiten auftreten, dann ist die Möglichkeit der raschen Verbreitung in Form von Epidemien gegeben. Es fehlt wegen der Einheitlichkeit der wenigen genutzten Sorten bzw. Tierrassen an der erforderlichen Resistenz gegenüber Krankheitserregern. Wenn dann noch die Wildformen für das Einkreuzen von Resistenzgenen in Kulturarten fehlen, weil man der Erhaltung der biologischen Vielfalt zu wenig Aufmerksamkeit gewidmet hat, ist die Basis für die Ernährung der Menschheit gefährdet.

Landwirtschaft früher und heute

Nicht immer hat die Landwirtschaft die biologische Vielfalt nachteilig beeinflußt, sondern diese durchaus auch gefördert.

Die Anfänge der Landwirtschaft reichen zurück bis 5500 v. Chr., als der Mensch von der Lebensweise der Jäger und Sammler zur Seßhaftigkeit überging. Siedlungsnahe Wälder wurden durch Bau- und Brennholzeinschlag aufgelichtet und von Haustieren beweidet. Allmählich entwickelte sich aus der Naturlandschaft die „Kulturlandschaft". Die Bauern begannen mit dem Anbau von Wildpflanzen, die durch Auslese verbessert und damit zu Kulturpflanzen wurden. Der Wildpflanzenanbau ist mit der Domestikationsphase bei den Haustieren vergleichbar. Erst später erfolgte bei Pflanzen und Tieren die gezielte Züchtung. Als erste Kulturpflanzen gelten Weizen, Gerste, Lein, Reis und Mais. Die Ackerwildkräuter sind eng mit der Entwicklung der Kulturpflanzen verbunden. Durch den Wegfall von verbreitungsbiologischen Barrieren entwickelten sich zahreiche Pflanzengesellschaften, die sowohl einheimische als auch zugewanderte Arten einschließen. Der Mohn, die Kornblume und der Rittersporn, aber auch Kulturgräser, erhielten ihren Lebensraum erst durch die Landbewirtschaftung. Aufgrund der Entstehung neuer anthropogener Standorte und der Ausübung bestimmter Nutzungen kam es zu einer Florenbereicherung, zur Differenzierung der Pflanzendecke und auch zur Entstehung naturferner Pflanzengesellschaften. So entstand eine vielfältige Landschaft mit Siedlungen, Äckern, Brachen, Magerweiden, Streuwiesen, Feuchtwiesen, Mähweiden, Hecken, Einzelbäumen, Baumgruppen, Niederwäldern und gelichteten, überformten und umgebildeten Hochwäldern. Der Grad der menschlichen Beeinflussung der Natur erreichte einen ersten Höhepunkt in der Industriellen Revolution in der zweiten Hälfte des 19. Jahrhunderts. Die historische Entwicklung der Landwirtschaft ist in *Tabelle 1* dargestellt.

Zu den ältesten Formen der Landnutzung zählen neben der Wechselwirtschaft (Feldgraswirtschaft) und der Dreifelderwirtschaft (seit dem 8. Jahrhundert) bis in die Gegenwart erhaltene Wirtschaftsformen mit ihrem zyklischen Wechsel der Holznutzung, mit kleinräumiger Ackerwirtschaft nach Verbrennung von Reisig, Laub und Krautschicht, Waldbrache und Waldweide. Die verbesserte Dreifelderwirtschaft (Ende des 19. Jahrhunderts bis etwa 1950) und die Intensivlandwirtschaft (ab 1950) hatten wesentlichen Einfluß auf die Ackerunkrautvegetation in Mitteleuropa. In den letzten Jahrhunderten unterlag die anthropogene Pflanzendecke überdies einer intensiven Veränderung durch Invasion bzw. Ansiedlung gebietsfremder Arten.

Seit 1950 führten die agrochemischen Maßnahmen zu schwerwiegenden Veränderungen der Segetalflora, zum Verschwinden von Saatunkräutern, zum Rückgang von Kalk-, Säure- und Feuchtezeigern, Zwiebel- und Knollengewächsen und Stoppelunkräutern und zur mengenmäßigen Zunahme herbizidverträglicher Nitrophilen, Rhizom- und Wurzelunkräuter.

Auch in Zukunft sind größere Umwandlungen der Vegetationsdecke zu erwarten. Das Landschaftsbild wird weitgehend von der Vegetationsdecke bestimmt. So prägt auch die Industriegesellschaft das Aussehen des Pflanzenkleides auf ihre besondere Art. Vor allem die moderne Landwirtschaft homogenisiert, egalisiert, eutrophiert und kontaminiert die Vegetati-

Entwicklungsphase	Wirtschaftsform	Standortfaktoren	Unkrautvegetation
1. Phase prähistorische Zeit seit 5000 v. Chr. (Neolithikum, Eisenzeit, Römische Zeit)	prähistorische Feldgraswirtschaft (Hakenpflug), Brachweide, ab Eisenzeit Metallsicheln	Brache länger als Bestellungszeit	artenarme Segetalgesellschaften, reich an mehrjährigen Arten, „grünlandähnlich"; Differenzierung der Segetalvegetation in bodenspezifische Gesellschaften, Zuwanderung submediterraner Arten ab Römerzeit
2. Phase Frühmittelalter	Dreifelderwirtschaft seit 775 n. Chr.; „ewiger Roggenanbau" mit Plaggenwirtschaft, Buchweizenanbau	reglementierter Wechsel von Wintergetreide, Sommergetreide und Brache, Brache daher kürzer als Bestellungszeit; Plaggendüngung, keine Brache	offen, einjährige und mehrjährige Arten, endgültige Trennung von Acker- und Grünlandvegetation
3. Phase seit 18. Jahrhundert	verbesserte Dreifelderwirtschaft und Intensivwirtschaft/Wechsel von Getreide- und Hackfruchtanbau); Anbau leistungsfähiger Sorten, Einsatz neuer Maschinen; Agrarreform	Fortfall der Brache, Meliorationen, Fruchtwechsel, seit 1850 Mineraldüngung	differenzierte Annuellen-Gesellschaften
4. Phase Gegenwart	technisierte Großflächenbewirtschaftung	Saatgutreinigung, chemische Unkrautbekämpfung, starke Düngung (v.a. Stickstoff)	Entdifferenzierung, Uniformierung, Verarmung

Tabelle 1: Entwicklung des Ackerbaus und der Ackerunkrautvegetation (nach Pott 1996)

onsdecke einer geerbten, vorgefundenen Kulturlandschaft und führt zur Verarmung der Flora und Fauna, zur Vernichtung von Biotopen. So werden die Existenz und Selbsterhaltungsfähigkeit vieler naturnaher Pflanzengesellschaften auf immer größeren Flächen in Gefahr gebracht. Die Ursachen dafür sind in *Tabelle 2* zusammengefaßt.

Intensivierung der Landwirtschaft, u.a. durch
Begradigung von Flüssen, Verlegung und Aufhebung von Bachläufen und Gräben;
Begradigung von Wegen und Grundstücken, Vergrößerung der Schläge unter Verfüllung, Vernichtung und Einbeziehung von „Sonderstandorten", z.B. Kleingewässern, Terrassen, Rainen u.a.;
Entwicklung und Einsatz immer größerer, moderner Gerätetypen und -kombinationen, die auf die vorstehende Palette von Maßnahmen jeweils einen Verstärkungseffekt ausüben;
Meliorationen von Standorten im weiteren Sinne durch Tiefpflügen; tief- und weitreichende Entwässerung; Moorkultivierung; zunehmende Steigerung von Handelsdüngermengen, vor allem Stickstoff;
Vereinfachung der Nutzungspalette und Nutzungsmuster zugunsten des Ackerbaus auf vergrößerten Schlägen;
Vereinfachung der Fruchtfolge;
Einführung und Steigerung der Applikation von Schädlingsbekämpfungs- und Pflanzenschutzmitteln, Verzicht auf mechanische Unkrautbekämpfung zugunsten von Herbiziden u.a.;
Erhöhung von Emissionen im weiteren Sinne durch Entwicklung und Einsatz von „Groß"-Techniken und neuen Technologien in Industrie und Landwirtschaft; verstärkter Stickstoffeintrag (20 – 100 kgN/ha/a);
Verstärkung und flächenhafte Vervielfachung aller Eingriffe in die Landschaft durch immer größeren Wirkungsgrad der menschlichen Arbeitskraft mit Hilfe entsprechender Maschinen;
zunehmender Flächenverbrauch für Industrie, Gewerbe, Verkehr und Wohnen u.a.;
Im Endergebnis: Homogenisierung, Egalisierung, Eutrophierung von Landschaften und Standortverhältnissen.

Tabelle 2: Ursachen der Abnahme der Arten-, Standort- und Strukturvielfalt mitteleuropäischer Kulturlandschaften in der zweiten Hälfte des 20. Jahrhunderts (nach Schreiber 1991, in: Glavac 1996)

Aus der im vorhergehenden Abschnitt getroffenen Gegen-
überstellung der Landwirtschaft der Vergangenheit und der
modernen Landwirtschaft werden deren heutige Konflikte
sichtbar. Der umweltbewußte Beobachter registriert vor allem
den drastischen Schwund sowohl von Wildpflanzen und
-tieren als auch von Kulturpflanzenarten und Tierrassen, da die
Belastungen von Boden, Wasser und Atmosphäre (obwohl
auch schwerwiegend) nicht immer unmittelbar zu sehen sind.
Korneck und Sukopp (1988) konstatieren, daß bei Farn- und
Blütenpflanzen durch landwirtschaftliche Tätigkeit 513 Arten
verlorengingen. Danach rangiert unter den Verursachern des
Artenrückgangs die Landwirtschaft vor der Forstwirtschaft,
dem Tourismus, der Rohstoffgewinnung, dem Gewerbe und
dem Transport an erster Stelle.

Die Probleme, die die europäische Landwirtschaft betreffen,
sind allgemein bekannt. Sie können nicht allein auf nationaler
Ebene, sie müssen europaweit gelöst werden. Bereits 1992 erfolgte eine EG-Agrarreform, die die notwendigen Rahmenbedingungen für eine dauerhaft umweltgerechte Landnutzung
schaffen sollte. Diese wurde von einer Reihe flankierender
Maßnahmen begleitet. So wurde z. B. die Verordnung für umweltgerechte und den natürlichen Lebensraum schützende
landwirtschaftliche Produktionsverfahren (Nr. 2078/92) erlassen, die für eine Reihe von umweltschonenden Maßnahmen
Beihilfen in Aussicht stellte. Die damit verbundenen Hoffnungen auf eine umweltverträgliche Landbewirtschaftung haben
sich aber bestenfalls teilweise erfüllt, und es ist zu konstatieren,
daß Natur- und Umweltschutz dabei nicht problemadäquat
berücksichtigt wurden.

Der Rat von Sachverständigen für Umweltfragen (SRU)
plädiert in seinem 1994er Gutachten für ein gemeinsames Förderkonzept der Landwirtschafts- und Naturschutzbehörden
im eigenen Land. Die angebotenen Extensivierungs- und Kul-
turlandschaftsprogramme seien entweder zu einseitig auf
Marktentlastung oder auf den Biotop- und Artenschutz aus-

gerichtet. Es wird empfohlen, in diese Programme zukünftig den Boden- und Gewässerschutz stärker einzubeziehen.

Mögliche Auswege

Die internationale Staatengemeinschaft hat erkannt, daß der Schutz der biologischen Vielfalt dringend erforderlich ist. So wurde in Rio de Janeiro 1992 die „Biodiversitäts-Konvention" verabschiedet, womit zugleich der Grundstein für weitere Maßnahmen auf nationaler Ebene gelegt wurde.

Inzwischen sind auch in einigen Bundesländern Konzepte entwickelt worden, die diese Empfehlungen berücksichtigen. Die Thüringer Landesanstalt für Landwirtschaft legte z.B. 1994 ein Konzept zur effizienten und umweltverträglichen Landnutzung vor, das die Nahrungsmittelerzeugung, die Non-food-Produktion und die Erhaltung einer ökologisch intakten Kulturlandschaft gleichermaßen berücksichtigt. Das erfordert eine umweltverträgliche Bodennutzung, die Erhaltung eines bestimmten Anteils an Schutz- und Ausgleichsflächen und deren Vernetzung im Sinne des integrierten Biotop- und Artenschutzes.

Nun ist aber trotz einiger guter Ansätze in bezug auf die Biotopvernetzung in Deutschland die Zahl der Arten und Biotope nicht etwa gestiegen, sondern stetig zurückgegangen. Deutlich wird das auch bei Ackerbiotopen, den aus Kulturarten und Wildkräutern bestehenden Pflanzengesellschaften. Durch die genannten Eigenschaften der modernen Landbewirtschaftung verlieren sie ihre ökologische und damit auch die botanische Vielfalt. Daher war es nur folgerichtig, daß die Europäische Union das Jahr des Naturschutzes 1995 unter das Motto „Naturschutz außerhalb von Schutzgebieten" stellte. Für die Agrarlandschaft müßte dies die schonende Bearbeitung landwirtschaftlich genutzter Flächen bedeuten, damit Ackerwildkräuter und Bodenfauna geschützt werden können.

Dieser Ansatz wird auch vom *ökologischen Landbau* vertreten, der in drei verschiedenen Wirtschaftsweisen existiert (näheres hierzu bei Knauer 1993): der biologisch-dynamischen

Wirtschaftsweise, dem organisch-biologischen Landbau und der naturnahen Erzeugung von Obst, Gemüse und Feldfrüchten.

Die ökologisch wirtschaftenden Landwirte und Erzeugergemeinschaften haben sich in der *Arbeitsgemeinschaft Ökologischer Landbau* (AGÖL) zusammengeschlossen, der folgende Verbände angehören: *Demeter, Bioland, Biokreis Oberbayern, Naturland,* die *Arbeitsgemeinschaft für naturnahen Obst-, Gemüse- und Feldfruchtanbau e.V.* (ANOG), der *Bundesverband Ökologischer Weinbau, Ökosiegel* und *Gäa.* Der einem solchen Verband angehörende Landwirt verpflichtet sich zur Einhaltung sowohl der Rahmenrichtlinien der AGÖL als auch der meist strengeren Richtlinien seines eigenen Verbandes. Ein umfassendes System von Verträgen und Inspektionen gewährleistet deren Einhaltung. Der alternative Landbau erfährt in den einzelnen Bundesländern unterschiedliche finanzielle Förderung und erreicht höchst unterschiedliche Anteile an der Zahl der landwirtschaftlichen Betriebe und der landwirtschaftlich genutzten Fläche.

Der *integrierte Landbau* ist ein Kompromiß zwischen dem konventionellen und dem ökologischen Landbau, zwischen ökonomischen Zwängen und ökologischen Mindestanforderungen, bei dem irreversible Schäden im Landschaftshaushalt vermieden werden sollen. Die einseitige Bewertung einzelner produktionstechnischer Maßnahmen wird durch eine ganzheitliche Betrachtung des Betriebes und des Ökosystems ergänzt. Die Produktivität steigt, da unnötige Nährstoffverluste vermieden werden und der Aufwand an Pestiziden sinkt. Die Energiebilanz wird durch den geringeren Verbrauch an Fremdenergie verbessert. Ausgangspunkt für den integrierten Landbau war in den 50er Jahren der integrierte Pflanzenschutz im Obstbau, der mittlerweile zur Grundlage für den Pflanzenschutz in allen Kulturen geworden ist (vgl. Diercks 1986). Der integrierte Pflanzenschutz wurde Bestandteil des integrierten Pflanzenbaus, der dem Systemcharakter der Ackerkultur Rechnung tragen und das betriebswirtschaftliche und das ökologische Optimum in Einklang bringen soll. Der integrierte

Landbau kann zwar die Folgen landschaftsstruktureller Veränderungen infolge Rationalisierung und Spezialisierung der Betriebe nicht aufhalten, er ist jedoch Beispiel einer stärker ökologisch orientierten Landbewirtschaftung.

Ein weiteres Beispiel für die Unterstützung des Biotop- und Artenschutzes mit Fördermaßnahmen stellt das *Ackerrandstreifenprogramm* dar. Als Ackerrandstreifen wird der schmale Saum zwischen Ackerfläche und angrenzenden Biotopen oder Wegen bezeichnet, der nicht bewirtschaftet wird. Im Rahmen des Vertragsnaturschutzes werden in den einzelnen Bundesländern Bewirtschaftungsverträge, Biotopsicherungsverträge und ähnliche Abkommen zwischen der Naturschutzverwaltung und den Landwirten angeboten, stoßen jedoch auf höchst unterschiedliche Resonanz. Ackerrandstreifen sollen seltenen und gefährdeten Ackerwildkräutern und Tierarten Schutz gewähren, den Stoffeintrag in die naturnahen Landschaftselemente vermindern und zu einem Biotopverbund beitragen.

Ein umfassender Biotop- und Artenschutz dürfte jedoch nur dann funktionieren, wenn die Landwirte dafür eine angemessene Honorierung erhalten. Noch lohnt sich für den Landwirt zumeist die intensive Landbewirtschaftung wegen des bestehenden Preis-Kosten-Verhältnisses in der Agrarproduktion. Bereits eine Reduzierung an Dünge- und Pflanzenschutzmitteln um 25% (Schleitz 1997) führt bei den heutigen Preisrelationen zu Gewinnausfällen im Landwirtschaftsbetrieb. Daher wird seit langem schon diskutiert, die Landwirte für Leistungen des Natur- und Umweltschutzes kostendeckend zu vergüten und statt dessen auf die bisherige Subventionierung ganz oder weitgehend zu verzichten (Roth 1994). Dieser Idee, den Landwirt auch als Umweltschützer zu definieren, stehen indes nicht nur fiskalische, sondern auch ideologische und psychologische Gründe entgegen.

Literaturhinweise

Diercks, R.: Alternativen im Landbau: Eine kritische Gesamtbilanz, Stuttgart: Ulmer, 1986.

Dörfler, E. und M. Dörfler: Neue Lebensräume: Mehr Artenvielfalt in Landschaft und Garten, Leipzig: Urania, 1990.

Glavac, V. (Hg.): Vegetationsökologie: Grundfragen, Aufgaben, Methoden, Jena: G. Fischer, 1996.

Knauer, N.: Ökologie und Landwirtschaft: Situation – Konflikte – Lösungen, Stuttgart: Ulmer, 1993.

Korneck, D. und H. Sukopp: Rote Liste der in der Bundesrepublik Deutschland ausgestorbenen, verschollenen und gefährdeten Farn- und Blütenpflanzen und ihre Auswertung für den Arten- und Biotopschutz, Heft 19, Schriftenreihe für Vegetationskunde, 1988.

Mühle, H.: Vorschläge zu einer dauerhaft umweltgerechten Entwicklung der Landwirtschaft unter Berücksichtigung von Naturschutzaspekten, in: Norddeutsche Naturschutzakademie-Berichte, 9. Jg., 2, 1996, S. 5–9.

Pott, R. (Hg.): Biotoptypen: Schützenswerte Lebensräume Deutschlands und angrenzender Regionen, Stuttgart: Ulmer, 1996.

Roth, D.: Zum Konflikt zwischen Landwirtschaft und Naturschutz sowie Lösungen für seine Überwindung, in: Natur und Landschaft, 69. Jg., 9, 1994, S. 407–411.

Schleitz, T.: Auswirkungen von Bewirtschaftungsauflagen auf das wirtschaftliche Ergebnis landwirtschaftlicher Unternehmen im Ballungsraum Leipzig-Halle-Bitterfeld, unveröffentl. Bericht, 1996.

SRU – Der Rat von Sachverständigen für Umweltfragen: Für eine dauerhaft-umweltgerechte Entwicklung. Umweltgutachten 1994, Stuttgart: Metzler-Poeschel, 1994.

*Thüringer Landesanstalt für Landwirtschaft: EULANU – Effiziente und umweltverträgliche Landnutzung, Jena 1994.

WBGU – Wissenschaftlicher Beirat Globale Umweltveränderungen: Welt im Wandel: Grundstruktur globaler Mensch-Umwelt-Beziehungen. Jahresgutachten 1993. Bonn: Economica, 1993.

Karl Peter Hasenkamp
Bäume gegen den Treibhauseffekt:
Die Wiederaufforstungsidee

Wir alle nutzen Energie, um zu leben; sehr viel Energie, um
angenehm zu leben. Wir verfeuern die fossilen Brennstoffe Öl,
Erdgas und Kohle. Dabei entsteht das Verbrennungsgas Kohlendioxid (CO_2), das – die Wissenschaftsgemeinde ist sich da
weltweit einig – Hauptverursacher des anthropogenen Treib-
hauseffektes ist. CO_2 legt sich – unsichtbar – wie ein Ring um
die Erde und staut darunter die permanente Energiezufuhr
durch die Einstrahlung der Sonne. Die sich häufenden extre-
men Wetterphänomene wie Überschwemmungen, Dürren und
Stürme sind für die überwiegende Zahl der Fachbeobachter
und für die Experten der Versicherungsgesellschaften Indikatoren für eine bereits beginnende Klimaveränderung. Wer ist
Verursacher?

Die Industrieländer stehen in einer besonderen Verantwortung, da in der Regel hoher Wohlstand mit hohem bis ex-
zessivem Energieverbrauch (= hoher CO_2-Emission) einhergeht. Es kommt hinzu, daß die Entwicklungsländer ebenfalls
Wohlstand nach westlichem Muster anstreben. Der Preis
dürfte also auch in diesen Ländern ein wachsender CO_2-Aus-
stoß sein.

Individuell gesehen sind wir alle am Mechanismus der Klimaänderung beteiligt; doch nur wenige fühlen sich persönlich
verantwortlich. Dabei kann jeder etwas oder sogar sehr viel
tun: Energie sparen, intelligente Techniken einsetzen, Solarenergie nutzen und – Bäume pflanzen!

Denn mit Hilfe von Bäumen kann CO_2 wieder aus der Luft
„herausgefiltert" werden. Bäume stellen – vereinfacht ausgedrückt – gebundenen Kohlenstoff dar. Per Photosynthese entnehmen sie der Luft CO_2 und spalten es in Kohlenstoff (C)

und Sauerstoff (O_2). Der Kohlenstoff wird gebunden, der Sauerstoff an die Luft abgegeben. Wenn mehr Bäume wachsen, wird auch mehr CO_2 aus der Luft gefiltert; ein höchst effizientes und preiswertes Wirkungsprinzip gegen den Treibhauseffekt.

Die drei wichtigsten Ursachen für den anthropogenen Treibhauseffekt:

vordergründig: Die sich global immer weiter ausbreitende Technozivilisation basiert auf exzessiver Energienutzung, hauptsächlich der Verbrennung fossiler Kohlenwasserstoffe (Öl, Kohle, Gas). Das bedeutet CO_2-Emissionen.

hintergründig: Wir alle genießen die sogenannten Segnungen der Zivilisation: ein warmes Haus, ein gekühltes Büro, schnellen Transport, Massenprodukte, die billig und bequem zu haben sind. Wir genießen unsere Macht über die (feindliche) Umwelt. Wir leben (meistens) gegen die Natur – nicht mit ihr.

tiefgründig: Wir wissen um die schädlichen – langfristig sogar bedrohlichen, ja tödlichen – Folgen unserer Verhaltensweise. Wir ignorieren aber unsere individuelle Verantwortung. Wir lassen uns den „Spaß nicht verderben".

Die CO_2-Verantwortung

Wie groß ist die „CO_2-Verantwortung" des einzelnen? Ein normaler Privathaushalt in Deutschland verursacht zwischen 10 und 30 Tonnen CO_2 pro Jahr:
- Wer z.B. im Jahr 35000 km mit dem Auto fährt und dabei 3500 Liter Benzin verbraucht, ist für zehn Tonnen CO_2 verantwortlich.
- Fernseher, PC, Wäschetrockner, Glühbirnen und Kochherd beanspruchen im Jahr zwischen 3000 und 5000 Kilowattstunden Strom; das entspricht drei bis fünf Tonnen CO_2.
- Die Heizung schlägt in unseren Breiten mindestens mit fünf, nicht selten sogar mit zehn Tonnen CO_2 pro Jahr zu Buche (3500 l Heizöl entsprechen 10 t CO_2).

– Ein Flug nach Teneriffa mit vier Personen verursacht etwa 6,5 Tonnen CO_2 usw. usf.

Diese CO_2-Mengen kann man reduzieren. Eine veränderte „Verhaltenskultur" könnte das aktive Energiesparen zu einem Gegenstand der privaten und öffentlichen Kommunikation befördern. Da sich der Energieverbrauch aber nicht auf Null senken läßt, ist auch der zweite Schritt geboten: Bäume pflanzen!

Ein Hektar zusätzlicher Wald in Mitteleuropa bindet – über eine Wachstumszeit von 50 bis 100 Jahren – zehn bis dreizehn Tonnen CO_2 jährlich; in den Tropen und Subtropen liegt die Hektar-Produktivität noch erheblich höher. Einen Hektar Wald anzulegen, kostet bei PRIMA KLIMA im internationalen Kosten-Mix nur 1000 DM.

Folglich müßte der hier in Energieverbrauchs-Beispielen beschriebene Privathaushalt etwa zwei bis drei Hektar Wald anlegen lassen und hätte dann sein „CO_2-Konto" neutralisiert. Dafür müßten *einmalig* 2000 bis 3000 DM gezahlt werden. Ein Ablaß? Eine Alibihandlung? Ein ausgestellter Blanko-Scheck?

Für eine Wiederaufforstungsinitiative

Vorsicht! Derjenige, der es finanziell und organisatorisch bewirkt, daß mehr Bäume wachsen, ist aus ökologischer Sicht ein „Nützling". Wer nur kritisiert und deshalb keine Bäume pflanzt, hat da viel schlechtere Karten. Das Reflektieren über die eigene Energiebilanz und die Folgen für das Weltklima – und daraus resultierend auch das Einbeziehen von Bäumen in das persönliche Handlungskonzept – sind auch beste Voraussetzungen dafür, auf die Nutzung eines Teils der fossilen Energien in der privaten wie der beruflichen Sphäre zu verzichten. Es wäre grotesk anzunehmen, daß diejenigen Personen und Unternehmen, die keine Bäume pflanzen, mehr Energie sparten als diejenigen, die Bäume pflanzen. Notwendig ist daher ein „Doppelbeschluß": Energie-Sparen *plus* CO_2-Kompensation = Anpflanzung!

Das Ziel eines Jeden sollte nicht mehr nur eine 25%ige CO_2-Minderung sein (wie die Bundesregierung dies beabsichtigt), sondern die NULL-Emission, d. h. die CO_2-Neutralität!

Die drei dringlichsten Maßnahmen zur Einschränkung des anthropogenen Treibhauseffekts:

vordergründig: Der Verbrauch von Energie muß sofort und drastisch gesenkt werden (daher: Energiebesteuerung, verstärkter Einsatz von Energiespartechnik), die Umstellung auf moderne, umweltverträgliche Energiegewinnung (Solarthermik, Photovoltaik, Wind- und Wasserkraft, sowie Wasserstofftechnik) muß weit mehr als bisher vorangetrieben werden. *Und:* Wald als lebender CO_2-Speicher muß erhalten, vermehrt und wieder angepflanzt werden.

hintergründig: Unsere Verhaltensweise muß sich durch Selbststeuerung, Aufklärung und Erziehung, aber – wenn das nicht ausreicht – auch durch Einschränkung einiger vordergründiger Freiheiten deutlich ändern.

tiefgründig: Eine Wandlung in den Köpfen, basierend auf mehr Erkenntnis und mehr Verantwortung des einzelnen, muß angestrebt werden. Wir alle sollten wieder mehr das SEIN betonen und nicht das HABEN!

Eine Wiederaufforstungsinitiative muß sich nicht nur an den Privathaushalt, sondern auch an Industrieunternehmen und Dienstleister richten. Betreiber von Kohle-, Öl- und Gaskraftwerken könnten nicht mehr ohne weiteres als Mitverursacher des Treibhauseffekts angeklagt werden, wenn sie entsprechend ihrem CO_2-Ausstoß für zusätzliche Wälder sorgen würden. *CO_2-freier Kohlestrom ist durchaus möglich!* Unter Einbeziehung von Wäldern verliert das in jüngster Zeit häufig zu hörende Kernkraft-Argument, es würden – im Blick auf Deutschland – der Atmosphäre jährlich 130 Millionen Tonnen CO_2 erspart, seine (partielle) Überzeugungskraft.

Aber auch jenseits der Energiewirtschaft paßt der „Waldweg" für die Chemiebranche und die Aluminiumindustrie und alle anderen Produzenten. Selbst Dienstleister wie der Bankensektor sind nicht zimperlich beim Energieeinsatz: 5 bis 7 Tonnen CO_2 pro Jahr und Mitarbeiter sind ein gängiger Wert.

Vorteile des Waldes

Verglichen mit vielen technischen Maßnahmen sind die Kosten für den Klimaschutz durch Bäume extrem niedrig. Außerdem bieten Wälder zusätzliche Vorteile: Sie regulieren den Wasserhaushalt, verhindern Bodenerosion, erhalten die Artenvielfalt, regeln das Mikroklima. Waldanpflanzungen in Ländern der „Zweiten" und „Dritten" Welt liefern mittelfristig Brennholz, das dort knapp geworden ist, sie offerieren den Menschen Beschäftigung und Einkommen und verhindern oder reduzieren die Landflucht. Devisen können eingespart und sogar eingenommen werden. Die Verschuldung könnte verringert und die Investitionsfähigkeit dieser Länder verbessert werden. Waldanpflanzung ist also ein Konzept, bei dem alle Beteiligten gewinnen können – ein, wie es in der Wissenschaftlersprache heißt: *win-win-Projekt*.

Die Rechnung im globalen Maßstab: Die vom Menschen verursachte jährliche CO_2-Emission aus Energienutzung und – leider noch immer – Waldvernichtung beträgt etwa 25 Milliarden Tonnen. Andererseits absorbiert davon die gesamte lebende Biomasse (insbesondere Wälder und Phytoplankton der Weltmeere) jährlich etwa 15 Milliarden Tonnen CO_2. Der große Rest von ca. 10 Milliarden Tonnen CO_2 verbleibt kumulativ Jahr für Jahr in der Atmosphäre und stellt damit das Störungspotential dar. Wenn zehn Tonnen CO_2 jährlich durch einen Hektar zusätzlichen Waldes absorbiert werden können, so würden zehn Millionen Quadratkilometer benötigt, um die global überschüssige und schädliche CO_2-Menge wieder einzubinden.

Wissenschaftler und Forstpraktiker haben darauf hingewiesen, daß insbesondere in den Tropen und Subtropen 15 bis 40 Tonnen CO_2 pro Jahr und Hektar absorbiert werden können. Folglich würde entsprechend weniger Fläche beansprucht. Wenn es der Menschheit darüber hinaus endlich gelänge, die seit Jahren formulierten Energiespar-Appelle und -Beschlüsse in Taten umzusetzen und die stattfindende Waldzerstörung zu beenden, so wäre ein weiterer großer Schritt getan.

PRIMA KLIMA – Bilanz (Stand: Mai 1997)

Projektname	Projekt-partner	Aufforstungs-fläche (ha)	Pflanzzeit-raum Monat/Jahr	CO_2-Bindung (t)
bisher realisiert:		*538,1*		*6642*
Florida 1	American Forests	33,0	03/92	353
Ukraine 1	EcoCentre Ukraine	10,0	11/92 bis 04/93	121
Florida 2	American Forests	46,0	03/93	488
Ecuador 1	Fundacion Natura	35,0	03/93 bis 04/94	515
Slowakei 1	Glob. ReLeaf Slow.	8,0	04/93	96
Polen 1	Stadt Nowy Sacz	3,0	10/93	22
Ukraine 2	EcoCentre Ukraine	6,0	10/93	73
Südafrika	Trees for Africa	9,0	11/93 bis 12/93	106
Ungarn 1	Ind. Ecocenter G.R.	11,0	03/94	101
Florida 3	American Forests	40,0	03/94	424
Sachsen 1	Landkreis Anna-berg	8,0	04/94	56
Erftkreis 1	Erftkreis	8,0	04/94	80
Slowakei 2	Glob. ReLeaf Slow.	16,0	04/94	128
Vietnam 1	Oro Verde, Frank-furt	40,0	ab 07/94	600
Ukraine 3	EcoCentre Ukraine	10,0	06 und 10/95	50
Indien 1	Drikung Institute	4,5	07 bis 10/95	45
Erftkreis 2	Erftkreis	10,0	12/95	100
Slowakei 3	Glob. ReLeaf Slow.	11,0	04/96	50
Sachsen 2	TU Dresden	6,0	06/96	10
Venezuela 1	N. Sampson/ Washington D.C./Conare	50,0	06/96	1125
Sachsen 3	Stiftung „Wald für Sachsen"	30,0	ab 06/96	300
Zaire 1	Steyler Mission	5,0	07/96	35
Erftkreis 3	Erftkreis	1,7	08/96	17
Schleswig 1	Landesbank Kiel/ Forsthaus Schles-wig	32,3	12/96	323
Uganda 1	FACE Stiftung (NL)	50,0	12/96	750
Erftkreis 4	Erftkreis	1,6	02/97	16
Argentinien 1	CIEAP, Patagonien	53,0	05/97	660
in Planung: (3 Projekte)		*786,0*		*7860*
Gesamt		*1324,1*		*14502*

Ergebnis: etwa 13,2 km² zusätzlicher Wald, der jährlich etwa 14500 t CO_2 absorbiert. Dies entspricht der CO_2-Emission von 967 privaten Haushalten (∅ 15 t p. a.). Durchschnittliche CO_2-Bindungs-kosten = 1,65 DM/t.

Aber bleiben wir einmal bei den zehn Millionen Quadratkilometern zusätzlichen Waldes. Dies entspricht in etwa der Größe Kanadas. Eine gewaltige Fläche – einerseits. Andererseits aber nur sieben Prozent der Oberfläche der Kontinente!

Untersuchungen haben ergeben, daß trotz des laufenden Bevölkerungswachstums auf der Erde insgesamt über 20 Millionen Quadratkilometer an waldgeeigneter Fläche zur Verfügung stehen. Das ist doppelt soviel, wie rechnerisch benötigt wird. Hinzu kommt, daß bereits 40 Millionen Quadratkilometer Wald vorhanden sind, die mehr Kohlenstoff pro Hektar binden könnten, wenn die größten Teile des Urwaldes dauerhaft vor Abholzung geschützt und die übrigen Waldareale der Welt ökologisch sensibler bewirtschaftet würden.

Wenn die Menschheit die hier skizzierte Anstrengung einer weltweiten Wiederbewaldung wagen und es bewerkstelligen würde, fünf bis zehn Millionen Quadratkilometer mit Bäumen zu bepflanzen und zugleich die Rodung der Urwälder in den Tropen und in der Taiga und in anderen Zonen der Erde zu stoppen, dann würde die schon jetzt bedrohlich hohe CO_2-Konzentration in der Luft wieder *gesenkt*. Dann könnte sogar die Wärmewirkung der übrigen Gase, die ebenfalls zum Treibhauseffekt beitragen (FCKW, Methan, Distickstoffoxid etc.), teilneutralisiert werden. Ein realistischer Traum!

Die Kosten? Studien und Berichte weisen darauf hin, daß der Betrag für eine weltweite Aufforstungskampagne, die den Treibhauseffekt signifikant abmildern bzw. ungeschehen machen könnte, bei 500 bis 2000 Milliarden DM *insgesamt* liegt. Viel Geld – und doch nur ein „Taschengeld", wenn die Last über 20 Jahre verteilt würde und sich damit Jahreskosten von 25 bis 100 Mrd. DM ergäben. Zum Vergleich: Die globalen Rüstungsausgaben erreichen noch immer fast 1000 Milliarden DM, *Jahr für Jahr*. Ein weiterer Vergleich: Das jährliche Weltbruttosozialprodukt beläuft sich auf rund 43 000 Mrd. DM. Mithin würde die beschriebene Aufforstungskampagne eben

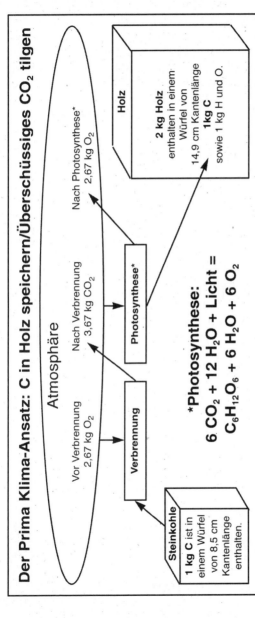

Der Prima Klima-Ansatz: C in Holz speichern/Überschüssiges CO_2 tilgen

Atmosphäre

Vor Verbrennung
2,67 kg O_2

Nach Verbrennung
3,67 kg CO_2

Nach Photosynthese*
2,67 kg O_2

Verbrennung

Photosynthese*

Steinkohle
1 kg C ist in einem Würfel von 8,5 cm Kantenlänge enthalten.

Holz
2 kg Holz enthalten in einem Würfel von 14,9 cm Kantenlänge **1 kg C** sowie 1 kg H und O.

*Photosynthese:
$$6\ CO_2 + 12\ H_2O + Licht = C_6H_{12}O_6 + 6\ H_2O + 6\ O_2$$

Bei der Verbrennung verbindet sich 1 kg C mit 2,67 kg O_2; Wärme wird frei. Öl, Erdgas und Kohle sind fossile Kohlenwasserstoffe und stammen aus frühen Erdzeitaltern. Sie sind gespeicherte Sonnenenergie.

Beim Wachsen von 2 kg Holz wird 1 kg C eingebunden. Das C wird durch die Photosynthese aus dem CO_2 der Luft geholt. Die Sonnenenergie (= Wärme) macht es möglich, daß O_2 in die Luft freigesetzt wird.

C = Kohlenstoff • O_2 = Sauerstoff • CO_2 = Kohlendioxid • H = Wasserstoff mal 2 Promille des Weltbruttosozialprodukts beanspruchen. Der Begriff „Peanuts" drängt sich auf.

Das soll nicht heißen, daß wir nun alle nur noch Bäume pflanzen und ansonsten weitermachen könnten wie bisher. Aber mit der Wiederbegrünung der Erde würde sich die Weltgemeinschaft „Zeit kaufen", die sonst möglicherweise nicht mehr vorhanden sein wird, um während der nächsten 30 bis 50 Jahre ein ohnehin fälliges, nachhaltiges, überwiegend auf Sonnenenergie basierendes Energiesystem zu entwickeln und eine Energiesparkultur zu realisieren.

Mit wieviel Tonnen CO_2 ist die Leserin/der Leser dabei? „PRIMA KLIMA weltweit e.V." hat ein Rechenschema entwickelt, mit dem die individuelle CO_2-Jahresmenge (oder die eines Unternehmens, einer Bank, einer Kommune) ermittelt werden kann und die zur CO_2-Absorption notwendige Waldfläche. Aus den bisherigen Spenden von Privathaushalten, einer Kommune, zweier Banken und einiger Produktionsunternehmen, die nun auf dem Weg zur CO_2-Neutralität sind, hat der Verein Anpflanzungen in Sachsen, Schleswig-Holstein, Nordrhein-Westfalen, Slowakei, Ungarn, Polen, Zaire, Uganda, Südafrika, Vietnam, Indien, Argentinien, Venezuela sowie in der Ukraine und den USA in die Wege geleitet.

Die „baumstarke" Idee wird sich noch stärker durchsetzen, wenn Unternehmer und Manager die Möglichkeit der „Wiedergutmachung" auch als Instrument der Imageprofilierung erkennen; wenn Privatpersonen das Klimathema ernst nehmen und entsprechend handeln, wenn Persönlichkeiten des öffentlichen Lebens, die oft im Flugzeug sitzen (wie Dirigenten, Popsänger, Tennisspieler, Basketballer, Schauspieler, Rennfahrer) ihre Klimaschädigung reflektieren und anfangen zu reparieren, so gut es geht! Wer großer Teil des Problems ist, sollte auch großer Teil der Lösung sein.

Übrigens: Unternehmen und andere Institutionen in den Niederlanden, den USA und Neuseeland haben die Idee aufgegriffen und viele tausend Hektar Wald aus Gründen der Kohlenstoffbindung schon gepflanzt. Die Bundesregierung, die Klima-Enquête-Kommission des Deutschen Bundestages und mehrere Landesregierungen haben die Zusammenhänge erkannt (siehe die offiziellen Berichte). Das höchstrangige Gremium der Klimaforschung, das IPCC *(Intergovernmental Panel on Climate Change),* widmet in seinem Bericht von 1996 der „Waldoption" viele Kapitel und plädiert für Taten. Kein Wunder, daß es zum Thema *Wald und Klima* inzwischen hundert Bücher und tausend Aufsätze gibt.

Literaturhinweise

Bundesumweltministerium: Klimaschutz in Deutschland. Nationalbericht der Bundesregierung. Bonn o.J.

IPCC: Climate Change 1995, drei Bände. Cambridge 1996.

IUCN/UNEP/WWF: Caring for the Earth. A Strategy for Sustainable Living. Gland 1991.

Leggett, Jeremy: Global Warming. The Greenpeace Report, London 1991.

Sampson, R. Neil/Hair, Dwight (Hg.): Forests and Global Change, Washington, D.C., 1992 und 1996.

3. UMWELTMEDIZIN

Arndt Dohmen
Zur Entwicklung der Umweltmedizin –
Eine Positionsbestimmung

Daß Umwelteinflüsse einen wesentlichen Einfluß auf die Gesundheit des Menschen haben können, ist seit langem bekannt. So ist z.B. die Rachitis als „englische Krankheit" im Volksmund bekannt geworden: Sie entstand mit dem Beginn der Industrialisierung in britischen Großstädten und war verursacht durch ungünstige Wohnverhältnisse, durch die Kinder in den ersten Lebensjahren durch fehlende Sonneneinwirkung einen ausgeprägten Vitamin-D-Mangel entwickelten. Auch von der Tuberkulose ist bekannt, daß sie nur zum Teil durch neuentwickelte Medikamente, ganz wesentlich aber durch Verbesserung der Wohnhygiene für große Teile der Bevölkerung immer weiter zurückgedrängt werden konnte.

Es gibt noch viele solcher Beispiele in der Medizingeschichte. Allerdings unterscheidet sich heute die Einschätzung der Umwelteinflüsse auf die Gesundheit zwischen Ärztinnen/Ärzten einerseits und betroffenen Gruppen in der Bevölkerung andererseits zum Teil erheblich. Während die ärztliche Wahrnehmung mehr auf die im Alltag sehr häufigen gesundheitlichen Auswirkungen der sogenannten Lifestyle-Risiken fokussiert ist, werden in der Öffentlichkeit die Risiken unserer modernen Zivilisation (z.B. Luftverschmutzung, AKW's, Innenraumschadstoffe, gentechnisch manipulierte Nahrungsmittel etc.) als besonders bedrohlich empfunden. Dieser Widerspruch der Risikowahrnehmung zwischen den sogenannten Experten einerseits und der potentiell betroffenen Bevölkerung andererseits charakterisiert das Spannungsfeld, in dem sich die historisch neue Disziplin der Umweltmedizin gegenwärtig entwickelt.

Im folgenden soll auf die weit verbreiteten Gesundheitsrisiken Rauchen, Alkohol und Drogensucht nicht näher eingegangen werden. Damit sollen die schwerwiegenden gesundheitlichen Auswirkungen dieser Lifestyle-Risikofaktoren keinesfalls geleugnet werden: Sie unterscheiden sich von den technologisch-zivilisatorischen Umweltrisiken aber ganz wesentlich dadurch, daß jeder einzelne sich für oder gegen diese Gefährdung seiner Gesundheit entscheiden kann. (Diese Entscheidungsfreiheit gilt grundsätzlich auch für die in der umweltmedizinischen Diskussion oft zu Recht hervorgehobene Strahlenbelastung durch medizinische Untersuchungsmethoden: Auch hier gilt neben der sowieso erforderlichen ärztlichen Risiko-Nutzen-Abwägung, daß jeder Patient selbst entscheiden kann, ob er sich einer mit Strahlenbelastung verbundenen Untersuchung unterziehen will oder nicht.) Wir wollen uns in der Standortbestimmung der Umweltmedizin im folgenden daher jenen Umweltrisiken widmen, deren gesundheitliche Auswirkungen unterschiedslos die gesamte Bevölkerung betreffen, die also aufgrund eigener Entscheidung nicht gemieden werden können.

Wie schädlich sind geringe Schadstoffkonzentrationen?

Grundsätzlich muß in der medizinischen Bewertung gesundheitlicher Umweltrisiken zwischen der Einwirkung hoher und niedriger Schadstoffkonzentrationen unterschieden werden (vgl. *Abbildung 1*). Über die schädlichen Auswirkungen hoher Dosen haben wir inzwischen bei vielen Umwelteinflüssen recht genaue Kenntnisse. Heftig umstritten sind jedoch die biologischen und medizinischen Wirkungen im Niedrigdosisbereich, für die es stark voneinander abweichende, aber jeweils experimentell belegte Dosiswirkungskurven gibt.

Die verschiedenen in der Umweltmedizin zur Risikoabschätzung verwendeten Dosiswirkungskurven unterscheiden sich im wesentlichen in zwei Kriterien:

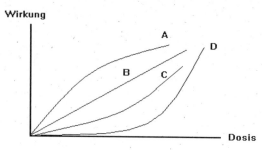

Abbildung 1: Unterschiedliche Dosiswirkungen biologisch und medizinisch relevanter Umwelteinflüsse

- Hat jede auch noch so niedrige Konzentration einer Schadensursache eine biologische Wirkung oder gibt es Schwellenwerte, bei deren Unterschreitung eine gesundheitsschädliche Wirkung ausgeschlossen werden kann? (Kurve D)
- Haben sehr niedrige Schadstoffkonzentrationen dieselbe Dosiswirkungsbeziehung wie höhere Konzentrationen (lineare Kurve B) oder ist ihre Wirkung vergleichsweise deutlich geringer (linearquadratische Dosiswirkungsbeziehung C) oder aber überproportional stärker als die bei höheren Konzentrationen beobachteten Wirkungen (überlineare Dosiswirkungsbeziehung A)?

Je nachdem, welche der dargestellten Dosiswirkungsbeziehungen man einer umweltmedizinischen Beurteilung zugrunde legt, können die Ergebnisse und die daraus zu ziehenden Schlußfolgerungen stark voneinander abweichen. Dies hat ganz besonders Auswirkungen auf die Festsetzung von Schadstoffgrenzwerten.

Die Säulen der Umweltmedizin – wie brüchig ist das Fundament?

Es sind im wesentlichen zwei wissenschaftliche Disziplinen, deren Methoden man sich heute bedient, um die Kenntnisse über die biologischen und medizinischen Auswirkungen von Umweltbedingungen zu vertiefen:

Die *Toxikologie* versucht, für jeden Umwelteinfluß/Schadstoff experimentell eine möglichst genaue Dosiswirkungsbeziehung herauszufinden, um daraus die für den Menschen und die Umwelt noch tolerablen Grenzwerte abzuleiten. In der Regel werden dabei Tierversuche zugrunde gelegt, bei denen die Wirkung eines Schadstoffes in unterschiedlichen Konzentrationsbereichen geprüft wird. Die Konzentration, bei der eine (vorher definierte) Wirkung im Organismus des Tieres nicht mehr beobachtet werden kann, nennt man NOEL (no observed effect level). Von dieser Konzentration ausgehend, wird ein Sicherheitsfaktor (in der Regel 100) für die Unsicherheit der Übertragung von Tierergebnissen auf den Menschen sowie für die unterschiedliche Empfindlichkeit verschiedener Bevölkerungsgruppen auf entsprechende Umwelteinflüsse zugrunde gelegt und so der für den Menschen angeblich unschädliche Grenzwert festgelegt.

Dieses Verfahren der Grenzwertdefinition ist nicht Ergebnis wertfreier Grundlagenwissenschaft, sondern unterliegt in hohem Maße politischen Einflüssen. So kann je nach Höhe eines Grenzwertes einerseits die Wirtschaftlichkeit einer ganzen Produktionsmethode gefährdet sein, andererseits können Bevölkerungsgruppen, deren Empfindlichkeit für Umwelteinwirkungen besonders groß ist, durch Exposition gegenüber solchen Grenzwertkonzentrationen in ihrer Gesundheit bereits geschädigt werden.

Prinzipiell sind die toxikologischen Methoden mit folgenden Mängeln behaftet:

– Im Experiment werden nur solche Wirkungen beurteilt, die in der vorher definierten Versuchsanordnung auch beobachtet und geprüft worden sind. Unerwartete, im Experiment nicht getestete Wirkungen können so dem Nachweis ebenso entgehen wie viele psychische und neurologische Effekte, die im Tierversuch gar nicht erkannt werden können.

– Bei dem Sicherheitsfaktor von 100 wird in der Regel der Faktor 10 für die Unsicherheit bei der Übertragung des Tierversuches auf den Menschen eingeräumt. Diese Festlegung ist willkürlich, da Mensch und Tier sich erheblich stärker in ihren Stoffwechseleigenschaften unterscheiden und darüber hinaus auch verschiedene Tierarten um mehrere hundert Prozent differierende Empfindlichkeiten auf spezielle Umwelteinflüsse aufweisen können.

– Der in toxikologischen Bewertungen überwiegend zugrunde gelegte Sicherheitsfaktor 10 für die unterschiedliche Sensibilität verschiedener Untergruppen in der Bevölkerung wird dem tatsächlichen Risiko nicht gerecht. Insbesondere die Bezugnahme der meisten toxikologischen Berechnungen auf den 70 kg schweren erwachsenen, gesunden Durchschnittsmann schränkt die Gültigkeit der so abgeleiteten Grenzwerte erheblich ein. Es wird daher zunehmend gefordert, als Referenzgruppe für die Festlegung von Grenzwerten prinzipiell nur die besonders empfindlichen Risikogruppen (oft sind dies Säuglinge und Kleinkinder) heranzuziehen.

– Mit sehr wenigen Ausnahmen sind fast alle toxikologisch begründeten Grenzwerte nur für die Wirkung von Einzelsubstanzen errechnet worden. Daß Menschen (und auch biologische Ökosysteme) in Wirklichkeit jedoch fast nie einer einzelnen Substanz, sondern der Kombination einer Vielzahl von Umwelteinflüssen ausgesetzt sind, die im Stoffwechsel weitere Umwandlungen erfahren und so neue Kombinationswirkungen auslösen können, wird mit toxikologischen Methoden nicht erfaßt und daher auch bei der Festlegung von Grenzwerten nicht berücksichtigt. Neuere experimentelle Befunde weisen darauf hin, daß Kombinationswirkungen eine eminente Bedeutung haben, deren komplexe Wechselbeziehungen jedoch mit unseren herkömmlichen wissenschaftlichen Untersuchungsverfahren oft nicht oder nur mit erheblichem Aufwand entschlüsselt werden können.

Neben der Toxikologie spielt die *Epidemiologie* eine große Rolle in der umweltmedizinischen Forschung. Teils prospektiv, teils retrospektiv werden von Umwelteinflüssen betroffene Bevölkerungsgruppen querschnittartig (= zu einem definierten

Zeitpunkt) oder längsschnittartig (= über einen längeren Beobachtungszeitraum) untersucht und einer von dem entsprechenden Umwelteinfluß nicht betroffenen Vergleichsbevölkerung gegenübergestellt. Mit dieser Methode werden also von vornherein Wirkungen auf den Menschen überprüft, die oben beschriebenen Fehlermöglichkeiten bei toxikologischen Untersuchungen durch Übertragung von Ergebnissen aus tierexperimenteller Forschung auf den Menschen können daher nicht erst auftreten.

Darüber hinaus ermöglicht die Epidemiologie die Entdekkung von Kausalzusammenhängen zwischen Umwelteinflüssen und dem Auftreten von Krankheiten auch dann, wenn die naturwissenschaftlich-medizinischen Ursachen dieser Beziehungen noch nicht bekannt sind.

Aber auch die Ergebnisse epidemiologischer Untersuchungen können oft nur mit Einschränkungen für umweltmedizinische Schlußfolgerungen verwendet werden. Neben oft nur schwer zu behebenden methodischen Untersuchungsfehlern (sog. bias) müssen vor allem bei möglicherweise geringergradigen Wirkungen große Bevölkerungsgruppen untersucht werden, um überhaupt statistisch signifikante Ergebnisse erzielen zu können. Darüber hinaus können sogar signifikante Korrelationen zwischen bestimmten Umwelteinwirkungen und beobachtbaren gesundheitlichen Auswirkungen am Menschen nicht ohne weiteres als Ursache-Wirkungs-Beziehungen interpretiert werden. Auch Kombinationswirkungen sind mit epidemiologischen Untersuchungsmethoden meist nicht erkennbar, im Gegenteil: das gleichzeitige Einwirken mehrerer Faktoren schränkt die Aussagekraft epidemiologischer Untersuchungen (in Form sog. confounding factors) sogar wesentlich ein.

Umweltmedizinische Ursache-Wirkungs-Beziehungen sind also ganz offenbar so komplex, daß sie mit den herkömmlichen Wissenschaftsmethoden, die auf monokausalen Forschungsansätzen aufbauen, nicht hinreichend entschlüsselt werden können. Hier ist die medizinische Forschung vor eine noch ungelöste Herausforderung gestellt.

Es bedarf also subtiler und ganzheitlicher wissenschaftlicher Methoden, um das komplexe Ursache-Wirkungs-Verhältnis zwischen Umweltfaktoren und gesundheitlichen Auswirkungen richtig beschreiben und das dabei entstehende dialektische Wechselspiel beider angemessen beurteilen zu können. In dieser Situation besinnt sich die medizinische Wissenschaft nur zögernd und langsam der Ursprünge, denen wir die entscheidenden Grundlagen unserer Krankheitslehre verdanken. Während heutzutage Impulse und Entwicklungsschübe vorwiegend durch neue apparative Techniken und Labormethoden in unterschiedlichen medizinischen Disziplinen ausgelöst werden, entstanden in den Anfängen der modernen Medizin neue Erkenntnisse durch aufmerksame Beobachtung, akribisch erhobene Krankengeschichten und durch eine gründliche klinische Untersuchung der Patienten, mit dem Ziel, Ursache-Wirkungs-Beziehungen zwischen den so erhobenen Daten plausibel begründen zu können. So entstand eine auf Erfahrung beruhende, sehr vielfältige Aspekte des Patienten einbeziehende ärztliche Heilkunde, deren Erkenntnisse noch heute Gültigkeit haben. Es gibt historisch überzeugende Belege dafür, daß klinisch orientierte Beobachtungen und Erfahrungen gerade in der Arbeits- und Umweltmedizin weit früher plausible Erklärungen für die Entstehung von Krankheiten geben konnten, als dies durch naturwissenschaftliche und epidemiologische Untersuchungsergebnisse möglich war.

So liegen z. B. zwischen den ersten klinischen Beobachtungen über Gesundheitsschäden durch *Asbestfasern* und dem juristisch anerkannten naturwissenschaftlichen Zusammenhangsbeweis mehrere Jahrzehnte. Auch in der aktuellen Diskussion um die Gesundheitsschäden durch *Amalgam* gehen die ersten warnenden Berichte aufgrund klinischer Beobachtungen bereits auf die 20er Jahre zurück, während moderne naturwissenschaftliche Methoden die Streitfrage der gesundheitlichen Auswirkungen dieses ältesten zahnmedizinischen Füllstoffes bis heute nicht haben klären können.

Warum wir ein umweltmedizinisches Frühwarnsystem brauchen

Gerade in unserer Zeit, in der immer häufiger neue Produktionsmethoden in großtechnischem Maßstab ngewendet werden, bedürfen wir eines sensiblen umweltmedizinischen Frühwarnsystems, um mögliche gesundheitsschädliche Auswirkungen rechtzeitig erkennen zu können, damit ihrer weiteren Ausbreitung dann wirkungsvoll vorgebeugt werden kann. Leider werden viele plausible Beobachtungen gesundheitlicher Auswirkungen von Umwelteinflüssen heute oft nicht gebührend berücksichtigt. In der Regel werden naturwissenschaftliche Beweise oder epidemiologisch signifikante Untersuchungsergebnisse verlangt, ehe die oft erforderlichen, meist wirtschaftspolitisch schmerzhaften Entscheidungen in Erwägung gezogen werden, die notwendig sind, um weitere Gesundheitsschäden in der Bevölkerung zu vermeiden.

So hat der oft heftige Meinungsstreit in der Umweltmedizin einen ganz realen ökonomischen Hintergrund. Dies wird insbesondere deutlich bei gutachterlichen Stellungnahmen im Rahmen von Gerichtsprozessen, in denen mögliche Zusammenhänge zwischen Gesundheitsstörungen und dafür angeschuldigten Umwelteinflüssen meist verneint werden, um Schadensersatzansprüche und ökonomisch negative Folgen für mögliche Verursacher ganz oder weitgehend auszuschalten. Diese für Betroffene oft sehr restriktiven und ablehnenden Beurteilungen sind unter anderem auch Ausdruck einer zunehmenden direkten oder indirekten finanziellen Interessenverflechtung zwischen der universitären medizinischen Wissenschaft einerseits und großen Wirtschaftsverbänden oder -unternehmen andererseits. Ähnliches gilt für Sachverständigenkommissionen, von denen sich Behörden und politische Entscheidungsgremien beraten lassen und in denen in aller Regel Industrievertreter eine bedeutsame, wenn nicht entscheidende Rolle spielen. Direkte finanzielle Abhängigkeiten entstehen beispielsweise durch Beraterverträge, mit denen die entsprechenden Sachverständigen an eine spezielle Firma gebunden sind. Indirekte Interessenverflechtungen entstehen dadurch, daß in zunehmendem Maße universitäre Einrichtungen ihre wissenschaftlichen Projekte durch Drittmittel finanzieren, die in aller Regel aus der Industrie kommen.

Die Drittmittelfinanzierung medizinischer Forschungsprojekte hat darüber hinaus erhebliche Auswirkungen auf die Entwicklung der Umweltmedizin insgesamt, da die Industrie auf diesem Wege direkt Einfluß nehmen kann auf die Auswahl der in den Instituten bearbeiteten wissenschaftlichen Fragestellungen.

Es gibt jedoch auch andere gesellschaftliche Gruppierungen, die einen Einfluß auf die derzeitigen Entwicklungstendenzen in der Umweltmedizin haben. Hier sind insbesondere die Selbsthilfegruppen und Betroffenenverbände zu nennen, die – oft nach einer entmutigenden Patientenkarriere mit erfolglosem Kontakt zu 20–30 verschiedenen Ärztinnen und Ärzten – sich zusammengeschlossen haben, um sich gegenseitig zu unterstützen und ihre Interessen auch nach außen politisch offensiv zu vertreten. Bundesweit am meisten bekannt ist die *Interessengemeinschaft der Holzschutzmittelgeschädigten* (IHG), die neben der Beratung von Betroffenen, dem Sammeln von Informationen und der Förderung umweltmedizinischer Studien auch den größten umweltmedizinisch begründeten Strafprozeß in der Geschichte der Bundesrepublik gegen große Industrieunternehmen geführt hat.

Die politische Wirkung dieser Aktivitäten kommt insbesondere darin zum Ausdruck, daß in der Öffentlichkeit die Sensibilität gegenüber umweltbedingten Gesundheitsrisiken erheblich zugenommen hat. Aber auch die Entscheidung großer Unternehmen, auf bestimmte Produktionszweige zu verzichten (so hat die Firma Degussa beispielsweise die Amalgam-Produktion eingestellt), ist zumindest teilweise auf die Aktivitäten der Betroffenenverbände zurückzuführen.

Umweltmedizin auf Krankenschein – droht die Zwei-Klassen-Medizin?

Ganz und gar unzureichend sind bisher die umweltmedizinischen Leistungen im Rahmen der deutschen gesetzlichen Krankenkassen, deren Gestaltungsspielraum durch die neuesten gesetzlichen Veränderungen im Rahmen der sog. Gesundheitsreform noch weiter eingeschränkt worden ist. So sind insbesondere die Präventionsaufgaben, unter die ein Teil der umweltmedizinischen Versorgungsleistungen zu rechnen ist, seit 1997 gesetzlich stark beschnitten worden. Wenn auch in einigen Bundesländern eine umweltmedizinische kassenärztliche Grundversorgung auf Krankenschein durch besondere vertragliche Regelungen gesichert ist, so ist dennoch die geforderte Restbeteiligung der Patienten an den entstehenden Kosten der umweltmedizinischen Versorgung so hoch, daß – ähnlich wie im Bereich der Zahnmedizin – ein Trend zur Zwei-Klassen-Medizin unübersehbar ist.

Rollenkonflikte in und Entwicklungschancen der Umweltmedizin

So gibt es eine Fülle von Hemmnissen, Verzerrungen und Versäumnissen in der Entwicklung der Umweltmedizin, die ihren derzeit noch zerbrechlichen Zustand charakterisieren. Seit wenigen Jahren hat das neue Fachgebiet jedoch einen festen Platz in der ärztlichen Weiterbildung gefunden. So gibt es neben dem *Facharzt für Hygiene und Umweltmedizin,* dessen Ausbildung überwiegend theoretisch ausgerichtet ist mit dem Ziel, Beraterfunktionen im Rahmen der Aufgaben des öffentlichen Gesundheitsdienstes zu übernehmen, eine sog. *Zusatzbezeichnung Umweltmedizin.* Hierbei handelt es sich um eine Qualifizierung, durch die insbesondere Ärztinnen und Ärzte, die in eigener Praxis tätig sind, ihre Patienten auch bei umweltmedizinischen Problemen beraten und behandeln können. Dabei kann diese Ausbildung nicht mehr als ein einfaches Rüstzeug bieten, für fertige Konzepte ist unser Kenntnisstand zu bruchstückhaft.

Dennoch ist der Anspruch der Patientinnen und Patienten an Umweltmediziner enorm hoch. Bei vielen ihrer bisherigen Arztbesuche fühlten sie sich nicht ernstgenommen, oft mit psychiatrischen Diagnosen ins Abseits gestellt. Um so dringender und ungeduldiger erwarten sie nun von Umweltmedizinern Hilfe, wenn nicht gar die Lösung ihrer oft langwierigen Probleme. Diese Erwartungshaltung schafft oft ein angespanntes Verhältnis zwischen Patient und Arzt, in dem beide Seiten lernen müssen, gegenseitige Vorurteile abzubauen. Die Möglichkeiten der individualmedizinischen Behandlung sind im Bereich der Umweltmedizin sehr begrenzt. Schulmedizinische Behandlungsmethoden sind bisher kaum etabliert, viele Therapien sind aus der Naturheilkunde entstanden und werden nach den individuellen Erfahrungen der Therapeuten vielfältig variiert.

Das wichtigste Instrument in der Behandlung umweltmedizinischer Erkrankungen ist jedoch die sog. *Expositionsprophylaxe,* d.h. die vorbeugende Meidung des Umgangs mit dem krankmachenden Umwelteinfluß. Diese Vermeidungsstrategie kann für den Patienten mit großem Aufwand und enormen Kosten verbunden sein. Ein so möglicherweise schmerzhafter, als Lebenseinschnitt empfundener Veränderungsprozeß bleibt oft nicht ohne psychische Auswirkungen. Gleichzeitig wächst hierdurch das Bewußtsein, daß nicht nur individuelle, sondern gesellschaftspolitische Prävention gefordert ist, um in Zukunft nicht noch mehr individuelles Leid entstehen zu lassen.

Für die Ärztin und den Arzt, die/der regelmäßig mit Umweltkranken zu tun hat, entsteht oft ein ethischer Konflikt, der durch individuelle Ansätze nicht zu lösen ist: Geleitet von der hippokratischen Grundauffassung, vor allem anderen dem kranken einzelnen zu helfen, ist er gleichzeitig als Funktionsträger im Gesundheitswesen eingebunden in die politischen und ökonomischen Rahmenbedingungen, die auch im ärztlichen Alltag zu beachten sind. Die alltägliche Erfahrung, gerade im Bereich der Umwelterkrankungen nur sehr begrenzt individuelle Hilfe leisten zu können, treibt gerade die Umweltmediziner zu der Einsicht, daß sie ihren beruflichen Auftrag nicht nur im individualmedizinischen Sinne, sondern besonders auch als Prävention im gesellschaftspolitischen Rahmen verstehen müssen. Hier trifft sich die alltägliche berufliche Erfahrung der Ärztinnen/Ärzte mit der individuellen Leidenserfahrung der Patienten.

Und so kann eine ganz neue, partnerschaftliche Zusammenarbeit zwischen Betroffenen und ihren Ärzten entstehen: Ihre gemeinsame Einmischung in umweltpolitische Auseinandersetzungen kann den nüchternen, dennoch oft interessenabhängigen Argumentationen von Politikern und Sachverständigen eine neue Dimension entgegensetzen, die nicht nur Machbarkeit und ökonomische Nutzen und Kosten einer politischen Entscheidung, sondern auch ihre Folgen für Mensch und Umwelt berücksichtigt. Es bleibt abzuwarten, ob diese Entwicklungsmöglichkeiten in der Umweltmedizin in Zukunft tatsächlich in ausreichendem Maße genutzt werden.

Literaturhinweise

Bulthaupt, A. (Hg.): Vergiftet und allein gelassen, München: Knaur 1996.
Bulthaupt, A., Schmithals, F. (Hg.): Käufliche Wissenschaft – Experten im Dienst von Wirtschaft und Politik, München: Knaur 1994.
Müller-Mohnssen, H.: Insektizide: Wissenschaft ist als Frühwarnsystem ausgeschaltet, in: Deutsches Ärzteblatt 88, 1991, S. B 2328 – 2333.
Nesse, R.M./Williams, G. C.: Warum wir krank werden. Die Antworten der Evolutionsmedizin, München: C.H: Beck 1997.
Rat von Sachverständigen für Umweltfragen: Umweltgutachten 1987, Stuttgart: Kohlhammer 1987.
Theml, H. u. a.: Wenn die Umwelt krank macht. Herrenalb: Evang. Presseverband für Baden e.V., Herrenalber Forum, Band 12, 1994.

Arthur Teuscher
Gentechnik in der Medizin –
Das Beispiel Humaninsulin

Das Jahr 1973 gilt als die Geburtsstunde der Gentechnologie. Die Methode der Gen-Klonierung für Humaninsulin – ein dem menschlichen körpereigenen Hormon ähnliches Insulin – wurde 1976 patentiert. In den 80er Jahren, im Zuge der weltweiten Umstellung, traten unerwartet gesundheitliche Nebenwirkungen auf bei der Behandlung mit dem neuen gentechnisch hergestellten Humaninsulin.

Seit 1922 werden zur Insulinbehandlung von Diabetikern und Diabetikerinnen tierische Extrakte von Schweine- und Rinderpankreas verwendet. Diese heute noch reduziert erhältlichen, hochgereinigten Insuline sind gut verträglich und wirksam. Die Insulin-Extrakte von den ohnehin für den Fleischkonsum geschlachteten Tieren genügen für den weltweiten Bedarf. Humaninsulin stammt nicht aus dem menschlichen Pankreas, sondern wird eiweiß-chemisch, semisynthetisch oder gentechnisch hergestellt. Die Produktion von Humaninsulin mit Hilfe geklonter Kolibakterien oder Hefezellen ist für die Produzenten mit hoher Rentabilität verbunden. Drei Pharma-/Gentechnik-Konzerne (*Novo Nordisk*, Dänemark; *Lilly*, USA; *Hoechst*, Deutschland) haben den Weltmarkt für die gentechnische Insulinherstellung fest in der Hand.

Das Problem mit humanem wie tierischem Insulin liegt in der unphysiologischen Applikation mit Insulinspritze oder Pen („Insulin-Füllfeder") unter die Haut ins Fettgewebe, von wo es direkt in den Blutkreislauf gelangt. Das körpereigene, menschliche Insulin kommt vorerst in den Leberspeicher, von wo es feinreguliert durch eine Hormonsteuerung in den Kreislauf abgegeben wird. Primär unterscheiden sich das tierische und humane Insulin bei der subkutanen unphysiologischen

Verabreichung – bei gleicher Dosis – durch ihre Resorptions-
geschwindigkeit und Affinität zu den Empfängerzellen, z. B.
zu den Hirnrezeptoren. Dies kann bei Blutzuckerabfall *(Hypoglykämie)* zu unterschiedlichen Warnsymptomen bzw. verzö-
gerter Auslösung von warnenden Signalen führen. Die
Schwierigkeiten sind nicht bedingt durch das einzelne Human-
insulin-Molekül, sondern durch die ungleiche Wasserlöslich-
keit und unterschiedliche molekulare Einschwemmung der
beiden Insuline von der Spritzstelle in den Blutkreislauf.

Wirtschaftliches Potential von Insulin

Etwa 2 % einer Bevölkerung sind Personen mit Diabetes, wo-
von schätzungsweise ein Drittel lebenslänglich mit Insulin behandelt wird. Für die Schweiz heißt das zirka 140 000 Diabetiker und Diabetikerinnen, davon 40 000 Insulinbehandelte. Von
den Schwierigkeiten mit veränderten Hypoglykämie-Warn-
zeichen oder plötzlichen Hypoglykämien ohne Vorwarnung
unter Humaninsulin sind rund 20 % der Insulinbehandelten
betroffen. Sie bevorzugen aus Sicherheitsgründen tierisches
Insulin.
Teilweise sind die Hypoglykämie-Zwischenfälle schwer-
wiegender Natur, z. B. im Straßenverkehr, bei Intensiv-
Insulinbehandlung mit normnaher Blutzuckereinstellung, bei
langdauerndem insulinbehandeltem Diabetes, bei Wechsel von
tierischem auf humanes Insulin, aber auch bei Humaninsulin
von Behandlungsbeginn an. Seit der Einführung von Humaninsulin sind keine Vorteile für die praktische Diabetesbehand-
lung gegenüber dem tierischen Insulin erkennbar oder nachgewiesen worden. Humaninsulin kostet mindestens gleich viel
oder mehr als tierisches Insulin, und das Sortiment wird fort-
laufend ausgeweitet. In der Schweiz beträgt der gegenwärtige
Marktanteil an tierischen Insulinen noch 13 %, das Angebot ist
beschränkt auf nur mehr wenige Präparate. Grundsätzlich soll
die freie Wahl zwischen Human- oder tierischem Insulin aus
gesundheitlichen oder persönlichen Gründen möglich und gewährleistet sein.

1975/77 Menschliches Insulin wurde erstmals biochemisch im Eiweißlabor von *Ciba Geigy Basel* (ohne Gentechnologie) hergestellt und bei sechs damit behandelten Diabetikern als voll wirksam befunden[1] – mit einigen ungewöhnlichen Hypoglykämien. Warum wurden nicht bereits zu diesem Zeitpunkt von den nationalen Kontrollbehörden kontrollierte klinische Studien verlangt, bevor die Pharmaindustrie aufwendige Investitionen für die gentechnologische Produktion tätigte?

1977 gelang Wissenschaftlern in San Francisco, das menschliche Insulin-Gen mit einem genmanipulierten Plasmid von Kolibazillen zu klonieren. Der Bakterienstamm war dafür von den *National Institutes of Health* (USA) noch gar nicht bewilligt. Das Team geriet unter starken Beschuß, auch aus Kreisen der Wissenschaft.

1980 wurde erstmals gentechnisch hergestelltes Humaninsulin an 12 nicht-diabetischen freiwilligen Personen in England getestet. Es wirkte nicht in allen Teilen gleich wie natürliches tierisches Insulin. Die Wissenschaftler forderten „weiter andauernde sorgfältige Überwachung auf unerwartete Nebenwirkungen".[2] Das Rennen um die erste gentechnologische Fabrikationsanlage (1976–80) gewann die Firma *Eli Lilly*, USA. Dem Entscheid, Humaninsulin als gentechnisches Designer-Produkt zu lancieren und die Produktionsanlagen (damalige Kosten: über 100 Mio. SFr.) vor der klinischen Produkteprüfung aufzubauen, lagen marktstrategische Überlegungen und der euphorische Glaube an das „humanste aller Insuline" zugrunde. Ungeachtet der gesundheitlichen und persönlichen Erfahrungen von Diabetikerinnen und Diabetikern wurde das traditionelle Insulin aus natürlicher tierischer Quelle durch ein technologisch profitbringendes Produkt ersetzt, das schon bei der Einführung spezifische Nebenwirkungen zeigte.

Noch *1982* war es die Firma Lilly selber, die bei der amerikanischen Heilmittelkontrollstelle (*Food and Drug Administration*, FDA) die Aufnahme einer Warnung im Packungsprospekt beantragte, welche auf die verschleierten Humaninsulin-

Hypoglykämien hinwies. Später (1991) verlangte die FDA diesen Warnhinweis obligatorisch fettgedruckt.

Am *27. 12. 1982* wurde in der Schweiz von der Interkantonalen Kontrollstelle für Heilmittel (IKS) das erste Humaninsulin zugelassen unter der Bedingung, daß es alle fünf Jahre neu überprüft werde („monitored release"). Im gleichen Jahr wurde in England die erste größere Doppelblind-Studie publiziert. Von 94 Versuchspersonen zogen sich sechs (6%) aus dem Versuch zurück, unter ihnen drei wegen schwerer Zwischenfälle mit Humaninsulin.[3] Ebenfalls 1982 vermerkte ein firmeneigener Analytiker von *Novo Nordisk* (Dänemark), ein führender Hersteller von gentechnischen Produkten, in einer internen Studie bei 47 Insulinbehandelten atypische Unterschiede in der Hypoglykämie-Wahrnehmung unter Humaninsulin.

1984 wurde eine neues Humaninsulin (*Ultratard* HM), u.a. in einer Schweizer Universitätsklinik, an jugendlichen Diabetikern und Diabetikerinnen geprüft mit dem Ergebnis, daß es wegen zu stark schwankendem Blutzucker und verminderten Hypoglykämie-Warnsymptomen mit in einigen Fällen plötzlichen, bewußtlosen Hypoglykämien nicht zur Behandlung von insulinabhängigen jugendlichen Patienten geeignet sei. *Ultratard* HM wurde von der IKS am 30. 11. 1984 für den Schweizer Markt trotzdem freigegeben.

1986 warnten Diabetologen aus der Basler Universitätsklinik in der Schweizerischen Ärztezeitung ihre Kollegen und riefen sie auf, beim Wechsel von tierischem auf Humaninsulin die mögliche verminderte Hypoglykämie-Wahrnehmung zu beachten.[4]

Das in den vorangegangenen Jahren voll angelaufene Humaninsulin-Marketing überrollte hingegen weltweit die wichtigste Zielgruppe, die Ärztinnen und Ärzte: „Frau Doktor, Herr Doktor, besser heute auf Humaninsulin umstellen, weil es das tierische Insulin bald nicht mehr geben wird." Mit strategischen Blitzaktionen und in Zusammenarbeit mit nationalen Gesundheitsbehörden wurden in vielen Ländern – darunter die Schweiz, Skandinavien, Holland, Australien u.a. – die ge-

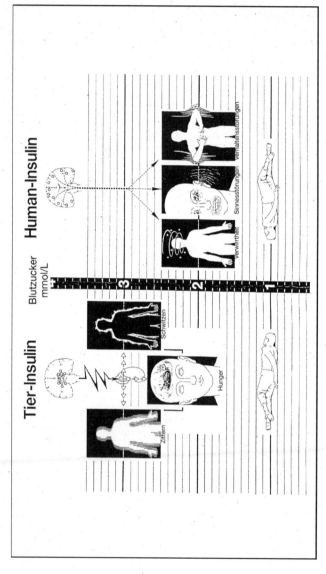

Abbildung 1: Folgen des Blutzuckerspiegels in mmol/L bei Verwendung von Tier-Insulin und Human-Insulin.

bräuchlichsten bis vollständig alle tierischen Insulinpräparate zurückgezogen und durch Humaninsuline ersetzt. Auch zögernden Ärzten und Ärztinnen blieb in vielen Ländern nur das gentechnische Humaninsulin zum Verschreiben, in einigen Nationen noch der Weg eines Spezialgesuches an Gesundheitsbehörden zum Bezug von tierischem Insulin.

So entfernte der Insulinhersteller *Novo Nordisk* 1986 zwei der am häufigsten verwendeten tierischen Insuline (ca. 70% Anteil) aus dem internationalen Markt und ersetzte sie vorerst durch semisynthetische, später gentechnische Humaninsulinpräparate. In der Schweiz wurde innerhalb eines Monats die Lieferung tierischer Insuline an Apotheken eingestellt. In einer einmaligen, in der Geschichte der Schweizer Heilmittelkontrolle nie gesehenen Aktion wurde ein Humaninsulin-Vollzugszwang geschaffen, ohne daß Langzeituntersuchungen hinsichtlich Verträglichkeit, Sicherheit und gesundheitlichen Nutzen vorlagen. Die intensive Werbung zugunsten von Humaninsulin war so erfolgreich, daß sogar Patienten und Patientinnen ohne ärztliche Verordnungen in ihren Apotheken umgestellt wurden oder den Wechsel auf eigene Faust vornahmen.

1987 verhärtete sich die Auseinandersetzung zwischen Humaninsulinproduzenten, IKS, ärztlichen Meinungsbildnern, welche die beschriebenen Unterschiede von Humaninsulin zu tierischem Insulin bestritten, und den Kritikern aus Ärztekreisen sowie den Humaninsulin-Betroffenen selber. Die *Schweizerische Diabetes-Gesellschaft* und ihre ärztlichen Kommissionen hielten sich dabei an die sichere (finanzkräftige) Seite des Insulinherstellers *Novo Nordisk*.

In der Schweiz – dem Vorzeigeland für neue Medikamente – wurden Berichte laut über gefährliche Auswirkungen infolge vieler ärztlich nicht gerechtfertigter Umstellungen auf Humaninsulin. Reihenweise wurden insulinabhängige Diabetiker und Diabetikerinnen bei gleichen Dosen Humaninsulin von plötzlichen, zum Teil mit Bewußtlosigkeit verbundenen Hypoglykämien überrascht. Auffallend waren die neuartigen Frühsymptome der Humaninsulin-Hypoglykämie vorwiegend mit Konzentrationsstörungen, Verwirrung, Sinnes- und Verhaltensstörungen. Diese überdeckten teilweise oder ganz die klassischen Signale der Tierinsulin-Hypoglykämie mit Schwitzen, Zittern, Hunger und führten vor allem durch ihr blitzartiges Auftreten bei einem beträchtlichen Teil der Betroffenen zu akuten Diabetes-Entgleisungen (vgl. hierzu *Abb. 1*). In der Fachzeitschrift *The Lancet* berichtete ein Artikel über Beobachtungen aus zwei Schweizer Universitäten bei 176 von tierischem auf humanes Insulin umgestellten Patienten und Patientinnen, von denen 36% eine Veränderung der Hypoglykämiesymptome unter Humaninsulin feststellten.[5] Darunter war der Todesfall eines jungen Pharmaziestudenten, der nach der üblichen Morgendosis Humaninsulin vor dem gedeckten Mittagstisch zusammenbrach.

Er sollte kein Einzelfall bleiben. In England wurden in weniger als einem Jahr 22 unerklärliche Todesfälle junger Diabetiker registriert, die am Abend bei guter Gesundheit zu Bett gingen und am Morgen tot auf oder neben dem Bett gefunden wurden. Alle wurde autopsiert, ohne faßbaren Befund, ohne Alkohol, ohne Drogen; allen war gemeinsam, daß sie Humaninsulin spritzten.[6] Neu sind analoge Todesfälle (als „dead in bed-syndrome" bezeichnet) in Norwegen publiziert worden, mit denen als mögliche Koinzidenzen die Einführung von Humaninsulin, die Umstellung auf das konzentriertere U-100-Insulin und die Zunahme der multiplen Injektionen in der gleichen Zeitperiode genannt werden.[7]

Das Schweizer Fernsehen DRS griff im „Schirmbild" nach dem *Lancet*-Artikel 1987 das Thema auf. Weil auch Schweizer Radio und Presse in wirksamer Weise die möglichen gesundheitlichen Nebenwirkungen von Humaninsulin verbreiteten, reagierte die Firma *Novo Nordisk* und die Spitze der *Schweizerischen Diabetes-Gesellschaft* mit dem Kommentar: „. . . unverantwortliches Vorgehen von zwei Schweizer Ärzten, ohne wissenschaftliche Überprüfung eine unerhörte Verunsicherung von Schweizer Diabetikern und Diabetikerinnen auszulösen. . .". Von diesen meldeten sich darauf jedoch Hunderte und bekundeten auch öffentlich, daß sie dankbar dafür waren, endlich eine Erklärung für die neuen unerwarteten Hypoglykämie-Erscheinungen erhalten zu haben. Viele der Betroffenen reagierten mit dem sofortigen Wechsel zurück auf tierisches Insulin – Ärzte und Ärztinnen waren nun die Verunsicherten.

Seit 1987 ist der hartnäckige Kampf um die Erhaltung der tierischen Insuline voll im Gange und wird durch eine von Humaninsulin-Betroffenen gegründete Patientenorganisation (PVNI-Schweiz) weitergeführt. Diabetiker und Diabetikerinnen richteten Beschwerden an die Gesundheitsbehörden ihrer Kantone, welche sie an die Kontroll- und Zulassungsbehörde IKS überwiesen, diese schob sie weiter an den Insulinhersteller, von wo sie via IKS zurück an die kantonalen Gesundheitsdirektoren kamen, welche den Betoffenen letztlich hilflos ihre Nicht-Zuständigkeit erklärten. Meldungen über Nebenwirkungen und Gesundheitsgefährdungen von Humaninsulin-Betroffenen schienen nutzlos, da sich weder die staatlichen noch die privaten Institutionen veranlaßt sahen, diese neuartigen Wirkungen zu untersuchen.

1988 klagten in England Hunderte von Mitgliedern der *British Diabetic Association*, daß sie nach der Umstellung auf Humaninsulin ein gestörtes Wohlbefinden und fehlendes Sicherheitsgefühl aufwiesen. Sie strebten teilweise ein gerichtliches Verfahren an, doch der Staat verwehrte ihnen die finanzielle Unterstützung („legal aid"): Expertenentscheid.

Auch in anderen Ländern wurden Proteste von Humaninsulin-Betroffenen laut, aber wie z.B. in Holland von offiziellen Ärztesprechern nicht ernst genommen.

Das Bundesgesundheitsamt in Berlin verlangte 1988 nach einem Expertengespräch über die Risiken eines Wechsels auf Humaninsulin von den pharmazeutischen Unternehmern, in ihren Gebrauchsinformationen für Deutschland den Hinweis aufzunehmen: „Jede Umstellung auf Humaninsulin muß medizinisch begründet sein."

In der Schweiz bewilligte die IKS *1990*, nachdem sie es während dreier Jahre „mangels wissenschaftlicher Evidenz" abgelehnt hatte, endlich den ersten Hinweis zu Humaninsulin-

Hypoglykämien in den Gebrauchsinformationen. Dazu verholfen hat möglicherweise die Tatsache, daß den ablehnenden IKS-Experten von 1987 nachgewiesen werden konnte, daß sie auch während ihrer Expertentätigkeit gleichzeitig von Insulin-Produzenten finanzielle Beiträge erhalten hatten. Eine mehrmals beim IKS-Präsidenten verlangte Untersuchung auf Experten-Befangenheit wegen finanzieller Unterstützung („duality of interest") blieb trotz Mahnungen aus.

1991/92 publizierte die Insulin-Forschungsgruppe der Universität Bern im *British Medical Journal* BMJ drei wissenschaftliche Arbeiten und Resultate zu Risiken mit Humaninsulin:

In acht Berner Spitälern war während der Umstellungsperiode 1984–87 von tierischem auf Humaninsulin die Hospitalisationsrate wegen bewußtloser Hypoglykämie mit Humaninsulin bis dreimal höher. Eine zweite Doppelblind-Studie bei 44 Diabetikern und Diabetikerinnen ergab nach der Auswertung von 12582 Blutzuckerbestimmungen und über 493 Hypoglykämien eine Veränderung und Verminderung der klassischen Hypoglykämie-Warnsymptome unter Humaninsulin im Vergleich zu tierischem Insulin.[8, 9, 10] Der Direktor von *Novo Nordisk* Schweiz meinte dazu: „Humaninsulin ist ein 100% sicheres Präparat." Der Direktor von *Novo Nordisk Diabetes Care* (Dänemark) ließ in England verlauten, die Schweizer Studien hätten die wissenschaftlichen Standards nicht erreicht und hätten nicht im renommierten englischen *British Medical Journal* publiziert werden dürfen. Der Chefredakteur des BMJ konterte, daß die Schweizer Arbeiten von mindestens acht internationalen Experten vor der Publikation geprüft wurden: „Diese Arbeiten waren wissenschaftlich korrekt und wesentlich brauchbarer als das meiste, was bis dahin zu diesem Thema publiziert worden war ..." Die führenden Insulinhersteller wurden aufgefordert, eine den wissenschaftlichen Kriterien genügende Langzeitstudie zu schweren Hypoglykämien von Human- und tierischem Insulin durchzuführen. Natürlich wurde dieser Vorschlag abgelehnt. Das unerwartet angekratzte Image des ersten gentechnischen Produktes sollte nicht noch mehr gefährdet werden.

1994 gründeten 600 Personen in England den *Insulin Dependent Diabetes Trust* IDDT, eine Patientenvereinigung, die umgehend die Interessen von Humaninsulin-Betroffenen und ihren Angehörigen zu vertreten begann. Auf ihren Druck hin wurde von der *British Diabetic Association* eine Umfrage zur Erhaltung der tierischen Insuline durchgeführt. Innerhalb kurzer Zeit unterschrieben 140 000 Leute eine entsprechende Petition an die Insulinhersteller.

Nach anhaltenden Interventionen und öffentlichem Druck seitens der Schweizer Patientenorganisation für das tierische Insulin (PVNI-Schweiz) bemühte sich auch die *Schweizerische Diabetes-Gesellschaft* nach jahrelanger Passivität zu Verhandlungen mit dem Stammhaus *Novo Nordisk* in Dänemark. Sie bezeichnet sich seither als erfolgreiche Retterin von fünf tierischen Insulinpräparaten, die laut verbindlicher Zusage von *Novo Nordisk* „bis weit ins nächste Jahrtausend" auf dem Schweizer Markt erhältlich bleiben sollen.

1995 trat *Novo Nordisk* für den Antrag der PVNI-Schweiz ein, freiwillig die Hypoglykämiewarnung in Fettdruck in Humaninsulin-Packungsprospekten für die Schweiz einzuführen, analog der in den USA seit 1991 obligatorisch verlangten. Die schweizerische Kontrollbehörde IKS stellte sich jedoch nach wie vor hinter ihr Alibi, eine Textmodifikation sei aufgrund der „wissenschaftlichen Beweislage" nicht angebracht.

Humaninsulin-Panne war Folge einer mangelhaften „post-surveillance-Kontrolle"

Gentechnisches, aber auch körpereigenes Humaninsulin unterscheidet sich vom Schweineinsulin nur durch eine einzige von insgesamt 51 Aminosäuren. Ein geringfügiger biochemischer Unterschied mit bedeutenden Auswirkungen in bestimmten Fällen. Das Beispiel Humaninsulin veranschaulicht die Folgen eines ungenügend geprüften neuen gentechnischen Medikamentes, das außer der ökonomisch interessanteren Rendite für die Produzenten keinen erkennbaren Nutzen für die Gesunderhaltung bei Diabetes brachte. Die hingegen möglichen Nebenwirkungen in beträchtlichem Ausmaß, mit Verlust von Sicherheit und Wohlbefinden, über die Betroffene oder ihre Angehörigen berichteten, wurden zu lange nicht ernstgenommen und einfach der Insulindosierung, langer Diabetesdauer oder zu tiefer Blutzuckereinstellung zugeschrieben. Das Marketing zur „Humanisierung" in der Insulintherapie schaffte es zudem, Ärzte und Ärztinnen in einen Vollzugszwang zu manövrieren, die bewährten tierischen Insuline fallen zu lassen und durch das Gen-Produkt zu ersetzen, das hinsichtlich Häufigkeit schwerer Hypoglykämien bis dahin in keiner Langzeitstudie geprüft worden war.

Von insulinabhängigen Diabetikerinnen und Diabetikern wird heute viel verlangt: möglichst gute Diabeteskontrolle, um den Langzeitfolgen wie Gefäß- und Nervenschädigungen vorzubeugen, dabei aber Hypoglykämien vermeiden und uneingeschränkt leistungsfähig bleiben. Um diesen ständigen Balanceakt auf hohem Seil in den Griff zu bekommen, werden zunehmend psychologisch orientierte Kurse und Beratungen angeboten zur Erfassung der schwer erkennbaren Hypoglykämien. Dabei könnte ein Wechsel auf tierisches Insulin vielen bei diesem Problem sofort helfen.

Als Schlußfolgerungen aus dem Humaninsulin-Beispiel können folgende Forderungen zusammengefaßt werden:

– Die freie Wahl zwischen gentechnischem und traditionellem Insulin ist den Konsumenten, Konsumentinnen und ihrem Betreuungs-Team zu überlassen, um eine optimale Diabeteskontrolle zu gewährleisten. Dazu ist der Erhalt einer Reihe von tierischen Insulinpräparaten mit spezifischen Wirkungsweisen Voraussetzung.

– Für neue Gen-Medikamente sind wirksame Langzeitkontrollen durch industrieunabhängige und finanziell neutrale Institutionen zu verlangen.

– Für Patientenorganisationen ist ein Einspracherecht bei Medikamenten-Nebenwirkungen im Rahmen der Arzneimittelgesetzgebung vorzusehen.

Anmerkungen

1 *Teuscher, A*: Die biologische Wirkung von vollsynthetischem humanem Insulin bei Patienten mit Diabetes mellitus. In: *Schweizerische Medizinische Wochenschrift* 1979; *109:* 743–7.

2 *Keen, G. A. et al*: Human insulin produced by reombinant DNA technology: Safety and hypoglycaemic potency in healthy men. In: *Lancet* 1980; *ii:* 398–401.

3 *Clark, AJL et al*: Biosynthetic human insulin in the treatment of diabetes: A double-blind crossover trial in established diabetic patients. In: *Lancet* 1982; *ii:* 354–357.

4 *Berger, W., Althaus, B. U.*: Reduced awareness of hypoglycaemia after changing from porcine to human insulin in IDDM. In: *Diabetes Care* 1987; *10:* 260–1.

5 *Teuscher, A., Berger, W.*: Hypoglycaemia unawareness in diabetics transferred from beef/porcine insulin to human insulin. In: *Lancet* 1987; *ii:* 382–385.

6 *Tattersall, P. B., Gill, G. V.*: Professional Advisory Committee British Diabetic Association: Unexplained deaths of type I diabetic patients. In: *Diabetic Medicine* 1991; *8:* 49–58.

7 *Thodarson, H., Søvik, O.*: Dead in bed syndrome in young diabetic patients in Norway. In: *Diabetic Medicine* 1995; *12:* 782–787.

8 *Egger, M., Smith, G. D., Imhoof, H., Teuscher, A.*: Risk of severe hypoglycaemia in insulin treated diabetic patients transferred to human insulin: A case control study. In: *British Medical Journal* 1991; *303:* 617–621.

9 *Egger, M., Smith, G. D., Imhoof, H., Teuscher, A.*: Influence of human insulin on symptoms and awareness of hypoglycaemia: A randomised double blind crossover trial. In: *British Medical Journal* 1991; *303:* 622–626.

10 *Egger, M., Smith, G. D., Teuscher, A.*: Human insulin and unawareness of hypoglycaemia: Need for a large randomised trial. A debate. In: *British Medical Journal* 1992; *305:* 351–355.

Klaus-Dietrich Runow

Angewandte Umweltmedizin – Klinische Ökologie: Chemikaliensensibilität und Allergien

Die angewandte Umweltmedizin – oder Klinische Ökologie – gewinnt als interdisziplinärer Zweig in der Medizin zunehmend an Bedeutung, wenngleich der zentrale Stellenwert dieser medizinischen Richtung häufig noch nicht entsprechend gewürdigt wird. Herrschende Medizinideologen bezeichnen umweltmedizinische Diagnostik- und Therapieverfahren oft als spekulativ und unnötig. Sie blockieren praktizierende Umweltmediziner, indem sie festlegen, daß es sich hierbei um medizinisch nicht notwendige Verfahren handele, die nicht zum Einsatz kommen dürften. Die Folge: Umweltmediziner werden diskriminiert, und den Patienten werden entsprechend höhere Behandlungskosten auferlegt.

Patienten, die z.B. an einer Multiplen Chemikalien Sensibilität (MCS) leiden, werden als psychisch krank diffamiert und oft über Jahre in psychiatrischen Krankenhäusern behandelt – Kliniken, die weder ökologisch gebaut sind noch auf die individuellen Überempfindlichkeiten der Patienten adäquat reagieren können.

Krankheiten durch Schadstoffe, Schimmelpilze und Schwermetalle (Dentallegierungen) nehmen zu. Zahlreiche Menschen reagieren auf die Schadstoffausdünstungen in ihren Wohnungen wie z.B. Lösungsmittel, Pyrethroide und andere Pestizide aus Teppichböden und Elektroverdampfern.

Immer mehr Kinder entwickeln Verhaltensstörungen durch Farb- und Zusatzstoffe in Lebensmitteln und Nahrungsmittelallergien. Eine Vielzahl von Arztbesuchen und Klinikaufenthalten ist die Folge.

Die Muttermilch ist durch chlorierte Kohlenwasserstoffe und Parfümkomponenten (z.B. durch PCB und Moschusverbindungen) zu einer Gefahr für Säuglinge geworden. Allergien gegen Parfüm und andere Duftstoffe führen zur sozialen Isolation einer steigenden Zahl von Patienten.

Höchste Zeit zum Umdenken also! Diagnostik und Therapie bei chronischen Erkrankungen sollten sich an den Erkenntnissen der angewandten Umweltmedizin (Klinische Ökologie) orientieren, der Psychiatrisierung von Umweltpatienten muß dringend entgegengewirkt werden.

Umweltchemikalien – die German Marker

Immer häufiger werden Zusammenhänge zwischen einer Chemikalienbelastung in Innenräumen und allergischen oder allergieähnlichen Symptomen (*sick-building-syndrome*) beschrieben. In der umweltmedizinischen Sprechstunde erscheinen chronisch kranke Patienten, die die Solidargemeinschaft häufig über 100 000 bis 200 000 DM gekostet haben und zumeist in eine der folgenden Kategorien einzuordnen sind:
– Multiple Chemikalien-Sensibilität (MCS)
– Lösungsmittel- und Duftstoffüberempfindlichkeit
– Allergien und Pseudoallergien
– Zahnmetallunverträglichkeiten
– Chronisch entzündliche Haut- und Darmerkrankungen
– Verhaltensstörungen bei Kindern (Hyperkinetisches Syndrom)
– Neurologische und psychiatrische Krankheitsbilder (Pestizid-, Lösungsmittel- und Zahnmetallgeschädigte)
– Elektrosensibilität

Im Blut der Patienten werden häufig Belastungen durch Hexachlorbenzol (HCB), Polychlorierte Biphenyle (PCB) und Pentachlorphenol (PCP) festgestellt. Da die Meßwerte oft deutlich über dem internationalen Niveau liegen, werden die genannten Substanzen auch als „German Marker" bezeichnet.

Auch fallen vermehrt erhöhte Lösungsmittelwerte (Toluol, Styrol, Trimethylbenzol u. a.) auf. Immer mehr Menschen reagieren allergisch auf Umweltchemikalien und bilden Antikörper (IgE, IgG-Antikörper) gegen die fast ubiquitär vorkom-

menden Kunststoffausdünstungen wie Isocyanate, Trimel-
lithsäure, Phthalsäure u. a. m.

MCS und Porphyrinopathien

Die Diskussion um MCS ist in den letzten Jahren stark beeinflußt worden durch den Nachweis von Störungen des Por-
phyrin-Stoffwechsels bei MCS-Kranken. Empfindliche Blut-
zell-Porphyrin-Enzymtests – eingeführt in Mayo-Kliniken in
den USA – zeigten, daß Porphyrien nicht zu den sehr seltenen
Krankheiten zählen (Prävalenz 1:20 bis 1:25), wenn sie auch oft
bis zum akuten Ausbruch im Erwachsenenalter latent bleiben.
  Entgegen der klassischen Auffassung haben Porphyrien
auch milde und chronische Verläufe. Durch Enzymstörungen
kommt es zu Störungen der Hämsynthese. Häm wird von dem
Cytochrom-P 450 Enzymsystem in der Leber zur Entgiftung
benutzt. Nicht-verstoffwechselte Porphyrine reichern sich in
bestimmten Organen an. Hier können sie toxische Effekte haben, die sich durch Symptome im zentralen, peripheren oder
vegetativen Nervensystem und/oder an der Haut zeigen. Die
Symptome werden schließlich durch die Porphyrine und nicht
durch toxische Konzentrationen der porphyrinogenen Substanzen verursacht.
  Die beim Übergang vom latenten ins manifeste Stadium
auftretenden Symptome werden ausgelöst durch Licht, Infek-
tionen, Streß, porphyrinogene Medikamente (Östrogene, Dia-
zepine, Sulfonamide u. a.) und Umweltchemikalien. Diese
Umweltstressoren scheinen das mangelhafte Enzymsystem des
Menschen endgültig zu überfordern.

Schwermetallbelastung durch Dentallegierungen

Schwermetalle wie z. B. Zink, Selen und Kupfer haben Co-Fer-
ment-Funktion, und ein Mangel führt zu Stoffwechselstörun-
gen. Ein Überschuß aber führt zu toxischen Erscheinungen.
  Eine Belastung mit Blei und Cadmium erfolgt über die Nahrungskette und durch Zahnmaterial. Reste von Pflanzen-

schutzmitteln und Saatbeizmitteln auf und in Feldfrüchten, Fleisch und Fisch, aber auch Füllmaterial in der zahnärztlichen Praxis, führen zu einer Anreicherung von Schwermetallen im Organismus. Multielementanalysen zeigen erhebliche Cadmium- und Bleiwerte im Zahnmaterial.

Gold, Titan, Chrom und Nickel nehmen häufig an Oxidations- und Reduktionsreaktionen teil. Deshalb binden diese Metalle stark an Proteine, wenn sie in Implantaten verwendet werden. Dann verändern sie auch ihre Antigenstruktur. Das gleiche gilt auch für Quecksilber, das bevorzugt mit SH-Gruppen Verbindungen in verschiedenen Zellen und Enzymen eingeht. Solche Zellen oder lösliche Eiweiße können dann Entzündungsreaktionen auslösen, die sich nicht nur gegen Metalle richten, sondern in Allergien und sogar Autoimmunkrankheiten enden können.

Amalgam-Legierungen enthalten häufig neben Kupfer und Quecksilber auch Zinn. Lösliche Zinnsalze *per os* verursachen Metallgeschmack, Nausea, Erbrechen, Koliken, eventuell auch Durchfälle. Bei Zinnvergiftungen kann es zu verschiedenen Symptomen kommen: Verwirrtheit, Verhaltensstörungen, zerebelläre Symptome, epileptische Anfälle.

Eine weiteres problematisches Metall in Dentallegierungen ist das „Edelmetall" Palladium. Der Palladiumgehalt kann von wenigen Prozent bis zu nahezu 90% reichen. In Deutschland werden Dentallegierungen mit Palladium-Gehalten von ca. 30% seit mehr als 60 Jahren verwendet. Palladium-Basis-Legierungen, die als überwiegenden Bestandteil das Element Palladium enthalten, sind in Deutschland seit 1986 als Regelversorgung im Rahmen der gesetzlichen Krankenversicherung eingesetzt worden.

Folgende Erkrankungen können durch eine Palladiumintoxikation verursacht sein: Struma diffusa, Hyperthyreose, Autoimmunthyreopathie, tuberkulöse Pleuritis und Neuralgien.

Auch das sogenannte inerte Titan scheint bei manchen Patienten zu erheblichen Reaktionen zu führen. Möglicherweise durch eine Vorsensibilisierung gegen das ubiquitär in kosmetischen und pharmazeutischen Produkten vorkommende Titan-IV-Oxid (Titanoxid) können sich Unverträglichkeiten auch gegenüber Titanimplantaten entwickeln. So zeigt eine Studie, bei der Dentalmetalle im Epikutantest geprüft wurden – quasi als Zufallsbefund – eine Spontansensibilisierung bei 6,4% der Probanden. Wie es zu dieser Sensibilisierung gekommen ist, konnte nicht eruiert werden. In keinem der Fälle waren Zahnersatzstücke aus Titan inkorporiert. Störwirkungen treten auch durch Wechselwirkungen mit anderen Metallen wie Gold und Quecksilber auf.

Es wird berichtet, daß Patienten, die an einer Elektrosensibilität leiden, häufig Metallunverträglichkeiten entwickelt haben, was durch MELISA-Tests nachgewiesen werden kann.

Der MELISA-Zahnmetalltest

Ein neuer *in-vitro*-Bluttest kann genauer als bislang Auskunft über das Vorliegen einer Allergie vor allem auf Zahnmetalle geben. MELISA ist die Abkürzung für *Memory Lymphocyte Immunostimulation Assay*. Im März 1997 führte das IFU Bad Emstal in Kooperation mit der International MELISA-Study Group, Schweden, unter Leitung von Frau Professor Stejskal diesen immunologischen Test in das Untersuchungsprogramm ein. Das IFU ist die einzige Einrichtung in Deutschland, die den kompletten MELISA-Test (Lymphozytenstimulationstest mit histologischer Morphologie-Evaluation) durchführt.

Detoxikationstherapie

Im Falle von Schadstoffbelastungen (durch Umweltchemikalien, Zahnmetalle usw.) empfiehlt sich neben der Ursachenbeseitigung (wie Wohnraumsanierung, Entfernung der toxischen bzw. allergenen Dentallegierungen) eine antioxidative Therapie mit Spurenelementen, Vitaminen und schwefelhaltigen Aminosäuren: Zink, Selen, Vitamine E, C, B6, Glutathion, Glycin, Cystein u.a. Zur Behandlung neurologischer Störungen werden u.a. B-Vitamine und alpha-Liponsäure verordnet. Vor einer Zahnsanierung wird im allgemeinen ein einwöchiges Entgiftungsprogramm empfohlen.

Zusammenfassung

Bei chronischen Erkrankungen müssen Schadstoffbelastungen und Allergien grundsätzlich als Auslöser in Betracht gezogen werden. Umweltmedizinische Diagnostik muß daher als *medizinisch notwendig* anerkannt werden, um eine individuelle, an den Auslösern orientierte Therapie einleiten zu können.

Im Rahmen der Diagnostik werden Umweltchemikalien (wie Pestizide und Lösungsmittel) und auch Dentallegierungen allergologisch und toxikologisch überprüft. Die Vorgehensweise ist im *IFU-Umweltmedizin-Leitfaden* für den praktizierenden Umweltmediziner zusammengefaßt.

Tabelle 1: Der IFU-Umweltmedizin-Leitfaden. Umweltmedizinische Diagnostik und Therapie (nach Runow).

DIAGNOSTIK

1. Schadstoffdiagnostik im Blut
   Lösungsmittel, PCB, Pestizide, Mykotoxine u.a.

2. Zahnmetalltest
   a) Lymphozytenstimulationstest
      – der Original-MELISA-Test nach Professor Stejsksal
   b) Schwermetall-Mobilisationstest DMPS-Test i.v. mit Hydro-Jet-Massage
   c) Allergietest

3. Allergietests
   a) *Blut:* IgE- und IgG-Antikörper u.a. gegen Nahrungsmittel, Schimmelpilze, Schadstoffe
   b) Hauttests: Provokations- und Neutralisationstest mit unkonservierten Allergenextrakten (nach Miller)
   c) Epikutantest

4. Darmdiagnostik
   a) Candida-Diagnostik (Mikrobiologie, Serologie)
   b) Atemgasanalysen (Laktoseintoleranz, Overgrowth Syndrom)
   c) Permeabilitätstest (Laktulose/Mannit Test)
   d) E.coli-Agglutinintiter bei chronisch entzündlichen Darmerkrankungen

5. Lebertest
   Überprüfung der Entgiftungsleistung der Leber (Detoxikationstest)

6. Vitamin- und Mineralstoffuntersuchungen, Überprüfung der Nähr-stoffversorgung und des antioxidativen Potentials

7. Immunprofil
   Zelluläre Immunparameter, Thymushormone u.a.

8. Wohn- und Arbeitsplatz-Ökologie
   a) Staub- und Materialuntersuchungen auf Schadstoffe und Inhala-tionsallergene wie Milben und Schimmelpilze
   b) Raumluftanalysen
   c) Messung physikalischer Störfelder

THERAPIE

1. Entgiftungs-Therapie (Leberschutz, Membranstabilisierung)
   a) Einwöchige kurmedizinische Kompaktprogramme mit physikali-scher Therapie, forcierter Diurese mittels Trinkkur und Saunathe-rapie unter Gabe von Niacinamid
   b) Antioxidative Infusionstherapie mit Mineralien und Vitaminen
   c) Orale Gabe von Antioxidantien und Leberschutzpräparaten

2. Zahnsanierung nach vorheriger Entgiftungs-Therapie
   a) Zweiwöchige kurmedizinische Kompaktprogramme mit physikali-scher Therapie, forcierter Diurese mittels Trinkkur und Saunathe-rapie unter Gabe von Niacinamid und Antioxidantien
   b) Auswahl geeigneter Zahnmaterialien

3. Allergie-Therapie
   a) Einleitung einer verträglichen Hyposensibilisierungsbehandlung auf der Basis der Provokations- und Neutralisationstest (nach Miller)
   b) Ernährungsmedizinische Beratung und Erstellung eines individuel-len allergenbezogenen Diätplanes (Eliminations- und Rotationsdiät)
   c) Wohnökologische Beratung (Sanierungsmaßnahmen)

4. Anti-Pilz-Therapie
   a) Antimykotische medikamentöse Therapie
   b) Anti-Pilz-Diät unter Berücksichtigung von Nahrungsmittelallergien
   c) Immunstimulierung

5. Programme zur Neuplanung bzw. Sanierung des Wohn- und Arbeits-bereichs

Der Wohn- und Arbeitsbereich der Patienten muß stets in das Behandlungskonzept integriert werden, auch wenn es sich um anscheinend klassische Krankheitsbilder handelt.

Ziel muß es sein, Symptomverbesserungen ohne oder mit nur geringem Einsatz von Pharmaka zu erzielen. Im Gesundheitswesen kann es durch die klinisch-ökologischen Maßnahmen zu einer erheblichen Kosteneinsparung kommen.

Aufgrund der zunehmenden Zahl von überempfindlichen Patienten muß sich auch der stationäre Medizinbetrieb zukünftig stärker auf diese Patienten einstellen. Deshalb fordern praktizierende Umweltmediziner, daß zukünftig jedes Krankenhaus eine umweltmedizinische Abteilung haben sollte, die bauökologisch konstruiert ist und über allergologisch, toxikologisch und ernährungsmedizinisch ausgebildetes Personal verfügt.

In *Tabelle 2* sind Auszüge aus der Liste der vom IFU Bad Emstal verlangten umweltmedizinischen Grundanforderungen zusammengestellt.

---

1. Geeigneter Standort: geringe geopathologische Störungen
2. Putz und Anstriche aus Kalkmörtel und offenporigen Mineralfarben
3. Elektrische Abschirmung, elektrische Netzfreischalter
4. Oberflächen nicht versiegeln
5. Keine stark duftenden Substanzen einsetzen
6. Rauch- und parfümfreie Zonen einrichten
7. Auf Lösungsmittel und Pestizide verzichten
8. Bettwäsche wird mit ungechlortem Wasser gewaschen bzw. darf weder nach Chlor, Parfüm oder anderen Chemikalien riechen. Geeignete Waschmittel dürfen keine Duftstoffe, Enzyme oder optische Aufheller enthalten.

Tabelle 2: Grundanforderungen an die umweltmedizinisch orientierte *Klinik 2000.*

Literaturhinweise

Guzek,G.: Praktische Umweltmedizin, in: Zeitung für Umweltmedizin, 5. Jg., 1,1997, S.24–25.

Maschewsky, W.: MCS und Porphyrinopathien, in: Zeitung für Umweltmedizin, 4. Jg., 14, 1996, S. 102–107.

Rea, W. J.: Chemical Sensitivity, Vol. 1 bis 4, Boca Raton: Lewis Publishers, 1992/1997.

Runow, K. D.: Klinische Ökologie, 2. Auflage, Stuttgart: Hippokrates Verlag 1994.

Soyka, D.: Toxische Enzephalopathien, in: Nervenheilkunde 1994, 13, S. 149–154.

Inge Reichart
Hormonelle Sabotage der Fortpflanzung

Die Entscheidung, ob aus einem befruchteten Ei ein weibliches oder ein männliches Wesen entsteht, ist entgegen langjähriger Annahme nicht mit der Befruchtung eines Eies abgeschlossen. Eine derartige genetische Vorprogrammierung – männlich oder weiblich – gibt es nicht. Lediglich der „Startschuß" der Geschlechtsentwicklung wird durch die Gene vorgegeben. Der Löwenanteil der Entscheidungen, ob beispielsweise Eierstöcke oder Hoden gebildet werden sollen, steht unter der Kontrolle von chemischen Botenstoffen, den Hormonen. Hunderte solcher Entscheidungen werden vor allem in den frühen Entwicklungsstadien getroffen, während ein Embryo in einem Wechselbad der Hormone, seiner eigenen und der seiner Mutter, „badet". Darüber hinaus werden verschiedenste Prozesse durch körpereigene Hormone gesteuert – lebenslang:
- der Schwangerschaftsverlauf durch Östradiol, Progesteron und HCG (human chorionic gonadotropin),
- das Körperwachstum durch eine Vielzahl an Wachstumshormonen,
- der Kohlenhydratstoffwechsel durch Insulin und Glukagon,
- der weibliche Zyklus aller Säugetiere durch Östradiol und Progesteron.

Hormone greifen zugleich in verschiedene Körperprozesse ein. Beispiele hierfür sind:
- Östradiol: Knochenbau, Salzhaushalt, Fettstoffwechsel, weiblicher Zyklus,
- das Schilddrüsenhormon: Knochenwachstum, Geschlechtsreifung.

Durch das Zusammenspiel verschiedenster Hormone, die sich im zeitlichen Verlauf in ihren Konzentrationen ändern, werden Entscheidungen über sich gegenseitig ausschließende Entwicklungsalternativen des Körpers getroffen. Der Auslöser für eine Entscheidung ist ein bestimmtes Konzentrationsverhältnis der Hormone untereinander, zu einem bestimmten Zeitpunkt und an einem bestimmten Ort.

Der Hormonhaushalt ist wiederum beeinflußbar durch äußere Faktoren:
– Streß führt zur Ausschüttung von Adrenalin, welches u.a. die Herzleistung und die Energiebereitstellung erhöht,
– mangelnde Zufuhr an Jod über das Essen oder Trinken führt zu einem Mangel an Schilddrüsenhormonen, die u.a. eine Vergrößerung des Kropfes bewirken.

Das Wissen um die Beeinflußbarkeit des Hormonsystems durch äußere Faktoren wird heute genutzt, indem mit synthetischen Östrogenen, in Form von Antibabypillen und Mitteln gegen Beschwerden der Wechseljahre, gezielt in den Körperhaushalt eingegriffen wird. Neben diesen gezielt eingesetzten synthetischen Östrogenen funken aber noch eine Reihe anderer Substanzen in das Hormonsystem. Brisanz erhält die leichte Beeinflußbarkeit des Hormonsystems dadurch, daß sich das Hormonsystem der Menschen wenig unterscheidet von dem der restlichen Säuger, der Vögel, Fische und Reptilien. Auch andere Organismen besitzen ein Hormonsystem.

Hormonell bedingte Schäden

Bei Fischen sind negative Einflüsse auf den Stoffwechsel durch die Wirkung von hormonell aktiven Umweltchemikalien bekannt. Im Abfluß von Kläranlagen wurden männliche Forellen mit hohen Mengen eines Eidotterproteins gefunden. Unter natürlichen Umständen kommt dieses Protein nur bei weiblichen Forellen vor und wird dort durch körpereigenes Östrogen gesteuert. Als künstlicher Auslöser kommen die im Abwasser vorhandenen synthetischen Östrogene aus Antibabypillen oder Alkylphenolethoxylate aus Reinigungsmitteln in Frage.

An der nordwestamerikanischen Küste, an der europäischen Atlantikküste, in der Nordsee, im Mittelmeer sowie in Südostasiatischen Meeren traten weibliche Meeresschnecken mit männlichen Genitalien *(= Imposexphänomen)* auf. In Zusammenhang mit diesem Phänomen werden Tributylzinnverbindungen (TBT) gebracht, die u.a. als Unterbootsanstriche verwendet werden. Der Effekt des TBT besteht darin, die Konzentration des männlichen Sexualhormons Testosteron bei weiblichen Tieren stark zu erhöhen. Eine Folge davon ist das Auftreten des Imposexphänomens. Durch die daraus resultierende weibliche Sterilität ist ein Verschwinden der Meeresschnecken in den betroffenen Gebieten möglich. Auch in deutschen Salz- und Süßgewässern liegen die TBT-Belastungen deutlich über der Effektschwelle, die aus Laborversuchen bekannt ist.

Beim Menschen ist seit Mitte dieses Jahrhunderts ein Rückgang der Spermaanzahl und -mobilität in einigen Industrienationen beobachtet worden. Diskutiert werden diese Befunde in Zusammenhang mit einer erhöhten Belastung durch hormonell wirksame Umweltchemikalien.

Hormonell aktive Substanzen

Umweltchemikalien und Pflanzenstoffe, die ähnliche Prozesse wie körpereigene Hormone auslösen, werden als „hormonell aktiv" bezeichnet. Die Palette reicht von Nahrungsmitteln bis zu kurz- und langlebigen Gebrauchsgegenständen. Wirksam können sowohl die Substanzen selbst als auch deren Abbauprodukte sein.

Die Belastung des Menschen oder der Umwelt mit hormonell aktiven Substanzen kann sofort oder zeitverzögert mit dem Gebrauch des Produkts verknüpft sein; sie kann direkt oder indirekt sein. Sofort und direkt erfolgt die Belastung des Menschen beim Verzehr von Nahrungsmitteln, die mit hormonell aktiven Umweltchemikalien „kontaminiert" sind. Pflanzliche, hormonell aktive Stoffe wirken sich ebenfalls direkt durch die Nahrungsaufnahme auf den Menschen und auf

Tabelle 1: Beispiele für das Vorkommen von hormonell aktiven Umweltchemikalien und Pflanzenstoffen.

Produkte	Umweltchemikalien
Obst und Gemüse	Pestizide
Babymilchpulver	Phthalate
Lebensmittelkonserven (Innenlackierung)	Bisphenol A
Zahnfüllungen	Bisphenol A
Industrielle Reinigungsmittel	Alkylphenolethoxylate
Unterbootslackierung	Tributylzinnverbindung
Kunststoffe	Phthalate
	Pflanzliche Stoffe
Sojabohnen	Genistein
Leinsamen	Secoisolariciresinol
Kichererbsen	Biochanin A
Rosenkohl, Kohl, Blumenkohl	Indol-3-carbinol-Konjugate
Klee	Coumestrol

Quelle: Janssen et al. 1997

Weidetiere aus. Zeitverzögert und indirekt betroffen sind Fische, Wasservögel, Alligatoren und auf Gewässer bezogene Lebewesen dadurch, daß Reinigungsmittel und Bootslacke in die Gewässer gelangen.

Streitpunkte

Der stringente Nachweis eines kausalen Zusammenhangs zwischen der Belastung mit hormonell wirksamen Substanzen und einer dadurch ausgelösten Schädigung ist noch nicht geführt. Es besteht jedoch Einigkeit darüber, daß einige Substanzen eindeutig hormonell aktiv sind. Uneinigkeit besteht dagegen darüber, ob

– die Aussagekraft für die hormonelle Wirkung im Gesamtorganismus durch die derzeitige Standard-Nachweismethode (Testsystem mit einer Brustkrebszellinie) ausreicht,

– eine Einteilung der hormonell wirksamen Stoffe in Kategorien unterschiedlicher Schädigungsstärke möglich ist. Dadurch würde eine bessere Handhabbarkeit bei der Gefahreneinschätzung erreicht. Aufgrund methodischer Probleme (mangelnde Reproduzierbarkeit der Testergebnisse) ist eine derartige Gewichtung bei hormonell aktiven Substanzen derzeit noch nicht möglich,

– die Aufnahmemenge an Umweltchemikalien durch den Menschen gegenüber der großen Menge an „harmlosen" Pflanzenstoffen mit ebenfalls hormoneller Wirkung zu vernachlässigen ist. Entkräften läßt sich dieses Argument dadurch, daß Pflanzenstoffe z. B. in Sojabohnen auch in kleinen Dosierungen deutliche hormonelle Wirkung bei Tieren hervorrufen können. Andererseits essen Asiaten traditionell große Mengen an Sojaprodukten, die einen hohen Anteil hormonell aktiver Pflanzenstoffe enthalten, ohne daß daraus Fortpflanzungsschäden bekannt wären,

– ein Gleichgewicht zwischen negativen (schädigenden) und positiven (fördernden) hormonellen Effekten durch Umweltchemikalien und Pflanzenstoffen besteht. Hierüber besteht keine fundierte Datenbasis.

Wie groß ist die Gefahr?

Experimentell sind bei Tieren schädigende Effekte von hormonell aktiven Umweltchemikalien eindeutig nachgewiesen worden. Zum Teil stehen diese Effekte in engem Zusammenhang mit den bei Wildtierpopulationen aufgetretenen Schädigungen und der dortigen Umweltbelastung.

Offen ist derzeit noch, ob beim erwachsenen Mann ein Zusammenhang zwischen hormonell aktiven Umweltchemikalien und dem beobachteten Rückgang der Spermienanzahl und -mobilität besteht. Die Ergebnisse entsprechender epidemiologischer Studien zu dieser Frage sind teils fragmentiert oder widersprüchlich. *Dagegen ist die Belastung bei Embryos und Säuglingen durch hormonell aktive Umweltchemikalien sehr kritisch einzustufen.* Es handelt sich hier um eine hochsensible Phase für schädigende hormonelle Einflüsse aufgrund der Vielzahl an hormonell gesteuerten Wachstumsprozessen.

Folgerungen

Weil menschliche Embryos und Säuglinge, ebenso wie Jungtiere, Zielscheibe der hormonell aktiven Umweltchemikalien sind, ist der Nerv der Fortpflanzung betroffen. Folglich müßte das Vorsorgeprinzip zum Schutz des Menschen und der Umwelt Anwendung finden. Was aber ist bisher passiert? Es gibt
- einen Verzicht auf den Einsatz von Alkylphenolethoxylaten in Reinigungsmitteln des häuslichen Gebrauchs aufgrund der zu hohen Gewässerbelastung,
- diverse Pestizidverbote, allerdings aufgrund anderer schädigender Wirkungen,
- ein Verbot des Einsatzes von Tributylzinnverbindungen als Unterbootsanstriche in Süßgewässern.

Stückchenweise hat so ein Verzicht stattgefunden, wo kein Ausweichen mehr möglich war. Bislang wird die hormonelle Schädigung durch Umweltchemikalien aber noch nicht ernst genug genommen. Die wissenschaftliche Analyse bleibt allzu oft bei monokausalen Erklärungen stecken; eine einzelne Substanz wird auf ihre Wirkungen hin untersucht. Bei einer solchen Betrachtungsweise wird aber die wesentliche Eigenschaft des Hormonsystems außer acht gelassen – die vielfältigen Interaktionen.

Literaturhinweise

Colborn T./Clement C.: Chemically-Induced Alterations in Sexual and Functional Development: The Wildlife /Human Connection, Princeton, N. J. 1992.
Colborn, T., Dumanoski D., Peterson-Meyers J.: Die bedrohte Zukunft. München: Droemer Knaur 1996.
Janssen I./ Reichart I./Bunke D.: Phyto-estrogens and Hormonally Active Environmental Chemicals. Öko-Institut Freiburg 1997.
Umweltbundesamt: Fachgespräch: Umweltchemikalien mit endokriner Wirkung. Texte 65, Berlin 1995.

III. DISPUT: DEUTSCHLAND AUF DEM WEG ZUR NACHHALTIGKEIT?

Gespräch mit Bundesumweltministerin Dr. Angela Merkel, dem Präsidenten des Naturschutzbundes Deutschland, Jochen Flasbarth, und Prof. Dr. Dr. Günter Altner, Universität Koblenz.

Jahrbuch Ökologie:
Die englischsprechende Welt hat es ein bißchen leichter als wir. Dort gibt es wenigstens einen, sogar allgemeinverständlichen Begriff für das, worüber wir heute diskutieren wollen: *Sustainable Development*, das neue Leitbild der Entwicklung, das seit dem Brundtland-Bericht von 1987, besonders aber seit der Rio-Konferenz von 1992 auf der politischen Tagesordnung steht. Irgendjemand hat einmal gezählt, wieviele Begrifflichkeiten dieser Art es im deutschsprachigen Bereich gibt, und es kam fast ein Dutzend zusammen. Da spricht man von „nachhaltiger Entwicklung", ein Konzept, das in der Forstwirtschaft Tradition hat. Da liest man in einem Gutachten für die Bundesregierung von der „dauerhaft-umweltgerechten Entwicklung". Da geht es zum anderen aber auch um „zukunftsfähige Entwicklung" oder um ein „Zukunftsfähiges Deutschland" – so der Titel eines Bestsellers des vergangenen Jahres. Vielleicht sollten wir daher unser Gespräch mit der Frage beginnen, was wir denn eigentlich unter „Nachhaltigkeit" verstehen wollen.

Merkel:
Es wäre in der Tat gut, wenn wir für dieses Thema einen Begriff hätten, der die Herzen der Menschen bewegt. Das ist bis jetzt nämlich nicht gelungen. Was den Begriff Nachhaltigkeit über die umweltgerechte Entwicklung hinaus bestimmt, ist

seine ökonomische, soziale und ökologische Komponente. Und das heißt, daß wirtschaftliche und soziale Entwicklung so stattfinden sollten, daß sie im Einklang mit den begrenzten Ressourcen dieser Erde stehen, daß das Netz Natur, das uns umspannt und von dem wir leben, nicht zerreißt, sondern hält, auch für die zukünftigen Generationen. Weil dieser Begriff so „schön" ist, kann man sich auf ihn auch ganz gut einigen. Er bedarf deshalb aber der Konkretisierung in jedem Schritt der ökonomischen, sozialen und ökologischen Entwicklung.

Was ich an dem Begriff „nachhaltige Entwicklung" auch wichtig finde, ist, daß er die Dynamik von Entwicklung in den Vordergrund stellt, was für die armen Länder dieser Welt die Chance auf mehr Wohlstand impliziert, für uns aber bedeutet, daß wir umdenken müssen. Das ist zugleich das Schwierige daran – und da stelle ich immer wieder fest, daß die Dimensionen, die dieser Begriff hat, dazu führen, seinen Konsequenzen auszuweichen. Wenn ökologisch etwas erreicht werden soll, sagt man allzu häufig, das ist jetzt sozial oder wirtschaftlich nicht verträglich. Das ist die schwierige Seite dieses Begriffs.

Flasbarth:
Ich glaube eigentlich nicht, daß die Begrifflichkeit selbst so wichtig ist. Es ist typisch deutsch, daß wir darüber streiten, ob *sustainable development* besser mit *Nachhaltigkeit, dauerhaft-umweltgerechter Entwicklung* oder mit *Zukunftsfähigkeit* übersetzt werden sollte. Im Kern haben die Menschen durchaus schon verstanden, worum es geht: Wir leben über unser Maß hinaus – und das darf so nicht weitergehen. In meiner Alltagsphilosophie habe ich dafür einen ökologischen Imperativ formuliert: „Lebe so, daß Deine Lebensweise auf die gesamte Menschheit übertragen werden könnte!" Es ist ja ganz offenkundig, daß unsere Lebensweise in diesem Sinne nicht zukunftsfähig oder nachhaltig ist, weder ökologisch noch ökonomisch. Und ich glaube, daß das eine Botschaft ist, die von den Menschen verstanden wird. Ob sie auch nachvollzogen wird, das ist etwas anderes.

Altner:

„Nachhaltige Entwicklung" ist vielleicht ein Gummibegriff, auf jeden Fall ein relationaler Begriff, der Natur und gesellschaftliche Entwicklung aufeinander bezieht. Die Bestandserhaltung der Natur ist Zukunftsgarantie für die Menschheit. Und wer wirklich an die Zukunft denkt, der wird auch mit der Natur entsprechend umgehen müssen. Die eigentliche Schwierigkeit ist, daß keine stringenten Maße in diesem Begriff enthalten sind. Der Begriff beinhaltet eine generelle Aufforderung, die in die richtige Richtung weist, daß Umweltschutz immer auch die Bedürfnisse des Menschen mit berücksichtigen muß – und umgekehrt. Sie haben es ja auch schon angedeutet: Ohne die zusätzliche Einführung von Zielperspektiven und Maßstäben, die konkret zum Ausdruck bringen, was das heißt, kommen wir mit diesem Begriff nicht viel weiter, stellt dieser Begriff eher eine Verführung dar, ihn mit sehr verschiedenen Interessen zu füllen, ohne ihn hinreichend ernst zu nehmen. Das spiegelt sich dann auch im Zustand der nationalen und der internationalen Umweltpolitik wieder.

Jahrbuch Ökologie:

Glauben Sie denn gar nicht, daß ein Gegengewicht geschaffen werden muß zu dem Begriff, auf den unsere Gesellschaft geeicht war und ist, den man messen kann, nämlich Wirtschaftswachstum, ausgedrückt im Bruttosozialprodukt? Das Bruttosozialprodukt ist ja ein mächtiges Konzept, und wenn man dem etwas „Gummihaftes" entgegenstellt, kann es schwierig werden! Man kann dann das eine für das andere halten. Man sagt „nachhaltige Entwicklung" und meint doch nur das dauerhafte Wachstum des Bruttosozialprodukts. Also, wie sieht das aus?

Flasbarth:

Daß das Bruttosozialprodukt kein geeigneter Wohlstandsindikator ist, das ist wohl unumstritten, denn es gehen ja auch ökologische Schädigungen und andere Negativpunkte in grotesker Weise positiv in diesen Wohlstandsmesser ein. Es gab auch schon zahlreiche Bemühungen, internationale wie nationale, ein neues gesamtwirtschaftliches Rechenwerk zu schaffen, in dem die ökologischen Schäden, Aufwendungen und Kosten monetarisiert werden. Ich halte das für gut und richtig, will aber auch gleichzeitig vor jeder Euphorie warnen. Vielen Menschen geht es auch regelrecht gegen den Strich, wenn wir nun auch noch anfingen, Artenvielfalt und Luftbelastung monetär zu bewerten. Wenn wir – um ein Beispiel zu nennen – bei der Ostseeautobahn den Lebensraum eines endemischen Käfers, der noch nicht mal einen deutschen Namen hat, auslöschen, was ist das für ein Wert, der da zerstört wird? Liegt das in der Größenordnung von unendlich oder ist das fast nichts?

Altner:
Ich denke, hieran wird auch deutlich, daß es sehr schwierig ist, von einer ökologischen Gesamtrechnung Wunder zu erwarten, wenn nicht schon vorher die Wertungen im Einzelfall sich stärker aufeinander zubewegen. Wenn wir nicht mehr Einigkeit in der Gesellschaft darüber haben, daß auch kleine Käfer wichtige ökologische Indikatoren sind, werden wir im Umweltschutz und speziell bei der Ermittlung eines „Öko-Sozialprodukts" nicht viel weiterkommen.

Merkel:
Ob das Wohlbefinden einer Gesellschaft monetarisierbar ist, ist natürlich nicht umfassend mit ja zu beantworten. Wichtiger ist: Soll man es überhaupt versuchen? Trotzdem hat man es gemacht, und man hat es zum Wohle des Sozialen gemacht, nicht notwendigerweise zum Wohle der Umwelt. Wenn wir heute sagen, wir brauchen eine *Ökologische und Soziale Marktwirtschaft,* dann brauchen wir auch ein Maß, in dem das Ökologische seinen Platz findet. Bis jetzt sind alle Versuche, dies zu tun, außerordentlich akademisch. Wir haben in Deutschland zwar einen Beirat für eine umweltökonomische Gesamtrechnung. Doch in dessen Entwürfe muß der „praktikable Blitz" erst noch einschlagen!

Ein besonderes Problem, das ich in diesem Zusammenhang sehe, ist der Zeitfaktor. Der Zeitfaktor spielt in einer Ökologischen Marktwirtschaft eine viel größere Rolle als in der traditionellen Sozialen Marktwirtschaft, und das macht zugleich die Schwierigkeit aus. Soziale und wirtschaftliche Herausforderungen werden in einer relativ kurzen – das heißt für den einzelnen überschaubaren – Zeitspanne sichtbar. Umweltauswirkungen werden dagegen oft erst über mehrere Generationen spürbar – Stichwort: Ozonschicht oder Klimaänderung. Das bringt die Umweltpolitik auch immer wieder in eine schwierige Lage, weil sie in Zeiträumen denken muß, die für wirtschaftliche und soziale Betrachtungen oft ungewöhnlich lang erscheinen. Wir sollten uns dem aber nicht entziehen, auch wenn in die Bestimmung der nachhaltigen Entwicklung – Herr Flasbarth hat's gesagt – immer Werturteile einfließen. Zwischen wissenschaftlichen Befunden und gesellschaftlichen Werturteilen herrscht meist ein großes Durcheinander, und deshalb bemüht auch heute fast jeder seinen eigenen Wissenschaftler, um die für ihn günstigsten Schlußfolgerungen ziehen zu können.

Flasbarth:

Ich möchte einen Eindruck revidieren. Ich bin überhaupt nicht gegen die Versuche, auch ökologische Daten in ein gesamtgesellschaftliches Rechenwerk zu integrieren. Ich bin ganz und gar dafür. Nur sehe ich, daß sich das schon viel zu lange hinzieht, während wir umweltpolitisch einen ungeheuren Handlungsdruck haben. Jedes Kind kann doch erkennen, daß unser Verkehr nicht nachhaltig ist, daß unsere Energieversorgung, unsere Landwirtschaft nicht nachhaltig sind. Wenn wir es dann in 10, 15 Jahren schaffen, das auch genau zu messen, und dann feststellen: Jawohl, es war nicht nachhaltig – gut. Nur, wir müssen aufpassen, daß man hier nicht in eine akademische Falle gerät, die uns unheimlich viel Zeit kostet und uns vom notwendigen Handeln ablenkt.

Altner:

Ich denke, wir müssen ein Meßinstrumentarium entwickeln, so schwierig die Methodenprobleme auch sind. Ohne ein „Öko-

Sozialprodukt" oder ohne Indikatoren für „Nachhaltigkeit" werden wir schwerlich aus dieser schwimmenden, undifferenzierten Zone der Bewertungen herauskommen. Wenn es aber gelänge, hier wirklich zu einem handhabbaren Rechenwerk zu kommen, wäre die Voraussetzung dafür, daß es funktioniert, ganz sicher die, daß die Wertargumention außerhalb dieser Berechnungen unbestritten ist. Was uns die Dinge dann in Geld wert sind, läßt sich ja nur daran bemessen, was wir ihnen grundsätzlich an Werten zusprechen. Von allen Seiten, von den industriellen Nutzern wie von den Umweltschützern, wird von den geäußerten Wertvorgaben her dann auch die Bereitschaft bestehen müssen, Wertvorgaben in Quantifizierung umzusetzen. Ohne dieses Bemühen kann ich mir nicht vorstellen, wie wir zu einer angemessenen Präzisierung des Begriffs der Nachhaltigkeit kommen können.

Jahrbuch Ökologie:
Wenn wir davon ausgehen, daß es, wie Frau Merkel meinte, methodisch wirklich ein „Kuddelmuddel" ist, mit dem wir es da zu tun haben, dann haben Sie alle dafür plädiert, dieses Kuddelmuddel aufzulösen. Das schließt die Frage ein, ob es denn Prioritäten, besonders wichtige Felder der Politik gibt, in denen die gesellschaftliche Auseinandersetzung um das, was nachhaltig und was nicht nachhaltig ist, was Zukunft hat und was keine Zukunft hat, erfolgen muß. Konkret: Gibt es denn wenigstens darüber Konsens, was diese Prioritäten, was diese Politikfelder sind?

Merkel:
Herr Flasbarth hat so schön gesagt: Das sieht ja jedes Kind, daß manche Dinge nicht nachhaltig sind. Manchmal ist es so, daß die Erwachsenen gar nicht mehr sehen, was die Kinder noch unvoreingenommen betrachten. Ich glaube aber, daß wir mit dem Begriff der „nachhaltigen Entwicklung", der in seinen theoretischen Komponenten – also, was die Regenerationsfähigkeit der Ressourcen und die Assimilationsfähigkeit der Natur anbelangt – relativ gut definiert wurde, doch schon

heute feststellen können, wo wir vom Kriterium der Nachhaltigkeit massiv abweichen.

Eine der Aufgaben, die uns auferlegt sind, besteht darin, daß wirtschaftliches Wachstum, so es denn stattfindet, von dem Ressourcenverbrauch möglichst stark zu entkoppeln ist. In einigen Bereichen ist das gelungen, in manchen, wie z.B. im Bereich der Energie, ist es uns wenig gelungen, im Bereich Bodenverbrauch, der ja viel mit Artenvielfalt zu tun hat, überhaupt noch nicht. Darüber hinaus sind die Artenvielfalt, das Klima, damit zusammenhängend die Energiepolitik, dann die Frage Chemie und menschliche Gesundheit und der Gewässerschutz meines Erachtens wichtige Bereiche, die unter dem Gesichtspunkt der Nachhaltigkeit unbedingt bearbeitet werden müssen – und zwar so, daß zukünftigen Generationen nicht jede Handlungsfreiheit genommen wird. Das Fatale an den Umweltgefährdungen ist ja, daß sie großenteils so sind, daß man zwar heute und jetzt und vor der eigenen Haustür eine Vielfalt von Möglichkeiten der Reaktion hat, daß diese Möglichkeiten sich im Zeitablauf aber immer mehr verengen. Man geht oft mit großer Leichtfertigkeit an diese Probleme heran, nach dem Motto: Mach ich's heute nicht, mach ich's morgen. Diese beliebige Zeit haben wir aber *de facto* nicht. Es war in mancher Hinsicht einfacher, eine Großfeuerungsanlagenverordnung zu erlassen, weil ja der Rauch über dem eigenen Schornstein aufstieg, als jetzt die globale Klimaänderung zu bekämpfen.

Flasbarth:
Sie haben das Beispiel des Bodenverbrauchs genannt und gesagt, daß dort die Entkopplung vom Wirtschaftswachstum nicht gelungen ist. Nun steht in dem Bericht der Bundesregierung *„Auf dem Weg zu einer nachhaltigen Entwicklung in Deutschland"* – Ihrem Bericht, Frau Ministerin – auf Seite 54 ein Satz, den ich vorlesen möchte: „Eine sparsame und schonende Flächennutzung wird über das Recht der Bauplanung und der Landesplanung sowie über das Baurecht in Verbindung mit den naturschutzrechtlichen Bestimmungen gewährleistet."

Eigentlich müßte der Satz enden: „nicht gewährleistet". Deshalb entstehen ja zum Beispiel nach wie vor – was alle beklagen – um die Städte herum große Einkaufs- und Freizeitzentren, die viel Verkehr auf sich ziehen. Heute morgen noch konnte ich im Radio hören, daß man einen Center-Park in Oberhausen besuchen kann, ohne daß man dort Parkgebühren bezahlen muß ...

Altner:
„Es gibt kein kostenloses Frühstück" – so steht es dagegen in jedem Buch über Umweltökonomie ...

Flasbarth:
Ein zweites Beispiel: Auch unsere Energiepolitik ist alles andere als nachhaltig. Beim Klima sind wir uns, was die Analyse angeht, offenbar einig. Aber nehmen wir mal den Punkt Atomenergie: Die Atomenergienutzung ist ja wohl das Paradebeispiel für nicht-nachhaltige, nicht zukunftsfähige Entwicklung. Da wird in Ihrem Bericht für die Vereinten Nationen so entschuldigend dargestellt, daß wir einen gewissen Anteil an Atomenergie bräuchten, einmal um die Klimaverträglichkeit der Energieversorgung zu gewährleisten, außerdem weil's ohnehin alle in der Welt so machten. Wie aber sollen wir wirklich Nachhaltigkeit erreichen, wenn man so offensiv einen offensichtlich nicht-nachhaltigen Weg beschreitet?

Altner:
Darf ich noch etwas hinzufügen? Ich mache nicht den Versuch, Frau Ministerin Merkel, Sie in Sachen Atomenergie umstimmen zu wollen. Da haben wir verschiedene Standpunkte. Dieser Widerspruch kommt ja auch in der Gesellschaft und in der Politik zum Ausdruck. Ich denke, daß die große Schwierigkeit, mehr Nachhaltigkeit in der Energiepolitik zu erreichen, darin liegt, daß über den Konsens nicht intensiv genug nachgedacht und gestritten wird. Es hat zwar Konsensgespräche gegeben, zwischen der CDU und der SPD, nicht aber mit den

Grünen und der Umweltbewegung, nicht mit der Gesellschaft im allgemeinen. Ich empfinde es als einen besonderen Mangel bei diesen Gesprächen, daß es offenbar nicht möglich ist, einen wirklichen Diskurs in dem Sinne zu führen, daß man die beiden *zentralen* Standpunkte – Auslaufen der Atomenergie, rationelle Energienutzung und Anstieg der erneuerbaren Energien auf der einen Seite und Beibehaltung der Atomenergie als angeblicher Faktor zur Entlastung des Klimas auf der anderen Seite – vergleichbar machen und sorgfältig miteinander abwägen kann.

Wir haben zusammen mit der norddeutschen Energiewirtschaft den Versuch unternommen, die möglichen energiepolitischen Entwicklungen bis zum Jahre 2010 durchzurechnen. Wir haben dazu vergleichend ein *Ausstiegsszenarium* und ein *Szenarium mit Atomenergie* in der derzeit bestehenden Größenordnung gerechnet. Zur Zeit sind wir dabei zu prüfen: Was gehört zu einer solch unterschiedlichen Politik an Instrumenten, an Finanzen, welche Effekte erreicht man im Hinblick auf die Senkung der CO_2-Emissionen usw.

Einen wirklichen energiepolitischen Konsens im Sinne nachhaltiger Energiepolitik werden wir nur dann erreichen können, wenn man die Kunst fertig bringt, daß die Kontrahenten mit ihren verschiedenen Positionen sich wirklich einmal auf den jeweils *anderen* Standpunkt stellen, das heißt, daß man die Ausstiegsperspektive und die Beibehaltungsperspektive für die Dauer des Diskurses anerkennt.

Und ich kritisiere nicht nur an Ihrer Politik, sondern an der Konsensdiskussion im Rahmen der großen Parteien, daß ein solcher Versuch gar nicht erst gemacht wird, daß man sich vielmehr darauf festlegt, die Richtigkeit des eigenen Standpunktes strikt durchhalten zu wollen. Von daher sage ich: Hindern wir uns in der Energiepolitik nicht daran, Nachhaltigkeit herzustellen dadurch, daß wir die Konsensverpflichtung methodisch und inhaltlich nicht genügend ernst nehmen! Wie kann man Nachhaltigkeit in Deutschland ernsthaft erreichen wollen, wenn man auf dem Suchweg dahin ständig gegen die zentralen Prinzipien der Nachhaltigkeit verstößt? Die bisher geführten Konsensgespräche sind an Stupidität kaum zu übertreffen.

Merkel:

Ich will anknüpfen an das, was Herr Flasbarth vorhin zu dem Bericht der Bundesregierung gesagt hat. Dieser Bericht zum Thema „Nachhaltigkeit in Deutschland" war ein erster Versuch innerhalb der Bundesregierung, das Augenmerk dafür zu weiten, daß nachhaltige Entwicklung keine Sache des Umweltressorts allein ist, sondern eine Sache aller Ressorts. Das macht die Diskussion nicht gerade einfach, weil viele noch gar nicht sonderlich geübt sind im Denken in diesen Kategorien. Man hat dann die Wahl, daß man einen Bericht von nur wenigen Seiten schreibt oder daß man auch Kompromisse eingeht. Der Satz, den Sie zitiert haben, ist in der Tat schwer umzusetzen. Wenn da stünde „*versucht* die Bau- und Landesplanung dem Rechnung zu tragen", wäre es sicher realistischer.

Um nun aber auf die Energiepolitik einzugehen: Herr Professor Altner, wenn man eine Verpflichtung zur Konsensfindung in einer so wichtigen Frage allgemein verspürte, dann wäre ich ja schon froh! Leider ist es so, daß von *beiden* Seiten die Kernenergie inzwischen zur Symbolfigur eines Prinzipienstreites erhoben worden ist. Ansonsten wäre auch gar nicht erklärbar, was sich da auf diesem Gebiet alles abspielt. Ich persönlich kann dem Vorschlag zustimmen, daß unterschiedliche Szenarien entwickelt werden sollten.

Ich halte die friedliche Nutzung der Kernenergie für erforderlich und für verantwortbar. Aber natürlich ist und bleibt die Kernenergie eine Energieform mit Risiken. Ich finde es aber merkwürdig zu sagen, die Kohle und die anderen Energieträger hätten überhaupt keine Risiken. Das größte Risiko bei der Kernenergie ist, daß die Abfälle nicht Jahrzehnte, sondern Jahrhunderte und Jahrtausende sorgfältig aufbewahrt werden müssen. Ich fände es unmöglich, alles zu tun, um *nichts* zu tun. Man könnte statt dessen z.B. Forschungsvorhaben darüber in Gang setzen, ob und wie man dieses Problem sachgerecht lösen kann. Ich plädiere daher dafür, Szenarien dazu zu entwickeln, wie lange und unter welchen Umständen wir die Kernenergie brauchen. Solange aber die einen sagen, wir müssen sofort aussteigen, sonst sprechen wir gar nicht – und das ist der

Grund, warum *Bündnis 90/Die Grünen* nicht an den Konsensgesprächen teilnehmen –, ist es natürlich schwer, überhaupt einen Plan für die nächsten zehn Jahre zu machen.

Mir liegt bei der ganzen Diskussion noch etwas anderes am Herzen: Die eigentliche Gefahr aus Kernkraftwerken droht doch in Mittel- und Osteuropa. Wenn sich ein Land wie Deutschland aus Forschung und Entwicklung im Bereich der Kernenergie verabschieden würde, wäre unsere Rolle in den G7-Gesprächen zur Verbesserung des Sicherheitsstandards osteuropäischer Kraftwerke völlig unglaubwürdig.

Und schließlich unser CO_2-Minderungsziel: Breite Teile der Gesellschaft, auch der Sozialdemokraten und wahrscheinlich auch der Grünen, sind inzwischen der Meinung, daß wir bis zum Jahre 2005 den Ausstieg aus der Kernenergie nicht vollziehen werden. Wir könnten das machen, was sich in Schweden vollzieht – also den Ausstieg beschließen und dann protestieren, wenn's soweit ist. Ich sage jedoch noch einmal: Wenn uns das CO_2-Ziel wichtig ist, dann ist es nicht besonders beeindruckend, wenn ein Land wie Schweden jetzt mit einem Ziel für 2010 von 105% CO_2-Emissionen bezogen auf das Jahr 1990 arbeitet und sagt, durch den Ausstieg aus der Kernenergie komme es zu einer Zunahme, nicht zu einer Reduktion der CO_2-Emissionen. Dies alles zeigt doch: Wir müssen eine redliche Diskussion führen. Was man auf dem Gebiet der regenerativen Energien bis 2005 schafft und was man bis 2050 schafft, das sind zwei verschiedene Sachen.

Altner:

Man muß realistisch reden, das ist wahr. Wir tun das auch und zwar deshalb, weil wir die Gesprächspartner von der Gegenseite mit dabei haben wollen, weil wir der Meinung sind, wir zwingen uns wechselseitig zum Realismus. Unser bisheriges Ergebnis: Selbst bei einem Ausstieg aus der Atomenergie könnten wir bis zum Jahr 2010 etwa 36% CO_2-Minderung erzielen. Die gemeinsame Verpflichtung, die CO_2-Emissionen zu reduzieren, sehe ich also auch – und sie ist realisierbar: Man muß dazu das Energiesparen zu einem gesamtwirtschaftlichen

Projekt machen und ein dynamisches Hochfahren des Anteils der regenerativen Energien (Windenergie, Biomasse, Photovoltaik) bewirken, damit sie schnell verfügbar werden.

Flasbarth:
Ich glaube, bei Aussagen wie: „Wir müssen alle die Bereitschaft zum Konsens haben" oder „es gibt eine Konsensverpflichtung", kann man auch viel unter den Teppich kehren, ohne Tacheles zu reden. Ich verstehe die Menschen sehr gut, die sagen: Ich kann mir einen Konsens in der Gesellschaft nicht vorstellen, der mit der Option der Weiternutzung der Atomenergie verbunden ist. Das kann eine große Koalition beschließen, aber die hätte nicht meine Zustimmung. Ich habe deshalb in vielen Gesprächen davor gewarnt, einem reinen Entsorgungskonsens zuzustimmen, weil dann nämlich jeglicher politische Druck entfällt, zu einem wirklichen Energiekonsens zu kommen. Wenn die Entsorgungsfrage „politisch" gelöst wird – wirklich zu lösen ist sie ja nicht, weil viele Generationen mit den Folgen der heutigen Atompolitik belastet werden –, wer wird dann eigentlich noch ein starkes Interesse an einer anderen, nachhaltigen Energieversorgung haben?

Merkel:
Aber, Herr Flasbarth, Sie kennen doch die Art der Überlegungen, die da angestellt werden. Das ist ein Schritt in die Richtung, wie überhaupt das Handhabbare zu handhaben ist. Das ist keine letzte Lösung der Probleme, natürlich. Mir soll's aber recht sein, wenn durch solche Gespräche der Druck wegfällt. Ich glaube aber, daß in der Gesellschaft die Diskussion um den Nutzen und Unnutzen der Kernenergie damit keinesfalls beendet ist. Jeder kann in Deutschland seine Position vertreten, das ist schon wichtig. Aber daß wir uns in eine praktikable Unfähigkeit begeben, daß wir überhaupt nicht mehr handeln können, nur weil sich keine Seite zur Zeit durchsetzen kann, das, finde ich, entbehrt nicht einer gewissen Komik. Und daß wir das Ganze auch noch zu Lasten Dritter tun, solange wir

alles nach Frankreich und England schaffen können, das finde ich nicht in Ordnung.

Flasbarth:

Also, so ist es ja nicht! Das ist vielleicht in den Medien nicht mehr mit großem Interesse wahrgenommen worden. Die deutschen Umweltverbände haben sich stets und energisch gegen den Export deutschen Atommülls ausgesprochen. Es ist doch nicht unsere Politik, sondern die der Bundesregierung. Im übrigen: Darf ich an etwas erinnern? Die Enquête-Kommission des Bundestages „Schutz der Erdatmosphäre" hat ja ganz bewußt und im politischen Konsens die Atomenergienutzung *nicht* als Voraussetzung für die erforderlichen CO_2-Minderungen aufgeführt. Die Aussage, wir erreichen eine nennenswerte CO_2-Minderung nur, wenn wir auf Atomenergie setzen, ist nicht richtig . . .

Merkel:

. . . das sage ich doch auch gar nicht. Ich sage nur: Die Verkürzung der gesamten energiepolitischen Debatte auf die Frage „Kernenergie ja oder nein", wird der Sache nicht gerecht. Ich würde nicht sagen, wir können unser CO_2-Ziel überhaupt nicht erreichen, oder wir können Reduktionen nur schaffen, wenn wir jetzt bei der Kernenergie bleiben. Aber ich sage schon: Bis zum Jahre 2005 hätten wir alle Mühe, wenn wir die CO_2-Emissionen reduzieren wollen und auch noch alle Kernkraftwerke abschalten . . .

Altner:

. . . wenn Sie 2005 sagen und auch noch alle Atomkraftwerke abschalten, sind Sie radikaler als ich.

Merkel:

Nein, das entspricht dem Ziel der Bundesregierung. Bis 2005 haben wir ein vorgegebenes CO_2-Reduktionsziel. Es ist ja eines der wenigen quantifizierten Umweltziele, die wir überhaupt haben. Und jetzt sehe ich, daß Länder wie Schweden zum globalen Reduktionspotential gar nichts einbringen mit der Erklärung, sie müßten nun aus der Kernenergie aussteigen, daß auch Großbritannien sich zu meinem großen Erstaunen neulich damit herausgeredet hat. Ich habe mich nicht damit herausgeredet. Richtig ist: Der Dissens über die Kernenergie bleibt bestehen. Trotzdem haben wir alle Hände voll zu tun, auch in den anderen Bereichen zu sehen, wie wir dem CO_2-Minderungsziel Rechnung tragen können.

Für Deutschland, das Land mit den wahrscheinlich strengsten atomtechnischen Sicherheitsvorschriften weltweit, ist es zum Beispiel nicht ganz unerheblich, das Druckpotential auf Länder wie Litauen, Rußland, Ukraine noch ein paar Jahre lang aufrechtzuerhalten, damit sie sich wenigstens in die richtige Richtung bewegen, denn die eigentlichen Gefährdungen für uns liegen leider dort. Ich sehe nicht, daß Amerika, Japan oder andere Länder auch nur annäherungsweise einen ähnlichen Druck machen werden, weil sie auch nicht so unmittelbar betroffen sind wie wir. Diese Fragen einfach beiseite zu lassen, das kann ich nicht klug finden in dieser Zeit.

Altner:
Ihre Bedenken treffen vielleicht auf den Betrieb der Atomkraftwerke zu, aber das löst doch die Frage der Entsorgung überhaupt nicht.

Flasbarth:
Ich will unser Gespräch noch einmal auf die Frage des optimalen Energiemix lenken. Wir sind uns sicherlich einig, daß die fossilen Energieträger ökologisch nicht gerade „das Gelbe vom Ei" sind. Und die Kohle ist geradezu ein Paradebeispiel dafür, was passieren kann, wenn man seitens der Politik Signale zu einer Veränderung zu spät sendet. Wir haben den Strukturwandel – ich selber komme aus der Kohleregion – viel zu spät eingeleitet, und zu lange waren die Aussagen immer nur: „Na, wir gucken mal – in ein paar Jahren sehen wir dann weiter." Genau das gleiche passiert jetzt aber auch mit der Atomenergie – man verschiebt das Thema erst einmal bis zum Jahr 2005, dann sehen wir weiter.

Merkel:

Ich verschiebe doch gar nichts. Ich nehme nur Tatsachen zur Kenntnis. Im übrigen: Entweder Sie nehmen die heimische Braunkohle oder Sie nehmen die Importsteinkohle. Ob wir nun unsere Steinkohle noch abbauen oder nicht, hat auf die Frage, wieviel fossile Energieträger in Deutschland eingesetzt werden, keinerlei Wirkung . . .

Flasbarth:

Da bin ich ganz Ihrer Ansicht, deshalb waren viele Umwelt- schützer denn auch lange der Meinung, Steinkohlebergbau in Deutschland solle weiter subventioniert werden. Heute glaube ich, daß diese Haltung falsch war. Denn auch wenn die heimi- sche Kohle zunächst durch Importkohle ersetzt wird und nicht durch Solarenergie, so ist doch die entscheidende Frage die, ob man Milliarden in eine Technologie steckt, die letztlich nicht zukunftsfähig ist, oder ob man in die Entwicklung umwelt- und klimaverträglicher Alternativen investiert.

Jahrbuch Ökologie:

Ganz zu Anfang des Gesprächs war die These: Wenn man sich schon über die Ziele nicht einig ist, wie schwierig wird es dann, wenn es um konkrete Instrumente und Maßnahmen geht. Al- so, wenn wir wüßten, was die Prioritäten „nachhaltiger Ent- wicklung" wirklich sind, dann ist ja die andere Frage die, wie wollen wir da rangehen? Was kann man einsetzen? Müssen nicht ganz andere Instrumentarien her? Ist uns schon alles ein- gefallen, wenn man sagt: „Der Staat soll es schaffen" oder „Der Markt wird es schaffen"? Wie also sieht die nachhaltige, die zukunftsfähige Gesellschaft aus in bezug auf das nötige In- strumentarium? Muß es andere juristische Instrumente, mehr ökonomische oder soziale Instrumente geben – oder ist bessere ökologische Information der entscheidende Faktor?

Altner:

Also, es ist sicher gemeinsame Meinung, daß sich die Strategie der ersten Phase der Umweltpolitik, mit Grenzwerten zu arbeiten, nur begrenzt bewährt hat. Es gibt Sektoren, da gab es Erfolge, aber insgesamt war das zu wenig. Ich beklage statt dessen, daß wir nicht längst das Instrumentarium der Umweltsteuern in Gang gesetzt haben. Es gibt zentnerweise Studien dazu, aus Politik und Wissenschaft, und gute Beispiele in der Nachbarschaft – in Dänemark beispielsweise. Es gibt bei uns aber einflußreiche Gruppen in der Wirtschaft, die, weil sie ihre Interessen tangiert sehen, massiv dagegen halten. Und ich empfinde es als einen ausgesprochenen Mangel, daß wir auch nach langer, intensiver Diskussion noch nicht soweit sind, daß die Politik hier einen neuen Rahmen zu setzen bereit ist. Das halte ich für gravierend, denn mit diesem Instrumentarium könnte man die allgemeine Orientierung der Gesellschaft auf Nachhaltigkeit ein ganzes Stück weit voranbringen, insbesondere natürlich in der Energiepolitik, der Verkehrspolitik, in der Landwirtschaft. Und das hätte auch positive arbeitsmarktpolitische Effekte. Die Stagnation in diesen Bereichen der Politik hängt wesentlich damit zusammen, daß wir die Möglichkeiten, Umweltsteuern zielorientiert einzusetzen, nicht wahrnehmen. Warum geschieht das nicht?

Merkel:
Zunächst will ich doch noch einmal sagen, daß wir angesichts neuer Herausforderungen über die Normsetzung nicht zu schnell hinweggehen sollten. In vielen Bereichen wurde sehr erfolgreich mit Grenzwerten gearbeitet. Beim Einsatz von Düngemitteln und anderen absehbaren Gefahren für die Gewässer ist das Gerede über ein „Verordnungsgestrüpp" fahrlässig. Es gibt hier sicherlich Vollzugsdefizite. Wir können Gebote und Verbote aber nicht völlig abbauen, weil sonst keiner mehr Gefahren wirklich kontrollieren kann. Andererseits haben wir gelernt, daß wir bestimmten komplexen Zusammenhängen mit Grenzwerten nicht voll gerecht werden. Das Ordnungsrecht hat beispielsweise den Artenrückgang nicht aufgehalten und auch den Ressourcenverbrauch nicht reduziert. Ein Instrument der Zukunft ist daher sicherlich auch die Öko-Steuer – wobei Steuern aber eher diffus wirkende Len-

kungsinstrumente sind. Es geht auch nicht, Steuern auf Benzin oder Heizöl anzuheben, ohne sich im europäischen Rahmen entsprechend abzustimmen. Diese Lenkungsinstrumente soll man vermehrt einsetzen, da bin ich Ihrer Meinung. Ich sehe aber das entsprechende Drängen bei den politischen Parteien nur sehr bedingt ausgeprägt, auch bei jenen, die das in ihren Beschlußlagen schon weitergeführt haben als die Regierungsparteien. Wichtig wäre mir auch, daß man die Lenkungswirkung verstetigt. Weil Umweltschäden sich oft nur schleichend entwickeln, aber lange wirksam sind, müssen Steuern ein über lange Jahre einschätzbares Instrument sein. Es nützt überhaupt nichts, jetzt mal die Mineralölsteuer ein wenig zu erhöhen und dann fünf Jahre darauf zu warten, was passiert. Ich halte den Grundgedanken der Steuerlösung für richtig, allerdings der langsam ansteigenden Steuern, weil sonst die Lenkungswirkung immer wieder verpufft.

Wir haben ja gerade die emissionsbezogene Kfz-Steuer beschlossen. Auch dabei geht es um die klimapolitisch wichtige CO_2-Besteuerung.

Flasbarth:
Zum Stichwort: Ordnungsrecht, Verordnungsgestrüpp. Ich halte das Ordnungsrecht, im Gegensatz zu den Aussagen vieler, nicht für überholt. Es war ja in der Vergangenheit durchaus erfolgreich! Die Emissionsminderungen beim Schwefeldioxid oder beim Staub waren höchst beachtlich. Abgesehen davon war das Ordnungsrecht auch wirtschaftlich eine hochattraktive Sache; deshalb hat es so gut funktioniert. Das bisherige Ordnungsrecht hat aber nicht alle Probleme lösen können, insbesondere nicht die globalen Probleme, wie Klimaschutz, Artenvielfalt, Wasserknappheit.

Was nun die zukünftigen Instrumente angeht, bin ich davon überzeugt, daß es fast egal ist, mit welchem Instrument man kommt, wenn es keine wirkliche Bereitschaft gibt, etwas durchzusetzen. Also, erst war aus der Sicht der Industrieverbände das Ordnungsrecht „böse", und man hat von marktwirtschaftlichen Instrumenten zu sprechen begonnen. Als dann aber diese marktwirtschaftlichen Lösungen allmählich Kontur gewannen, da waren die auf einmal „böse". Dann ging's zurück zu der These: Wir müssen uns erst mal über Ziele unterhalten. Ich sage Ihnen jetzt schon, wir werden in Zukunft verstärkt über Umweltziele und Leitbilder reden – vielleicht sogar über einen nationalen Umweltplan! Dann aber werden auch diese Ziele wieder „böse" sein, weil man ganz offenbar bestimmte Dinge gar nicht will.

Nehmen Sie das Thema Mobilität: Wenn wir über Verkehrsvermeidung reden, dann gibt's in einem ganz allgemeinen Sinne noch verhaltene Zustimmung, aber auch schon nicht mehr überall. Wenn man über etwas Konkretes redet, um Verkehrsvermeidung auch zu erreichen, dann ist die Zustimmung ganz schnell futsch. Ein aktuelles Beispiel: der „Transrapid", der ja von manch einem als Erfindung der Nachhaltigkeit gepriesen wird. Tatsache ist aber, daß dieser Transrapid zusätzliche Mobilität erzeugen wird. Wenn dieses *Jahrbuch Ökologie* erscheint, ist die Debatte hoffentlich schon ein Stück Geschichte. Im Augenblick aber ist die entscheidende Frage: Gelingt es den Betreibern, so viele Benutzer auf diese Strecke zu bringen, daß es sich wirtschaftlich rechnet? Da geht's dann um zehn oder vierzehn Millionen Passagiere, die sich dort bewegen müssen. Dieser Zwang zur Auslastung des Systems wird dazu führen, daß künstliche Anreize gesetzt werden, große Distanzen zu überwinden. Und das paßt exakt in das Bild, das der frühere Bundesverkehrsminister Krause einmal als seine Vision von Mobilität gezeichnet hat: „In Hamburg leben und in Berlin arbeiten!"

Zwischenruf:
... oh, wenn er doch wenigstens Schleswig-Holstein gesagt hätte!

Flasbarth:
Dies macht das Denken deutlich, das es zu überwinden gilt. Denn alles, was da an großen Prestigeobjekten in der Verkehrspolitik betrieben wird, läuft den Prinzipien der Nachhaltigkeit zuwider.

Merkel:

Zunächst noch etwas anderes: Um den Menschen das Konzept der „nachhaltigen Entwicklung" nahezubringen, müssen wir auch sagen: Was sind unsere Prioritäten, was ist weniger wichtig? Die Menschen werden irre, wenn es heißt, daß es nie genug ist, daß es immer falsch war und daß immer alles noch schlimmer wird. Dann werden sie keine Motivation haben.

Als letztes Argument kommt immer, was die andern eigentlich machen müßten. Dann beginnt die Industrie, über die Landwirtschaft zu sprechen, und die Landwirtschaft spricht über die Industrie. Das kenne ich aus vielen Diskussionen. Wer aber gar nichts will, der steht dann auf einmal in der Ecke, in der sich wohl kaum einer einfinden möchte. Ich halte deshalb die Diskussion um Ziele und Leitbilder für unerläßlich.

Doch nun zum Thema Mobilität. Das ist fast so kontrovers wie die Energiedebatte. Auch hier geht es darum: Solange man den Eindruck vermittelt, durch technische Verbesserungen können wir ein Umweltproblem lösen, ist die Akzeptanz noch einigermaßen groß. Wenn es aber um Verzicht geht, also um die Frage, ob wir etwas aufgeben müssen, dann sieht die Sache ganz anders aus! Beim Thema Mobilität sind wir tendenziell alle ein bißchen unehrlich. Wie können wir zum Beispiel von Globalisierung der Wirtschaft reden und gleichzeitig sagen, die Leute dürfen sich aus „dem eigenen Dorf" nicht hinausbewegen. Eine solche Haltung wird das Verständnis für andere Völker auch nicht gerade fördern. Ich will damit sagen, daß der Gedanke, der umweltgerechteste Mensch ist der, der im Jahr möglichst wenige Kilometer zurücklegt, mir ein Graus ist.

Zur Frage der Verkehrsträger: Welcher ist denn nun gut? Auch hier läuft eine unehrliche Debatte. Die einen sagen, „vom Auto auf die Schiene"! Doch sobald irgendwo eine neue Schiene gebaut werden soll, steht es mit der Schiene schlecht. Die Binnenschiffahrt, das umweltverträglichste Transportmedium? Auch wohl nicht so einfach. Und so geht die Diskussion mehr oder weniger bei jedem konkreten Projekt – immer mit guten Argumenten versehen. Ob hier der Heißluftballon vielleicht die allgemein akzeptable Alternative wäre? Ich weiß, ich

überziehe jetzt etwas; aber ich finde, auch die Umweltverbände sind manchmal ein bißchen unredlich bei der Frage,
worauf das denn nun beim optimalen Verkehrsträger hinaus-
laufen soll.

Flasbarth:
Nein, das finde ich überhaupt nicht. Vor acht, neun Jahren haben andere und ich eine Erklärung unterschrieben, daß wir
damit einverstanden seien, eine ICE-Strecke zwischen Köln
und Frankfurt zu bauen – gegen den erbitterten Widerstand
auch aus unseren eigenen Reihen. Wir waren der Meinung,
zwischen diesen beiden Ballungszentren muß eine attraktive
Schienenverkehrsverbindung her, und es geht nicht mehr viel
durch das Nadelöhr „Rheinschiene". Deshalb haben wir in
diesen sauren Apfel gebissen. Diese Strecke ist bis heute nicht
gebaut ...

Merkel:
... das geht aber jetzt bald los. Und wahrscheinlich gibt es
viele Proteste ...

Altner:
Neben der Frage nach den technischen Lösungen muß aber
doch zuvor die Frage nach dem neuen Mobilitätsbewußtsein
und einer entsprechenden Verhaltensänderung gestellt werden.
Ohne kritische Selbstbegrenzung des Teilnehmers in der Mas-
senverkehrsgesellschaft ist hier nichts zu machen.

Flasbarth:
Was ich sagen will, ist: In dieser Phase ist nichts an den Umweltverbänden gescheitert. Man kann also nicht sagen, daß
Umweltverbände sich nicht bewegten. Auch beim Thema
Wasserstraßen kann man den Umweltverbänden nicht Undif-
ferenziertheit vorwerfen. Hier haben wir uns sehr bemüht, mit
dem Bundesverkehrsminister einen vernünftigen Kompromiß
hinzukriegen ...

Merkel:
... da haben Sie sich in der Tat bewegt, aber nur schrittweise!

Flasbarth:
Und trotzdem ist nicht jede Binnenwasserstraße von vorne-
herein umweltverträglich. Das „Projekt 17" zwischen Magdeburg und Berlin ist zum Beispiel umwelt- und verkehrspoli-
tisch falsch. Hier ist es viel sinnvoller, die vorhandenen Bahn-
kapazitäten zu nutzen. Vieles ließe sich insgesamt umweltfreundlicher gestalten, wenn man bei Umweltverträglichkeits-
prüfungen die verschiedenen Umweltbereiche, also auch den
Naturschutz, den Artenschutz, mit einbeziehen würde. Als
Alternative sind wir auch beim „Transrapid" für eine schnelle
Bahnverbindung. Wahrscheinlich wird sich der NABU am
Betrieb einer privaten Bahn zwischen Berlin und Hamburg
beteiligen. So alternativlos sind wir also gar nicht!

Altner:
Ich will noch mal auf das angesprochene Grundproblem beim
Thema Mobilität eingehen. Natürlich sollen die Leute aus ihrem Dorf raus, das ist gar keine Frage. Und ich bin auch dafür,
daß sie reisen, daß sie international reisen. Es ist dies aber
immer eine Frage des richtigen Maßes. Und da stimmt die
Aussage, wie sie im Nachhaltigkeitsbericht der Bundesregierung steht – das Mobilitätsbedürfnis der Menschen nehme stetig zu –, einfach nicht. Es kommt immer auf die Rahmenbedingungen an. Der „Transrapid" ist ein Beispiel, wo die
Nachfrage ja erst geschürt werden müßte. Und so ist das auch
in vielen anderen Bereichen. Die ganze Raumordnungspolitik ist
noch zu sehr darauf ausgerichtet, zusätzlichen Verkehr zu erzeugen, statt Verkehr zu reduzieren! Im Bereich des Güterver-
kehrs fehlt's an Rahmensetzungen, um unnötige Mobilität einzuschränken. Mobilität als gottgegeben anzusehen und zu
sagen: Das müssen wir den Menschen überlassen – und deshalb
unterhalten wir uns über technisch effiziente Varianten, nicht
aber über suffiziente Lösungen, über Gemütlichkeit und Ge-
nügsamkeit, das ist mir zuwenig.

Merkel:

Es geht doch nicht darum, ob Mobilität „gottgegeben" ist. Es geht um umweltverträgliche Mobilität. Beim Warenverkehr glaube ich auch, daß es große Fehlentwicklungen gibt, daß zum Beispiel die Miete für eine Lagerhalle teurer ist als der Verkehr auf der Straße. Trotzdem muß man mehr als in der Vergangenheit umweltpolitische Zielkonflikte zu einer Prioritätensetzung zusammenbringen. Wenn man sagt, die Leute sollen im Grünen wohnen, damit sie etwas Natur haben, dann folgt daraus, daß zusätzlicher Verkehr entsteht.

Was Lärmemissionen angeht, liege ich zur Zeit mit dem Bundesbauminister im Clinch, weil aus meiner Sicht das reine Wohngebiet erhalten bleiben sollte. Ich finde es nicht richtig, daß jetzt einfach fünf oder zehn Dezibel mehr zulässig sein sollen, weil man das reine Wohngebiet abschaffen will. Der Bundesbauminister sagt, daß die Leute wieder in die Mischgebiete ziehen sollen, um so auch Verkehrsströme zu reduzieren. Im Mischgebiet müssen aus meiner Sicht aber dennoch niedrigere Lärmemissionen angesetzt werden. Lärm gegen Mobilität, das ist jetzt unser handfester Konflikt. So zeigen sich in der Umweltpolitik an vielen Stellen Zielkonflikte.

Jahrbuch Ökologie:

Das war ein weiteres Stichwort: Frau Ministerin, Sie haben vor kurzem in einem SPIEGEL-Interview die mangelnde Solidarität zwischen der staatlichen Umweltpolitik und den Umweltverbänden beklagt. Sehen Sie denn mehr Möglichkeiten zur Solidarität, brauchen Sie mehr Kooperation von seiten der Umweltverbände, um durch diese Zielkonflikte, die Sie eben ansprachen, durchzukommen?

Merkel:

Ich habe sehr wohl den Eindruck, daß die Umweltseite taktisch noch nicht so klug agiert wie andere gesellschaftlich relevante Gruppierungen. Das mag mit der relativen „Neuheit" des Themas zu tun haben, obwohl es so neu ja gar nicht mehr ist. Auch hat der Staat sehr viel Verantwortung im Bereich der

Umweltpolitik an sich gezogen – aus guten und manchmal auch nicht so guten Gründen. Im Bereich des sozialen Konfliktmanagements hat man dagegen ganz andere Regelungen geschaffen und damit auch ganz andere Verantwortlichkeiten, z. B. die der Gewerkschaften. Ich bin dafür, daß man auch den Umweltverbänden mehr Veranwortung zuweist. Das tut dem Staat dann hier und da weh – ich nenne nur das Stichwort „Verbandsklage". Daß der Bundessozialminister immer die Gewerkschaften auf seiner Seite hat, das ist ja nicht der Fall. Ich würde mir aber wünschen, daß man bei manchem praktischen Fall als gemeinsame Lobby auftreten könnte gegen andere Lobbyisten, die sich oft nur allzu einig sind, wenn es „ans Eingemachte" geht. Beim nächsten Fall könnte man dann durchaus auch wieder auseinandergehen. Ich glaube also, daß sich die Umweltseite durch ihre Haltung selbst oft schwächt. Und dies dürfte nicht nur für die Bundesebene gelten, das spielt sich auch auf Länder- und Kommunalebene ab.

Flasbarth:

Das „Spannungsverhältnis Umweltminister und Umweltverbände", das ist etwas, was ich seit Jahren von allen Umweltministern egal welcher Partei immer wieder gehört habe: Wir müssen enger zusammenhalten. Das glaube ich im Grunde auch. Doch im Unterschied zu den anderen Fachministern und ihren Branchen sind „unsere" Umweltminister viel zu kompromißbereit. Wenn ich zum Beispiel sehe, daß der Landwirtschaftsminister stur das durchzieht, was der Bauernverband und seine Anhänger wollen, und ich gleichzeitig sehe, daß „meine" Umweltministerin sich redlich bemüht, den Landwirten so weit wie möglich entgegenzukommen, dann, glaube ich, wird zu diesem Spannungsverhältnis einiges deutlich. Auch wenn ich höre, wie lautstark der Landwirtschaftsminister völlig falsche Dinge gegen den Umweltschutz vorbringt und wie charmant zurückhaltend dann die Umweltministerin ist. Da wäre es doch viel besser, offensiv gegenzuhalten und zu sagen, daß immerhin 70 Milliarden an EU-Subventionen in die Landwirtschaft fließen – und daß die Gesellschaft ein Anrecht darauf hat, daß die Böden nicht vergiftet und die Artenvielfalt nicht weggedüngt werden...

Ich will das nicht so sehr als Vorwurf verstanden wissen, sondern vielmehr konstatieren: Umweltverbände, die kein Drohpotential haben wie die Gewerkschaften, sondern nur mit der öffentlichen Meinung operieren, können nicht auf Dauer und nur schwer fallweise Allianzen eingehen, die zu stark von Kompromissen geprägt sind.

Altner:
Die Aufforderung der Umweltministerin an die Verbände zu mehr Zusammenarbeit stellt meines Erachtens eine Zumutung dar. Dazu müßte die Ministerin sehr viel eindeutigere Vorgaben machen. Wie wäre es z.B. mit einem *Nationalen Umweltplan*, mit der die gegenwärtige Blockade der Umweltpolitik durchbrochen und für die Energie-, Verkehrs-, Wirtschafts- und die Landwirtschaftspolitik ökologische Ziele gesetzt werden!? Erst auf einer solchen Grundlage könnte man über Kooperation sprechen.

Es gibt im Blick auf das Bundesumweltministerium insofern auch eine prinzipielle Behinderung der Zusammenarbeit mit den Umweltverbänden, als dieses Ministerium gleichzeitig Ministerium für Reaktorsicherheit ist. Das ist seinerzeit mit einem gewissen Zynismus eingefädelt worden und hat dazu geführt, daß bis heute Lobbypolitik zugunsten der Atomenergie betrieben wurde. Wie soll man da zusammenarbeiten?!

Diese Anbindung ist nicht zuletzt deshalb heute so ärgerlich, weil ein Teil der Energiewirtschaft – zumindest hinter vorgehaltener Hand – bereits umzudenken begonnen hat. Die uns alle bewegende Frage ist doch die, wie wir jenseits der Jahrtausendschwelle Versorgungssicherheit und technischen Fortschritt mit Arbeitsplatzsicherung und ökologischer Nachhaltigkeit verbinden können. Dazu fehlen die Vorlagen.

Merkel:
Ich muß dem entgegenhalten. Es ist ja nicht richtig, daß der Landwirtschaftsminister keine Schritte auf die Umweltminister

zu macht. Es ist z.B. nicht richtig, daß die Bauern sich die Düngemittelverordnung so, wie sie heute ist, gewünscht haben. Aus Sicht der Umweltverbände ist es zwar zu wenig, doch für die Bauern ist es zuviel – und ohne Umweltminister würde die Düngemittelverordnung ganz anders aussehen.

Oder nehmen wir als jüngstes Beispiel die Konferenz „Fischerei und Umwelt". Natürlich hat man nicht das erreicht, was man wollte, aber es ist auch klar, daß sich kein Fischereiminister auch nur ansatzweise mit den Themen Beifang, Fangmethoden usw. beschäftigen würde, wenn es den Einfluß der Umweltverbände und der Umweltminister nicht gegeben hätte.

Die umweltpolitische Gretchenfrage ist immer: Was kann man schaffen? Die Kräfteverhältnisse sind heute an vielen Stellen so, daß Sie jahrelang gar nichts schaffen können – siehe Novelle Bundesnaturschutzgesetz. Das ist, wie es ist, und damit leben die Landwirte noch am allerbesten. Die umweltpolitische Idealvorstellung ist dann weit entfernt von dem, was jetzt ist. Und dann geht man entweder in ein Verfahren und erreicht für sich eine kleine Verbesserung, *oder* man behält seine Idealvorstellung und schafft gar nichts. Also ein „Patt". Die geltende Rechtslage ist die geltende Rechtslage. Das „Fatale" ist, daß ich mich als Umweltministerin immer mit einer geltenden Rechtslage auseinandersetzen muß, die ich verbessern oder aber so lassen kann, wie sie ist. Denn solange es zu keinem politischen Kompromiß kommt, gibt es auch keine veränderte Rechtslage. Und jetzt diskutieren wir darüber, ob man die ganz schlechte Situation durch eine leicht bessere hätte verändern *oder* ob man hätte warten sollen, bis sie wirklich besser wird.

Was die Frage betrifft, ob man auf die Schwächen der anderen oder vielleicht auf ihre Stärken ein bißchen deutlicher hinweisen sollte, sind wir offenbar taktisch unterschiedlicher Meinung. Wenn ich sage, die Landwirte sind die Verursacher der Einträge an Nitrat in die Nordsee, dann habe ich eine tagelange Diskussion in der Öffentlichkeit, wo auch der letzte Bauer in Deutschland aufgebracht ist. Nun könnte man sagen: Ist doch super! Ich bin dann drei Tage gut bei den Umweltverbänden gelitten. Nur meine Einigung mit dem Landwirt-schaftsminister ist damit nicht erreicht, und auch in der Sache selbst ist nichts erreicht. Es ist also eine rein taktische Frage, wie weit man „anheizt". Je nach Lage der Dinge kann man genau das Gegenteil dessen bewirken, was man will, wenn auch der Letzte auf der anderen Seite so aufmerksam geworden ist, daß die Einigung nur noch erschwert wird.

Ich halte daher nichts davon, wenn die Umweltminister an der Seite von Umweltverbänden alles mögliche fordern und zum Schluß nichts zustande bringen. Die Aufgabe der Um-weltverbände ist es, erst mal auf die Defizite aufmerksam zu machen. Meine Aufgabe ist es, konkrete Lösungen zu finden und die tatsächliche Situation zu verbessern. Das ist auch ein Rollenspiel, mit dem man leben muß. Sonst müßte ich nämlich meinen Sitz im Ministerium gegen einen im Schlauchboot von *Greenpeace* eintauschen.

Jahrbuch Ökologie:
Das war ein Schluß, der wieder an den Beginn unseres Ge-sprächs zurückführt. Jemand von Ihnen sagte: Was ich mir wünsche, ist, daß der *ökologische Imperativ in unserer Gesell-schaft stärker zum Tragen kommt.* Ein Professor hat diesen Wunsch vor kurzem so beantwortet: Bei dem Thema „nach-haltige Entwicklung" geht es um die Harmonisierung ökono-mischer, sozialer und ökologischer Ziele. Diese Ziele sind für sich wichtig, doch sie stehen asymmetrisch zueinander. Sie sind unterschiedlich kompromißfähig, verschieden in der Deutlichkeit der Sowohl-als-auch-Aussage und damit auch in der prioritären Abfolge. Das aber heißt: Es gibt bestimmte ökologische Entwicklungen, die nicht mehr verhandelbar sind, zumindest nicht, wenn man entlang der Zeitachse denkt; im Zeitverlauf wird Umweltpolitik also immer bedeutsamer. Aus *dieser* Sicht von Nachhaltigkeit Kraft zu schöpfen für Ihr Amt, für die Aufgaben Ihres Verbandes und für Ihre Arbeit an der Universität, das müßte einen eigentlich doch beflügeln!

Wir danken Ihnen für das Gespräch.

IV. UMWELTPOLITIKGESCHICHTE

Matthias Heymann
Zur Geschichte der Windenergienutzung

Über Jahrhunderte wurde die Windenergie durch Windmühlen und Segelschiffe genutzt und spielte eine wichtige Rolle für die Energieversorgung der Bevölkerung. Erst im 20. Jahrhundert geriet sie in Vergessenheit und blieb lange Zeit ohne Bedeutung. Obwohl die Technik der Windenergienutzung im Laufe dieses Jahrhunderts durch Aerodynamik, Elektronik, Feinmechanik, Kunststoffe und Computer revolutioniert wurde, blieb sie bis in die jüngste Zeit ohne Erfolg. Welches also waren die Hemmnisse der Windenergienutzung im 20. Jahrhundert? Warum waren es zuerst Dänemark und Kalifornien, die in den 1980er Jahren erfolgreich die Windenergie zu nutzen begannen, während in Deutschland erst zehn Jahre später ein Windenergieboom einsetzte? Und warum gelang es ausgerechnet den Dänen, trotz erheblich geringerer Forschungsausgaben die erfolgreichste Technik zu entwickeln? Schließlich stellt sich die Frage, ob die Renaissance der Windenergienutzung nur als eine vorübergehende und unbedeutende Krisenreaktion aufzufassen ist, oder ob sie einen tiefergreifenden Strukturwandel in der Energieversorgung andeutet.

Die Windmühle und ihr Niedergang

Bereits im 13. Jahrhundert war die Windmühle eine gewohnte Erscheinung in Europa. Ihre Zahl wuchs bis zum Ende des 19. Jahrhunderts und wurde auf etwa 200 000 geschätzt. Den Beitrag der Windmühlen zur Energieversorgung Europas bezifferten Historiker für das Ende des 18. Jahrhunderts auf etwa

Windturbine von Friedrich Köster im holsteinischen Heide, 1908. Die Windräder mit vielen Lamellen wurden meist zum Wasserpumpen benutzt. *Foto:* Deutsches Museum

ein Drittel bis ein Viertel der Leistung von Wassermühlen, die umgerechnet 1,5–3 Millionen PS betragen haben soll. In Deutschland nutzten um das Jahr 1880 etwa zwei Drittel aller Gewerbebetriebe Wasser- oder Windkraft, 18% aller Gewerbebetriebe (vor allem Müllereibetriebe) setzten Windmühlen ein. Erst im 20. Jahrhundert vollzog sich das große „Windmühlensterben".

Zu Beginn dieses Jahrhunderts, während das Mühlensterben bereits eingesetzt hatte, verbreiteten sich sogenannte Windturbinen oder Windmotoren in Deutschland in großer Zahl. Es handelte sich dabei um eine Weiterentwicklung amerikanischer Windräder, die sich als eine ideale Kraftquelle insbesondere für landwirtschaftliche Betriebe erwiesen. Windmotoren pumpten Wasser, trieben Maschinen an und erzeugten Elektrizität. Nach dem Ersten Weltkrieg begann die Windmotorenzahl zu sinken. Einzelne Exemplare wurden bis in die 1950er Jahre oder länger genutzt. Doch für die Energieversorgung waren Windmühlen und Windmotoren bereits in den 1930er Jahren weitgehend bedeutungslos geworden. Während die Windmühlenzahl in Deutschland um 1880 ein Maximum von etwa 20000 erreicht hatte, lag die Zahl der Windmotoren um 1915 bei rund 8000. Zum Vergleich dazu: Ende 1996 waren etwa 4500 Windkraftanlagen in Deutschland im Einsatz.

Der Niedergang der Windmühlen setzte ein mit der Entstehung großer Mehlfabriken im letzten Drittel des 19. Jahrhunderts. Grundlegende technische Veränderungen der Müllereimaschinen und die Automatisierung der Mahlprozesse erlaubten – angetrieben von Wasserkraft oder Dampfkraft – die Massenproduktion von Mehl. Doch zunächst spielten Windmühlen im ländlichen Bereich weiterhin eine wichtige Rolle. Den Niedergang von Windmühlen und Windmotoren verursachte erst die Nutzung der Elektrizität, die sich in ländlichen Gebieten seit Anfang des 20. Jahrhunderts verbreitete: Großkraftwerke und Überlandnetze erreichten trotz hoher Leitungskosten immer mehr Gemeinden, und die ländliche Bevölkerung wurde durch gezielte Werbung und günstige Angebote der Elektrizitätsgesellschaften durch den Vorteil des jederzeit zur Verfügung stehenden elektrischen Stroms zum Anschluß an die Überlandnetze gedrängt.

Zahlreiche elektrische Geräte und Maschinen verbreiteten sich und machten die traditionelle Nutzung von Windmühlen und Windmotoren überflüssig. Elektrische Schrotmühlen ersetzten die Dienste des Windmüllers, und elektrische Wasserpumpen verdrängten wasserpumpende Windmotoren. Und da die Elektrifizierung auf Wechselstrom beruhte, Windmotoren aber nur Gleichstrom produzieren konnten, war auch eine kombinierte Nutzung von Windmotor und Überlandnetz (z. B. zum Strombezug bei Flaute) nur bei hohem Aufwand möglich.

Es waren jedoch nicht die hohen Kosten der Windenergienutzung, sondern eher die ungünstigen Eigenschaften des Windes, die den Niedergang von Windmühlen und Windmotoren besiegelten. Elektrizität war zu Beginn des 20. Jahrhunderts noch ein teurer Luxus, und die Nutzung der Windenergie war bei windgünstiger Lage in der Regel erheblich billiger. Weil der Wind jedoch eine geringe Energiedichte besitzt und unstetig weht, konnten sich kleine, dezentrale Energieerzeuger wie Windmühlen und Windmotoren innerhalb der zentralisierten Produktions- und Verteilungsstrukturen, die sich im Zuge der Industrialisierung durchgesetzt hatten, nicht behaupten.

Diskussionen um „Großwindkraftwerke" 1930–1945

Trotz des raschen Niedergangs von Windmühlen und Windmotoren im 20. Jahrhundert gaben Techniker, Ingenieure und Wissenschaftler den Gedanken an die Windenergienutzung nicht auf. Zum einen versprachen Kostenvergleiche einen sehr günstigen Preis der Windenergie. Zum anderen bewegte Fachleute die Sorge, daß fossile Energiequellen eines Tages zur Neige gehen und Alternativen erforderlich machen würden. Ein besonderes Echo fanden solche Erwägungen während der Naziherrschaft. Für ein starkes und vom Ausland unabhängiges Deutschland wurden ausreichende und billige heimische Energiequellen für erforderlich gehalten. So vermochten Konstrukteure wie der Stahlbauingenieur Hermann Honnef mit phantastischen Entwürfen von „Großwindkraftwerken" eine lebhafte Begeisterung für die Windenergienutzung zu entfachen. Honnef und andere von ihm inspirierte Konstrukteure planten die Errichtung von Windkrafttürmen mit über 500 Meter Höhe und mehreren Windrädern von bis zu 120 Meter Durchmesser. Die Leistung solcher Großwindkraftwerke sollte mit bis zu 60 Megawatt mehr als die 3000-fache Leistung der bis-

Entwurf eines städtischen Großwindkraftwerkes von Hermann Honnef. Honnef plante auch einen Kippmechanismus als Leistungsregelung und Schutz bei Überwindstärken. *Foto:* Deutsches Museum

her größten Windmühlen erreichen und der Leistung großer Kohlekraftwerke nahekommen.

Zahlreiche Politiker und viele renommierte Fachleute zeigten sich in zustimmenden Gutachten sehr beeindruckt. Auch Hitler selbst schätzte den Wind als eine bedeutende Energiequelle ein und veranlaßte während des Zweiten Weltkrieges umfangreiche Forschungs- und Entwicklungsarbeiten. Neben Honnef wurden auch Ingenieure wie Ferdinand Porsche und der spätere „Windenergiepapst" Ulrich Hütter beauftragt, Windkraftanlagen zu entwickeln. Diese Arbeiten galten als kriegswichtig und wurden vom Rüstungsminister Speer überwacht. Allerdings gelang zu Kriegszeiten nur die Entwicklung verschiedener Kleinanlagen, die lediglich wenige Kilowatt leisteten und bis zum Kriegsende nicht in größerem Umfang zum Einsatz kamen. Mit dem Kriegsende und dem Zusammenbruch Deutschlands fanden auch diese Entwicklungsarbeiten ein Ende.

Rascher als in Deutschland erfolgte der Aufbau von Windkraftanlagen während des Zweiten Weltkrieges in Dänemark. Wegen der Knappheit an Brennstoffen waren dort 1943 immerhin 87 Windkraftanlagen zur Stromerzeugung in Betrieb. Sie entlasteten kleine, gleichstromerzeugende Dieselkraftwerke, die ansonsten die ländliche Stromversorgung Dänemarks prägten. In den USA waren noch in den 1930er und 40er Jahren Hunderttausende von Kleinstanlagen mit wenigen Kilowatt Leistung auf abgelegenen Farmen in Betrieb. Anfang der 40er Jahre errichtete der Ingenieur Coslett Palmer Putnam im Bundesstaat Vermont die bis dahin größte je gebaute Windkraftanlage mit einer Leistung von 1,25 Megawatt. Diese Anlage war eine revolutionäre Leistung, fiel jedoch nach einigen Monaten technischen Problemen zum Opfer und scheiterte endgültig 1945 nach einem Flügelbruch. Auch in der Sowjetunion war die systematische Nutzung der Windenergie zur Stromerzeugung geplant und vorangetrieben worden. Verschiedene Kleinanlagen waren entwickelt und einige tausend waren produziert worden. Ab 1943 schrieb die Planung eine Produktion von jährlich 28500 Windmotoren vor. Vor allem des Krieges wegen dürfte es dazu allerdings nicht gekommen sein.

Windenergieforschung 1945–1960

Nach dem Zweiten Weltkrieg motivierte die in vielen Ländern Europas durch Kriegszerstörungen beeinträchtigte Energiever-

Windkraftanlage von Juul in Gedser mit 200 Kilowatt Leistung und 24 Meter Rotordurchmesser. *Quelle:* Dänisches Energieministerium ·

sorgung umfangreiche Forschungsarbeiten zur Windenergienutzung. Prototypen von modernen Windkraftanlagen wurden in Großbritannien, Frankreich, Dänemark und Deutschland entwickelt. Die folgenreichsten Entwicklungen stammten von dem dänischen Techniker Johannes Juul und dem deutschen Flugzeugingenieur Ulrich Hütter.

Windkraftanlage W 34 von Hütter auf der Schwäbischen
Alb mit 100 Kilowatt Leistung und 34 Meter Rotordurch-
messer. *Quelle:* Institut für Flugzeugbau, Universität
Stuttgart

Juul begann Mitte der 1940er Jahre mit ersten Experimen-
ten zur Windenergienutzung. Im Laufe der Jahre entwarf, er-
probte und verbesserte er mehrere kleine Versuchsanlagen zur
Wechselstromerzeugung. 1957 errichtete er eine 200 Kilowatt
starke Anlage bei Gedser auf der Insel Falster. Entsprechend
seinen Erfahrungen hatte Juul die Anlage möglichst einfach,

robust und kostengünstig gestaltet. Weitgehend zuverlässig produzierte sie bis 1967 ohne größere Zwischenfälle Strom.

Einen entgegengesetzten Konstruktionsstil verfolgte Ulrich Hütter in Deutschland. Ausgehend von entsprechenden theoretischen Überlegungen strebte er technisch anspruchsvolle Windkraftanlagen mit hohen Drehzahlen und hohen Wirkungsgraden an. Nach kleineren Entwicklungen im und nach dem Zweiten Weltkrieg errichtete er seine bis dahin wichtigste Anlage W 34 im Herbst 1958. Diese Anlage hatte eine Leistung von 100 Kilowatt und beinhaltete erhebliche technische Neuerungen, z. B. erstmals den Einsatz von Kunststoffflügeln und einer gefedert aufgehängten Nabe. Allerdings verursachte der Probebetrieb der W 34 bis 1968 zahlreiche Probleme und erlitt vielfache Störungen.

Putnam, Juul und Hütter schufen also, das sei festgehalten, bereits in den 1940er Jahren die Grundlagen und wichtigsten technischen Lösungen der modernen Windenergienutzung. Doch ihre systematische Nutzung gelang erst vierzig Jahre später. Seit Anfang der 60er Jahre war das Interesse an der Windenergie fast vollkommen verblaßt. Die stark gefallenen Preise für fossile Brennstoffe und die Erwartungen in die kommerzielle Nutzung der Kernenergie ließen die Windenergienutzung generell als uninteressant erscheinen. Zu diesem Desinteresse trugen natürlich die vergleichsweise geringe und unstetige Leistung von Windkraftanlagen bei. Die auf Großkraftwerken basierende zentrale Stromversorgung war zu einem Dogma der Energietechniker und auch der Politiker geworden. Zu diesem Dogma paßten leistungsstarke Kernkraftwerke in idealer Weise, während kleine Windkraftanlagen als inadäquat galten. So war der Blick darauf verstellt, daß auch kleine, dezentrale Leistungseinheiten sinnvolle Beiträge zur Stromversorgung liefern können und sich überdies in Windparks zu größeren Gesamtleistungen zusammenfassen lassen.

Erst die drastischen Ölpreis-Steigerungen der 70er Jahre, die zu Bewußtsein gekommene Umweltkrise und der wachsende öffentliche Widerstand gegen die Kernenergie machten die Windenergie erneut zum Gegenstand öffentlichen Interesses.

Die 70er und frühen 80er Jahre standen im Zeichen staatlicher Forschungsprogramme, die sich nahezu ausschließlich der Entwicklung von Großanlagen mit bis zu mehreren Megawatt Leistung widmeten. Obwohl keinerlei Erfahrungen mit Großanlagen bestanden (und selbst die Erfahrungen mit kleineren Anlagen weitgehend verlorengegangen waren), glaubten Ingenieure und Politiker die Leistung von Windkraftanlagen in einem Schritt mehr als verzehnfachen zu können. Diese Einschätzung erwies sich als verheerend und hatte nahezu überall ein Debakel der Großanlagen zur Folge.

Die Wiederentdeckung der Windenergie in den 70er Jahren

Ein herausragendes Beispiel dafür war die von Hütter konzipierte und 1983 in Deutschland errichtete Großwindanlage GROWIAN. Diese Anlage entsprach einer stark vergrößerten Version der W 34. Mit 100 Meter Turmhöhe, 100 Meter Rotordurchmesser und 3 MW Leistung (der 30-fachen Leistung der W 34) war GROWIAN die damals größte Windkraftanlage der Welt. Sie kostete alles in allem etwa 90 Millionen DM, lief innerhalb von vier Jahren bis zur Stillegung 1987 aber nur 420 Stunden. Ähnliche Erfahrungen mit Großanlagen mußten auch die USA, Kanada, Großbritannien, Dänemark, Schweden und andere Länder machen. Die damalige staatliche Windenergieforschung gab der kommerziellen Windenergienutzung weltweit keine Impulse.

Funktionierende und technisch zuverlässige Windkraftanlagen entstanden jedoch Ende der 70er Jahre unabhängig von Forschungsprogrammen aus einer handwerklichen Tradition in Dänemark. Idealistische Handwerker und Bastler kopierten dort mit einfachen Mitteln die Gedser-Anlage von Johannes Juul in verkleinerten Versionen mit Leistungen um 20 Kilowatt (was der Leistung von Windmühlen und Windmotoren entsprach). Aus diesen Anfängen entwickelte sich das „Danish Design" kommerzieller dänischer Windkraftanlagen. Weil dieses Design anderen Konstruktionen technisch überlegen und zugleich preisgünstiger war, konnte es sich in den 80er Jahren

Großwindanlage GROWIAN in Schleswig-Holstein mit 3 Megawatt Leistung und 100 Meter Rotordurchmesser. *Quelle:* MAN

weltweit durchsetzen. Während Ingenieure in Deutschland, den USA und anderen Ländern technisch äußerst aufwendige Konzepte im großen Maßstab realisieren wollten, entpuppte sich die Einfachheit und Bescheidenheit der dänischen Kleinanlagen als ein entscheidender Vorteil.

Durch kontinuierliche Weiterentwicklung konnte zudem die Leistung kommerzieller Anlagen bis 1990 auf 500 Kilowatt gesteigert werden. Seit Ende der 80er Jahre haben unter anderem deutsche und japanische Hersteller wesentliche Elemente des Danish Design kopiert und sich an der Weiterentwicklung beteiligt. Gegenwärtig werden bereits Anlagen mit bis zu 1,5 Megawatt kommerziell gefertigt. Dänische und deutsche Hersteller gelten heute als technisch führend.

Behindert wurde der Einsatz von Windkraftanlagen in nahezu allen Ländern durch die Stromversorger, die das Erzeugungs- und Verteilungsmonopol von Elektrizität besaßen und an zusätzlichen dezentralen Stromerzeugern kein Interesse hatten. In der Regel waren die Abnahmebedingungen für Strom aus Windkraftanlagen so ungünstig, daß der Betrieb von Windkraftanlagen nicht lohnen konnte.

Ab dem Jahr 1978 bereiteten Kalifornien und Dänemark der Windenergienutzung den Weg durch neue gesetzliche Vorschriften und massive Subventionen. Innerhalb weniger Jahre schnellte die Zahl der eingesetzten Windkraftanlagen rasch nach oben. Allerdings machten den Nutzern in Kalifornien hohe Ausfallraten von nicht ausgereiften Anlagen erheblich zu schaffen. Es ist vor allem den dänischen Herstellern zu danken, daß die Ausweitung der Windenergienutzung nicht rasch wieder zum Erliegen kam, sondern daß eine Ausreifung der Technik innerhalb weniger Jahre erzielt wurde. 1990 waren in Kalifornien 15 000 und in Dänemark 2 900 Anlagen in Betrieb und trugen etwa 1,5% bzw. 2,1% zur Stromproduktion in diesen Ländern bei. Während in Dänemark ein stetiges Wachstum der Windkraftanlagenzahl zu beobachten war, begann in Kalifornien die Entwicklung bereits Ende der 80er Jahre zu stagnieren. 1995 waren in Kalifornien 14 500 Anlagen mit insgesamt 1 600 Megawatt Leistung in Betrieb, in Dänemark 3 850 Anlagen mit insgesamt 610 Megawatt Leistung.

Windenergienutzung in der Bundesrepublik Deutschland

Insbesondere das erfolgreiche Beispiel Dänemarks ermutigte auch andere Länder wie die Bundesrepublik Deutschland zu einer Förderung der Windenergienutzung. Seit 1989 werden in

Windkraftanlage des dänischen Schreiners Christian Riis-
ager aus den 70er Jahren mit 22 Kilowatt Leistung. Diese
Anlage war die Grundlage für die Entwicklung kommerzieller dänischer Windkraftanlagen. *Quelle:* Teststation
für Windkraftanlagen, Risø

Kommerzielle Windkraftanlage der dänischen Firma Ve-
stas mit 200 Kilowatt Leistung und 27 Meter Rotordurchmesser. *Foto:* Norbert Giese

Deutschland Windkraftanlagen ausreichend subventioniert,
um in windgünstigen Lagen die Rentabilitätsschwelle überschreiten zu können. Seit 1991 sind die Stromversorger nach
einer Novellierung der Bundestarifordnung verpflichtet, den
überschüssigen Strom von Windkraftanlagen abzunehmen und

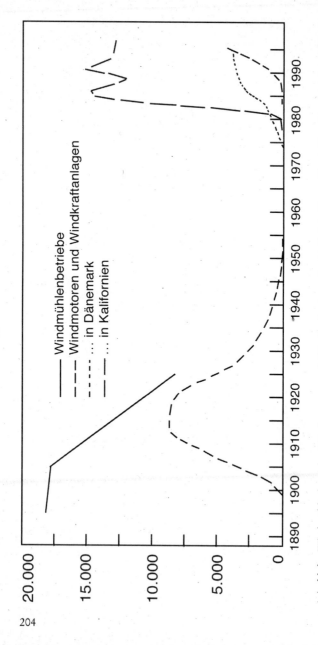

Anzahl der Windmühlenbetriebe, Windmotoren und Windkraftanlagen im 20. Jhd. in Deutschland. Zum Vergleich ist die Zahl der Windkraftanlagen in Kalifornien (CA) und Dänemark (DK) in den 80er und 90er Jahren aufgetragen. *Quellen:* Deutsches Windenergie-Institut, Danish Wind Turbine Manufacturer Association, Paul Gipe & Associates mit 90% des durchschnittlichen Verkaufspreises zu vergüten. Diese Verpflichtung machte Windkraftanlagen in windgünstigen Gebieten auf einen Schlag rentabel. Entsprechend rasch ist die Zahl der Windkraftanlagen gestiegen. Waren 1990 nur etwa 250 Windkraftanlagen in der Bundesrepublik in Betrieb, so schnellte diese Zahl bis 1996 auf 4500 Anlagen an, mit einer Gesamtleistung von 1600 Megawatt. Damit war die Anlagenzahl Dänemarks bereits 1995 überrundet, und 1997 wurde die in Kalifornien installierte Gesamtleistung übertroffen. So wurde Deutschland die „Nummer 1 der Windenergienutzung" in der Welt.

Im Jahre 1996 deckten Windkraftanlagen etwa 0,5% des bundesweiten Stromverbrauchs. In Schleswig-Holstein wurden 1995 jedoch 7% des Strombedarfs von Windkraftanlagen erzeugt. Angestrebt wird in Dänemark ein Windstromanteil von 10%. Die Landesregierung Schleswig-Holsteins plant die Realisierung eines Windstromanteils von 25% bis zum Jahr 2010. 1995 waren etwa 25000 Arbeitnehmer in der Windkraftindustrie und ihren Zulieferern in Europa beschäftigt, davon die Hälfte in Deutschland. Die europäische Windkraftindustrie erzielte in diesem Jahr einen Umsatz von umgerechnet vier Milliarden Mark. Dabei ist der Export erst in seinen Anfängen. Länder wie Ägypten, Argentinien, Brasilien, China, Indien, Indonesien, Marokko, Vietnam und andere starteten Windenergieprogramme und lassen einen wachsenden Markt erwarten.

Das radikale Umschwenken von einer eher windenergiefeindlichen zu einer windenergiefreundlichen Politik hat auch kritische Stimmen auf den Plan gerufen. So wird der Bundesregierung unter anderem vorgehalten, Gelder für eine relativ unbedeutende Energiequelle zu vergeuden, die wirksamer und effizienter für Energiesparmaßnahmen oder für Kraftwerksverbesserungen eingesetzt werden sollten (z.B. FAZ, 24. 10. 1996, S. 9f). Diese Kritik verkennt allerdings, daß die Windenergie bei weltweit weiterhin wachsendem Bedarf und in stärker nach ökologischen Kriterien ausgerichteten Versorgungsstrukturen ein unverzichtbarer Energieträger werden dürfte.

Windkraftanlagen stellen bereits heute eine ausgereifte, umweltfreundliche Technik mit einem beispielhaft breiten Einsatzspektrum dar. Sie können genutzt werden von privaten Nutzern in kleinen Leistungseinheiten wie von Kraftwerksunternehmen in größeren Einheiten (in Form von Windparks). Sie können beitragen zur Stromversorgung in Gebieten mit großen überregionalen Stromnetzen wie in Gebieten ohne flächendeckende Stromversorgung, was in weiten Teilen der Dritten Welt der Fall ist (sog. Inselbetrieb). Die ökologisch notwendige Berücksichtigung externer Kosten der Stromerzeugung, die Einführung von Steuern auf fossile Brennstoffe dürften die Wirtschaftlichkeit und die Bedeutung der Windenergie weltweit erhöhen. Zu fordern ist daher eine umfassende Konzeption und politische Gestaltung einer umweltgerechten, zukunftsfähigen „Energiewende", die neben der Integration emissionsfreier und unerschöpflicher erneuerbarer Energien auch die systematische Umsetzung von Energieeinsparungen und Effizienzverbesserungen beinhaltet. Die Förderung der Windenergienutzung trägt dazu bei, bereits heute Technologien und Infrastrukturen zu schaffen, die im kommenden Jahrhundert unverzichtbar sein werden.

Literaturhinweise

Fröde, Wolfgang: Windmühlen: Energiespender und ästhetische Architektur, Köln 1981.

Gipe, Paul: Wind Energy Comes of Age, New York 1995.

Heymann, Matthias: Die Geschichte der Windenergienutzung 1890–1990, Frankfurt a.M. 1995.

Hoffmann, Volker/Hiller, Georg u.a.: Studie zur Förderung der Photovoltaik und der Windenergie und der daraus resultierenden Arbeitsplätze, Hamburg: Greenpeace 1997.

Kleinkauf, W.: Wirtschaftlichkeit von Windenergieanlagen – Aktuelle Kostenentwicklung, Kassel: Institut für Solare Energieversorgungstechnik 1996.

Molly, J. R./Rehfeldt, K.: Wirtschaftlichkeit von Windenergieanlagen, Wilhelmshaven: Deutsches Windenergie-Institut (DEWI) 1996.

Niedersberg, J.: Der Beitrag der Windenergie zur Stromversorgung, Frankfurt a. M., Berlin 1997.

Righter, Robert: Wind Energy in America. A History, Norman, OA 1996.

V. EXEMPEL, ERFAHRUNGEN, ERMUTIGUNGEN

Hiltrud Schröder
Hilfe für Kinder aus Tschernobyl

Ich kann mich noch gut erinnern an die Tage nach dem 26. April 1986, als wir von der Reaktorkatastrophe in Tschernobyl erfuhren. Ich kann mich erinnern an die Angst, die ich hatte, um die Gesundheit meiner Töchter. Niemand wußte, wie stark wir vom radioaktiven Fall-out betroffen waren. Heute weiß ich, daß wir damals nur riesiges Glück hatten, weil der Wind über Tschernobyl zwei Wochen lang nach Norden blies, Richtung Weißrußland, Baltikum, Finnland, Schweden und gar bis Norwegen. Sonst würden die mißgebildeten Babies heute bei uns geboren, unsere Kinder hätten die Schilddrüsenkarzinome.

Ich weiß wohl, daß es makaber klingt, in diesem Zusammenhang von Glück zu reden. Denn unser Glück war das Unglück anderer, der Menschen, die heute noch mit der Radioaktivität leben müssen in der Ukraine, in Rußland und in Weißrußland.

Als die niedersächsische Landesregierung Ende 1992 die *Stiftung Kinder von Tschernobyl* ins Leben rief, habe ich mich sofort bereit erklärt, den Vorsitz zu übernehmen. Das war gar keine Frage für mich. Ich wollte helfen, schnell und wirkungsvoll. Nach fast fünf Jahren Arbeit in den Tschernobylregionen frage ich mich aber immer wieder, ob es überhaupt Hilfe geben kann, ob es eine Überlebenschance gibt für die Menschen dort, wo der Alptraum des Super-Gaus Realität geworden ist.

Wir waren unterwegs, um Medikamente und Ultraschallgeräte zur Früherkennung von Schilddrüsenkarzinomen an Krankenhäuser und Ambulatorien zu verteilen. Der tückische, schnellwachsende Krebs hatte sich in den verstrahlten Gebieten dramatisch verbreitet. Vor allem bei Kindern. Die Heilungschancen sind groß, wenn er rechtzeitig erkannt wird.

Als wir von Minsk aufbrachen, habe ich mir vorzustellen versucht, was uns erwarten würde. Ich wußte, daß 2,5 Millionen Menschen von der Katastrophe unmittelbar betroffen sind, 115 000 umgesiedelt wurden und daß von 800 000 Kindern etwa 700 000 krank sind. Wir machten eine gespenstische Reise. Sind Sie schon mal mit einem Geigerzähler im Gepäck gereist? Haben geprüft, ob die Wiese am Straßenrand, der Garten, in dem Sie gehen, verstrahlt ist? Ob das Meßgerät tickt, wenn Sie es an Ihr Essen halten oder an die Früchte aus dem Wald? Wir haben das getan.

Zone 1, die „Tote Zone", das sind 50 km rund um den Tschernobylkomplex, darf nicht betreten werden.

Zone 2, auch das ist Sperrgebiet und auf Dauer ein lebensgefährliches Pflaster, war unser Ziel. Der Durchseuchungsgrad lag hier noch bei bis zu 50 Curie Cäsium pro Quadratkilometer. Die Einheit „ein Curie" bedeutet, es finden $3,7 \times 10^{10}$ radioaktive Zerfälle eines Stoffes (hier Cäsium) pro Sekunde statt. Auf der oben genannten Fläche von einem Quadratkilometer zerfallen somit $1,85 \times 10^{12}$ radioaktive Stoffe pro Sekunde. (Die Einheit Curie ist veraltet und wurde durch Becquerel ersetzt, was Zerfall pro Sekunde bedeutet).

An der Straße, die durch die Rajons (Kreise) Kansy, Klimowitzsch und Wetka führt, stehen Warnschilder mit dem Atomzeichen. Das Bestellen der Äcker und die Beweidung der Wiesen sind verboten, das Sammeln von Pilzen, die Jagd sowie das Fischen im Sosch tabu. Der Sosch fließt diagonal durch Zone 3.

Was *Zone 3* von Zone 2 unterscheidet, habe ich nicht begriffen. Bei jedem Halt messen wir erneut die Strahlung. Die

Eine der Aufgaben der niedersächsischen Landesstiftung Kinder von Tschernobyl war die Einrichtung einer orthopädischen Werkstatt. Hier werden Kinder versorgt, die mit Mißbildungen zur Welt kamen. *Foto:* Hiltrud Schröder

Werte schwanken, sind aber überall so hoch, daß von medizinischem Standpunkt aus auch hier niemand leben dürfte. Doch hinter den Warnschildern geht das Leben seinen normalen Gang. Es wird gesät und geerntet. Im Garten wird Gemüse angebaut. Die Landbevölkerung in Weißrußland lebt zu 70 Prozent von Nahrung aus dem Wald, von Pilzen, von Waldfrüchten und von Wild. Wir haben auch Pilze gemessen. Sie waren belastet mit 106 000 Becquerel Cäsium pro Kilogramm. Der zulässige EU-Grenzwert liegt bei 600 Becquerel.

So verstrahlen sich die Menschen dort Tag für Tag aufs Neue über die Nahrungskette. Die Strahlenschäden tragen sie schon in sich. Sie werden sie noch an die Kinder ihrer Kindeskinder weitergeben.

In den Kliniken sammelten Ärzte schon seit Monaten Indizien für die Katastrophe, die in den nächsten Jahren den Süden des Landes zu überziehen droht. Im stark verseuchten Gomel schienen sich die Symptome nur früher zu zeigen als in den weniger belasteten Gebieten. Die Ärzte registrierten einen Schub von Leukämiefällen. Am alarmierendsten, sagten Onkologen, sei jedoch die Zahl der Mißbildungen bei Neugeborenen. Nirgends im Land werden so viele Kinder mit Fehlbildungen der inneren Organe und mit fehlenden Gliedmaßen geboren wie hier. Die Frauen haben Angst, Kinder zu bekommen, und die Zahl der Abtreibungen wächst. Seit 1990 ist die Sterberate im Land um vieles höher als die Geburtenrate.

Mir geht nicht mehr aus dem Kopf, was Andrej Sacharow schon 1989 sagte: „Schaut auf Weißrußland, dort stirbt ein Volk . . .“.

Ukraine, Mai 1996

Sascha ist vier Jahre alt. Er wurde ohne Hände geboren. Sein größter Wunsch ist, Hände zu haben wie sein Vater und seine Mutter, um Gitarre spielen zu können. In Hannover hat er über unsere Stiftung 1995 Prothesen bekommen.

Sascha ist ein Tschernobyl-Opfer. Seine Heimatstadt Kovel liegt 500 Kilometer entfernt vom Reaktor, im westlichen Teil der Ukraine, der früher Galizien hieß. Wir besuchen Sascha und die Familien von Jula, Sonja und Iwanko. Auch diese Kinder sind in den vergangenen Monaten von unserer Organisation prothetisch versorgt worden. Vier Kinder von mehr als 80, die mit fehlenden Gliedmaßen zur Welt kamen. Die können wir nicht alle nach Niedersachsen holen, um ihnen zu helfen. Darum haben wir in Kovel eine orthopädische Werkstatt eingerichtet. Die Mittel, die wir dafür benötigen, belaufen sich auf mehr als eine Million DM, davon 350 000 DM für die Werkstatt und die Maschinen, 650 000 DM für die Materialkosten in den ersten drei Jahren.

In den staatlichen Orthopädie-Werken werden nur Prothesen für Erwachsene hergestellt, und die wiederum sind nichts Besonderes: einfache mechanische Massenware in drei genormten Größen, ähnlich den Gliedern von Schaufensterpuppen. Die Kinder aber sollen nicht warten, bis sie volljährig sind. Mit Hilfe der künstlichen Gliedmaßen können sie zur Schule gehen, eine gute Berufsausbildung bekommen.

Sascha wird zwar niemals Gitarre spielen, aber mit seinen Greifhänden wird er zum Beispiel einen Computer bedienen können.

Als wir ankamen, saß er auf seinem Dreirad und raste in halsbrecherischem Manöver um den Spielplatz. In der kleinen Einzimmerwohnung seiner Eltern führte er uns vor, daß er inzwischen mit Messer und Gabel hantieren konnte wie ein gesund geborenes Kind. Die größte Überraschung für mich war aber sein Malbuch, angefüllt mit perfekten Zeichnungen, auf die er zu Recht sehr stolz war.

Der 5. Mai, der Tag der Werkstatteinweihung, war für mich und die Mitarbeiter der Stiftung einer der schönsten im Verlauf unserer Arbeit. Nirgendwo sonst wird so deutlich sichtbar, welche Zukunftschancen den Tschernobylkindern mit unserer Hilfe eröffnet werden können. Aber wir brauchen Geld, sehr viel Geld, um weitere Orthopädie-Werkstätten in den betroffenen Ländern aufbauen zu können.

Wir brauchen auch Geld, um die Kliniken mit medizinischem Gerät und Medikamenten ausstatten zu können. Es mangelt an allem. Oft hängt die Genesung der Patienten davon ab, ob Verwandte Medikamente, Gebrauchs- und Verbandsmaterial kaufen können. Die Ärzte stehen hilflos vor einer auf sie zurollenden Katastrophe, denn was wir im Augenblick an ständig steigenden Erkrankungen dort erleben, ist erst der Beginn des Schreckens. Der Höhepunkt wird erst in 15 oder 20 Jahren erreicht sein, dann, wenn die Masse der Organkrebse auftritt, hervorgerufen durch die ständige Belastung mit radioaktiven Elementen in der Luft und in den Nahrungsmitteln. Eine Belastung, die für eine Ewigkeit dort herrschen wird. 24000 Jahre, das ist die Halbwertszeit von Plutonium, und 5300 Jahre, die Halbwertszeit von Cäsium, sind in menschlichen Zeiträumen gemessen eine Ewigkeit.

Und immer noch wird das Entsetzliche dort verschleiert. Zuletzt auf der Wiener Konferenz zum 10. Jahrestag der Reaktorkatastrophe. Man sprach von lediglich 31 Toten und 140 Strahlenkranken. Wir wissen, daß es Tausende von Toten gegeben hat, und wir haben in fast 200 Krankenhäusern die große Zahl der Strahlenopfer gesehen.

Mit dieser immerwährenden Lüge wird den Menschen die Hilfe abgeschnitten, die sie jetzt und in großem Umfang benötigen.

Tschernobyl ist zum Synonym geworden für menschenverachtendes und verantwortungsloses Handeln von Politikern in Ost und West. Ich will, daß den Kindern von Tschernobyl geholfen wird, damit sie menschenwürdig leben, ja überleben können. Mehr als sechs Millionen DM an Spendengeldern in fünf Jahren haben mir gezeigt: Die Menschen tragen auch in unserer Ego-Gesellschaft das Bedürfnis nach Werten wie Solidarität, Mitgefühl, Verantwortung und Hilfsbereitschaft tief im Herzen. Man muß sie nur beharrlich und nachdrücklich daran erinnern.

Landesstiftung Kinder von Tschernobyl
Kontonummer: 101 473 999
Bankleitzahl: 250 500 00
bei der Norddeutschen Landesbank

	Kinder bis 14 Jahre	Jugendliche bis 18 Jahre	Erwachsene	Gesamt
Anzahl der untersuchten Personen insgesamt	18660	6383	46914	71957
Anzahl der Schild-drüsenuntersuchungen	13539	2993	18325	34857
Anzahl und Art der sonstigen Untersuchungen (z.B. Abdomen)	9605	3037	29102	41744
Anzahl der Auffällig-keiten bei Schilddrüsen-untersuchungen	4503	1087	9404	14994
Anzahl der festgestellten Schilddrüsenkrebse	51	16	40	107
Anzahl und Art sonstiger festgestellter schwerer Erkrankungen	255	102	3502	3859

Zusammenstellung aller Rückmeldungen weißrussischer Krankenhäuser zu Untersuchungen mit von der Stiftung zur Verfügung gestellten Ultraschallgeräten, Stand: Januar 1996.

Anmerkung: Die Zahlen dieser Aufstellung setzen sich aus den Statistiken der 14 Krankenhäuser aus Weißrußland zusammen, von denen uns Rückmeldungen vorliegen, wobei die Berichtszeiträume teilweise variieren. Die anliegende Gesamtstatistik stammt aus *dem Bezirkskrankenhaus Gomel* und aus dem *Endokrinologischen Dispensaire Gomel*. Sie konnte aufgrund der teilweise fehlenden Aufteilung zu den drei Altersgruppen nicht in die obige Zusammenstellung aufgenommen werden.

Gesamtstatistiken zweier Krankenhäuser in Gomel

Von August 1993 bis April 1995 wurden mit den von der Stiftung des Landes Niedersachsen „Kinder von Tschernobyl" zur Verfügung gestellten Ultraschallgeräten folgende Untersuchungen durchgeführt und folgende Ergebnisse erzielt:

	Kinder bis 14 Jahre	Jugendliche bis 18 Jahre	Erwachsene
Anzahl der untersuchten Personen insgesamt		367500	
Anzahl der Schilddrüsenuntersuchungen			
Anzahl der Auffälligkeiten bei Schilddrüsenuntersuchungen		26448	
	8100	1100	
Anzahl der festgestellten Schilddrüsenkrebse (Pathologien)		42 (26)	
Anzahl und Art sonstiger festgestellter schwerer Erkrankungen		102	

Arbeitsgruppe Ökotechnik und Umweltbildung[*]
Kinder entdecken die Sonnenenergie

Ausgangspunkt unserer Arbeit war die Auseinandersetzung mit der Umweltzerstörung und deren Auswirkungen auf die Lebensbedingungen von Kindern, die zu den schwächsten Mitgliedern der Gesellschaft gehören. Vor allem die Umweltängste und deren destruktive Wirkungen standen im Mittelpunkt unserer Überlegungen. Wir haben uns gefragt, wie Kinder mit den täglichen Katastrophenmeldungen umgehen, denen sie ausgesetzt sind. Sie erleben eine Erwachsenengeneration, die die Ressourcen dieser Welt verschwendet und ihre Zukunft gefährdet. Die Spannweite der seelischen Reaktionen auf diese Situation reicht von Ängsten über Ohnmachtsgefühle und Gleichgültigkeit bis zu Wut und Aggression. Eine zusätzliche Belastung dürfte von den mehr oder weniger offen ausgesprochenen Appellen zum umweltgerechten Verhalten ausgehen, die dazu führen, daß zu diesen Gefühlen noch Schuldgefühle hinzutreten.

Solartechnik mit Kindern

Wir suchten daher nach ermutigenden Botschaften und Handlungsmöglichkeiten, die Problemlösungen für die Zukunft sichtbar und erfahrbar machen. Als besonders geeignet erschien uns die Solartechnik mit ihrem unerschöpflichen, dezentralen und ressourcenschonenden Charakter. Um Anwendung und Nutzung der Sonnenenergie den Kindern zugänglich zu machen, bedurfte es zunächst der Selbstqualifikation im Umgang mit Solartechnik. Wir entwickelten Geräte und Mo-

* Daniel Goosmann / Thomas Hies / Jörg Lewandowski / Rainer Morsch / Ina Müller / Marco Rolinger / Claudia Summ

delle wie Solarkarussels, Akkulader, kleine Solarboote und Solarwasserkocher und konzipierten die Bauschritte kindgerecht. Dabei legten wir besonderen Wert auf eine Entdeckungs- und Experimentierphase, auf das Erlernen neuer handwerklicher Fertigkeiten (z.B. Löten von Solarzellen) und die Möglichkeit individueller Gestaltung der Solargeräte.

*Mitbestimmung als ein elementares Prinzip der Umwelt-
bildungsarbeit*

Wichtige Erfahrungen sammelten wir mit acht- bis zwölfjährigen Kindern im Rahmen einer zweiwöchigen und einer dreiwöchigen Ferienfreizeit, die wir in enger Kooperation mit der Naturfreundejugend Berlin durchführten.

Neben der inhaltlichen Gestaltung des ökotechnischen Angebotes galt es, ein pädagogisches Rahmenkonzept zu entwickeln, bei dem die Mitbestimmung der Kinder eine wesentliche Rolle spielen sollte. In der Freizeitpädagogik hat Mitbestimmung ihre Tradition als sozialer und demokratischer Lernprozeß, in dem die Kinder eigenverantwortliches Handeln, den Umgang mit Konflikten und die Gestaltung von Aushandlungsprozessen lernen. Auch die unterschiedlichen Bedürfnisse von Kindern und BetreuerInnen werden als weitere Konfliktebene durch Mitbestimmung aufgegriffen.

In der Umweltbildungsarbeit entdeckten wir in der Frage nach Mitbestimmung für Kinder eine viel grundsätzlichere Problemkonstellation: Muß es Kindern nicht als ungeheuerliche Zumutung vorkommen, daß die Erwachsenen durch ihr Verhalten die Ressourcenbasis zerstören und die Umwelt belasten, aber gleichzeitig von Kindern eine besondere Verantwortungsbereitschaft für die Umwelt erwarten? Angesichts dieses Widerspruchs müßte Kindern in adäquater Form eine gesellschaftliche Beteiligung ermöglicht werden, damit sie dem Prozeß der Zerstörung ihrer Umwelt aktiv entgegentreten können. Sie sollten deshalb zumindest im Rahmen pädagogischer Arbeit zur Mitbestimmung ermutigt und befähigt werden.

Ziel unseres Mitbestimmungskonzeptes war es daher, den Kindern einen möglichst großen Gestaltungsspielraum zu überlassen und ihnen Mitverantwortung zu übertragen. So wurden Entscheidungs- und Handlungsspielräume geschaffen, in denen z.B. Regeln und Vereinbarungen ohne Vorgaben der Erwachsenen getroffen wurden. Durch Raum für eigenständiges Handeln sollte den Kindern ermöglicht werden, eigene Ideen, Wünsche, und Bedürfnisse zu entfalten. Durch das Übertragen von Verantwortung wird für Kinder eine Voraussetzung geschaffen, sich mit dem sozialen Geschehen in der Gruppe identifizieren und für die Gruppe engagieren zu können.

Diese Ziele wurden durch verschiedene methodische Elemente umgesetzt. Beispielsweise versuchten wir, die Kinder durch Befragung und Gespräche schon im Vorfeld der Freizeitaktivitäten in die Planung miteinzubeziehen und ihre Interessen, Ideen und Fragen zu berücksichtigen. Wichtigstes Instrument der Konfliktregelung sowie Ort der gemeinsamen Aushandlungs- und Planungsprozesse im Freizeitalltag waren eine Morgen- und eine Abendrunde. Bestimmte Aufgaben der Selbstversorgung wie Kochen und Abwaschen regelten die Kinder selbstverantwortlich durch „Dienstpläne". Um Positives festzuhalten, Kritik zu äußern und Konflikte zu bearbeiten, gaben ein „Gruppentagebuch" sowie eine „Reflexionsrolle" die Möglichkeit zum Feedback.

Ermutigende Erfahrungen und Anregungen für die Umweltbildung

Die Auswertungen unserer Kinderferienfreizeiten regten uns an, Thesen aufzustellen, auf die sich zukünftige Umweltbildungsarbeit stützen könnte. Unsere Beobachtungen und Erfahrungen bezüglich Solartechnik mit Kindern einerseits und der Mitbestimmung andererseits überzeugten uns, daß beide einen elementaren Stellenwert für neue Umweltbildungskonzepte haben können:

Kinder sind beim Bauen von Solargeräten besonders hoch motiviert. Wir haben beobachtet, wie Kinder alles um sich herum vergessen und bis zur Erschöpfung bauen. Warum? Kinder werden es vielleicht nicht in Worten ausdrücken, aber sie ahnen die Zukunftsfähigkeit dieser Technik. Sie erhalten „Beweisstücke": Solartechnik funktioniert! Mit dem Bau von Solargeräten erlangen sie technisches Know-how, erlernen handwerkliche Fertigkeiten wie Löten und arbeiten mit neuartigen Materialien wie Solarzellen. Eigentlich ist dies eine Domäne der Erwachsenen, mehr noch, einer kleinen Expertengruppe. Kinder an diese Technik heranzuführen, bedeutet, sie ernst zu nehmen, ihre Fähigkeiten anzuerkennen und sie damit in ihrer Position gegenüber den Erwachsenen aufzuwerten.

Ökotechnische Arbeit mit Kindern stellt einen Aktionsraum dar, in dem Gefühle wie Angst und Ohnmacht in konstruktives Handeln umgesetzt werden können. Die Erfahrung: „Ich kann mir selbst Solarenergie beschaffen und so mein eigenes Schicksal beeinflussen", hilft Angst und Ohnmacht zu überwinden.

Das Bauen von Solargeräten wird nicht zu einer Domäne der Jungen, Mädchen sind gleichermaßen kompetent. Die von uns verwendeten Materialien und Techniken stellen sowohl an die Jungen als auch an die Mädchen neue Anforderungen, weshalb die Jungen noch keinen Kompetenzvorsprung haben und den Mädchen die Arbeit nicht aus der Hand nehmen können. Mädchen haben mit Ökotechnik noch keine negativen Vorerfahrungen im Sinne von „Ich bin als Mädchen technisch unbegabt" und trauen sich deshalb eher an diese ran. Dies mögen die Gründe sein, daß wir im Verstehen und in der Handhabung der Solartechnik keine Unterschiede zwischen den Geschlechtern feststellen konnten. Wir vermuten, daß dies über den Rahmen der Projekte hinaus das Selbstvertrauen der Mädchen gegenüber Technik stärkt.

Rollenverteilungen in Gruppen werden durch das Bauen mit Solartechnik verändert. Die für alle Kinder ungewohnten Tätigkeiten wie Löten, Sägen oder Bohren an unbekannten Materialien wie Solarzellen oder Plexiglas schaffen neue Ausgangsvoraussetzungen sowohl für dominante als auch für zurückhaltende Kinder. Wir beobachteten, daß die in der Gruppe bisher dominanten Kinder oft auf die Hilfe der sonst eher zurückhaltenden Kinder, die meist mit mehr Geduld, Hingabe, Ausdauer und Sorgfalt arbeiteten, angewiesen waren. Somit können neue Schwächen und Stärken der einzelnen sichtbar werden, wodurch das Gruppengeschehen neue Anstöße bekommen kann. Wir vermuten, daß der Stellenwert der Ökotechnik als Hoffnungsträger für die Zukunft, ihre Faszination und das damit verbundene hohe Ansehen technischer Produkte diese Auswirkungen begünstigen.

Kinder stärken ihr Selbstbewußtsein. Sie erhalten Beweisstücke für das Funktionieren der Solarenergie. Durch den Erwerb von handwerklichen Fähigkeiten der Erwachsenenwelt und das erfolgreiche Bauen der Solargeräte erwarben die Kinder einen Kompetenzvorsprung gegenüber anderen Kindern und Erwachsenen. Zudem dienten ihre selbstgebauten Solargeräte – auch bei Erwachsenen – als bester Beweis, daß Solartechnik einfach zu praktizieren ist und tatsächlich funktioniert. Die Anerkennung dieser Fähigkeiten durch Eltern, Geschwister und Freunde hat das Selbstbewußtsein dieser Kinder merklich gestärkt.

Kinder können sich Instrumente der Mitbestimmung schnell aneignen und nutzen. Die Kinder unserer Freizeiten erkannten die Vorteile der von uns angebotenen Foren der Konfliktregelung und äußerten dies: „Ich fand es toll, daß wir alle Probleme offen aussprechen konnten." Kinder sind auch fähig, langwierige Aushandlungsprozesse konzentriert zu führen. Dies wurde beispielsweise deutlich, als Kinder drei Stunden lang um die Neubelegung ihrer Zimmer diskutierten. Mitbestimmung ist ein auf gesellschaftliche Partizipationsprozesse vorbereitendes Lernen. Sie sollte elementarer Bestandteil einer neuen Umweltbildung sein, die mehr ist als die Beschäftigung mit ökologischen Themen. Angesichts der ökologischen Krise müssen zukünftig Werte, Normen und Handlungsmaßstäbe neu ausgehandelt werden. Mitbestimmung auf einer Ferienfreizeit kann ganz entscheidende soziale und kommunikative Kompetenzen vermitteln, die elementar für die Beteiligung an gesellschaftlichen Entscheidungs- und Gestaltungsprozessen sind, wie Fähigkeit zur Kooperation und Kommunikation, Perspektivübernahme sowie das nötige Selbstvertrauen, sich in demokratische Prozesse einzumischen. Mitbestimmung ist gleichzeitig auch ein Lernprozeß der Erwachsenen, sich mit Kindern partnerschaftlich auseinanderzusetzen.

Die Konfrontation mit Prozessen der Mitbestimmung löst bei Erwachsenen die Auseinandersetzung mit ihrem Bild von Kindern und mit der Gestaltung der eigenen Rolle aus. Diese Erfahrungen konnten wir an uns selbst nachvollziehen.

Mitbestimmung von Kindern in einem Umweltbildungskonzept zu verankern, ist der Versuch, das Verhältnis zwischen den Generationen neu zu bestimmen. Wir erachten dies für notwendig, da die heute lebende Generation von Erwachsenen ihre Verantwortung gegenüber den nachfolgenden Generationen mißachtet: Sie vererbt ihren Kindern eine Situation knapper werdender Ressourcen, unabsehbare ökologische Folgeschäden der Produktion und einen nicht absehbaren Verlust an Lebensqualität. Daher sollte es selbstverständlich werden, Kinder an den Entscheidungsprozessen der Gesellschaft zu beteiligen.

Mit diesen unseren Erfahrungen möchten wir weitere Diskussionen anregen und zu neuen Schritten in der Umweltbildungsarbeit ermutigen.

Literaturhinweise

Greenpeace (Hg.): Neue Wege in der Umweltbildung. Beiträge zu einem handlungsorientierten und sozialen Lernen, Hamburg 1995.

Greenpeace (Hg.): Umweltängste – Zukunftshoffnungen. Beiträge zur umweltpädagogischen Debatte, Hamburg 1993.

Petri, Horst: Umweltzerstörung und die seelische Entwicklung unserer Kinder, Zürich 1992.

Karl Otto Henseling
Stoff-Wechsel

Zu den Leitbildern einer *nachhaltigen, zukunftsfähigen Entwicklung* gehört auch eine Stoffwirtschaft, die bei der Nutzung der natürlichen Ressourcen deren begrenzte Verfügbarkeit, Regenerationsfähigkeit und Entsorgbarkeit berücksichtigt. Ein stabiler Stoffwechsel zwischen Mensch und Natur kann nur durch den Übergang von der bisherigen Durchflußwirtschaft (*„throughput economy"*) zu einer nachhaltigen Wirtschaft (*„sustainable economy"*) gelingen.

Ich will in diesem Beitrag von Bemühungen berichten, Stoffe in einem doppelten Sinn zu wechseln, um im Textilbereich sowohl bei der Produktion als auch beim Konsum zu einem nachhaltigen Wirtschaften zu kommen. Hier sind die Bezüge zu dem Thema Umweltschutz gleichzeitig sehr nah und unendlich fern. Kleidung stellt als zweite Haut des Menschen unsere unmittelbarste Umwelt dar. Andererseits kommt sie von weit her. Die Baumwolle einer Jeans kann in Ägypten, der Türkei, in Usbekistan oder im Sudan gewachsen sein. Und gesponnen, gewebt, gefärbt, zugeschnitten und genäht wird das gute Stück in Tunesien, Indien, Korea, China oder Osteuropa. Überall wird dabei die natürliche Umwelt in Anspruch genommen und belastet.

Veranschaulichung

Am Beispiel eines Jeans-Anzuges aus Baumwolle mit einem angenommenen Gewicht von einem Kilogramm kann man ein Bild von Art und Umfang dieser Inanspruchnahme der Umwelt zeichnen. Als Grundlage dient mir dabei das Zahlenmaterial, das für die Enquête-Kommission „Schutz des Menschen und der Umwelt" erarbeitet wurde (Enquête 1994).

Um ein Kilogramm Baumwolle zu erzeugen, wird durchschnittlich eine Fläche von 50 m^2 benötigt. Bei einem jährlichen Verbrauch von ca. 10 kg Baumwollwaren (einschließlich Bettwäsche, Handtücher etc.) nimmt jeder Bundesbürger so – weil Baumwolle bei uns nicht wächst – fern der Heimat eine Fläche von etwa 500 m^2 in Anspruch. Die Anbaugebiete sind vor allem in warmen und trockenen Regionen zu finden, in denen künstliche Bewässerung erforderlich ist. Für ein Kilogramm Textil-Baumwolle werden je nach Region und Anbautechnik zwischen 20 und 100 Kubikmeter Wasser benötigt. Düngemittel sollen maximale Erträge bewirken. Gegen Unkräuter und Schädlinge werden Pestizide gespritzt. Die maschinelle Ernte wird durch Entlaubungsmittel erleichtert. In einigen Baumwoll-Anbaugebieten werden die Umwelt und die Gesundheit der Menschen so in Mitleidenschaft gezogen, daß der Baumwollanbau sich dort nicht unbedingt als betriebwirtschaftlicher, sehr wohl aber als volkswirtschaftlicher Verlust erweist.

In einem Bericht über die wirtschaftliche Situation der zentralasiatischen Baumwollregion heißt es u.a.: „Stellte man eine Vermögensrechnung für alle Anlageinvestitionen ... dieser Region auf und zöge davon die Negativinvestitionen durch Zerstörung der Umwelt ab, und zwar nur die Schäden, die irgendwann einmal saniert werden müssen, ... so käme man nach grober Schätzung auf eine negative Summe. Dies bedeutete, daß das Wachstum vergangener Jahrzehnte ausschließlich auf Kredit zustande gekommen wäre. Nun werden Zinsen und Tilgungszahlungen in Gestalt von Gesundheitskosten bzw. Arbeitsausfällen wegen Krankheit, wegen Übernutzung der Böden usw. fällig." (Müller 1993)

Einen zweiten sensiblen Bereich im Lebensweg des Jeans-Anzuges bilden die zahlreichen Chemikalien, die beim Spinnen, Weben, Färben und Ausrüsten verwendet werden. Die Zahl dieser auf dem Markt befindlichen Textilhilfsmittel wird auf 7000 geschätzt. Darunter befinden sich zahlreiche umweltschädliche und gesundheitsgefährdende Stoffe. Ein großer Teil davon verläßt die Produktionsanlagen als Abwasser. Die Gewässerverschmutzung durch die Textilveredlung ist seit langem ein Thema. Im Mittelalter wurden die Färber zusammen mit anderen anrüchigen Gewerben vor die Tore der Städte „verbannt". Heute sind sie durch die weitgehende Verlagerung der Textilindustrie in die Billiglohnländer der Dritten Welt verbannt.

Der dritte umweltbelastende Faktor bei Textilien ist der Energieverbrauch. Kraftstoffe und elektrische Energie werden für die landwirtschaftlichen Maschinen, für die Herstellung von Düngemitteln und Agrarchemikalien, für die verschiedenen Verarbeitungsschritte und für die zahlreichen und weiten Transporte verbraucht. Insgesamt beträgt der Energieverbrauch für den fertigen Jeans-Anzug etwa 3 Kilogramm Rohöläquivalente.

Alternativen

Für umweltbewußte Konsumenten stehen schon seit etlichen Jahren die Angebote von ökologisch orientierten Herstellern wie die der im *Arbeitskreis Naturtextil* zusammengeschlossenen Anbieter zur Verfügung. Diese Angebote decken aus modischen und preislichen Gründen allerdings nur einen kleinen Teil des Textilmarktes ab. Sie haben aber durch ihre Vorreiterfunktion über die direkte Umweltentlastung hinaus eine große Bedeutung für die Förderung des Umweltbewußtseins der Verbraucher.

Unter Nachhaltigkeitsgesichtspunkten wird es vor allem darauf ankommen, wie umwelt- und sozialverträglich die Massennachfrage nach Kleidung und anderen Produkten des täglichen Bedarfs befriedigt werden kann. Auf dem Weg von der Rohfaser bis zum fertigen Kleidungsstück sind zahlreiche Akteure beteiligt: Landwirte, Rohstofflieferanten, Designer, Produzenten, Konfektionäre, Handel. Nachhaltiges Wirtschaften kann nur durch das ökologisch bewußte Zusammenwirken dieser Akteure gelingen. Offen ist, welcher Akteur hier die Initiative ergreifen soll, um eine ökologische Optimierung der gesamten Produktlinie anzustoßen.

Es gibt ermutigende Anstrengungen großer Handelsunternehmen, den Einstieg in eine Ökologisierung der globalen textilen Kette zu betreiben. Dabei geht es um etwas anderes als nur um zusätzliche „Öko-Kollektionen". Es geht vielmehr um die Etablierung von Produkten mit einem hohen Umweltstandard im Massenmarkt.

Ein Beispiel, das ich hier nennen möchte, ist die Umstellung der Unterwäsche-Öko-Kollektion *NATURA Linie* der schweizerischen Handelskette *Coop*. Diese Kollektion wurde zunächst als (teureres) Nischenprodukt angeboten, mit mäßigem Erfolg. Durch Unterstützung eines Bio-Baumwoll-Projektes in Indien und durch Organisation der Massenproduktion mit ausgesuchten Partnern ist eine ökonomische Optimierung bei geringen Abstrichen an den ökologischen Ansprüchen gelungen. Dadurch konnte diese Kollektion im September 1995 als Standard-Angebot zu einem durchschnittlichen Preis in die Regale genommen werden. Die geringen verbleibenden Mehrkosten von einem halben Franken pro Stück müssen allerdings noch für drei Jahre durch einen internen Ökofonds aufgefangen werden (Schneidewind/Hummel 1996).

In Deutschland hat der *Otto-Versand* ein vergleichbares Projekt durchgeführt. Bereits 1993 sollte durch Bildung einer Allianz mit umweltbewußten Partnern ein innovatives ökologisches Produkt – ebenfalls eine Baumwolltextilie – entwickelt und als Orientierung für den Optimierungsprozeß des gesamten Baumwollsortiments verwendet werden. Diese Strategie ging aber zunächst nicht auf. Der entscheidende Fehler bestand darin, daß die ökologische Optimierung gegenüber der Ökonomie zu sehr in den Vordergrund gerückt worden war. In einem zweiten Anlauf wurden die Partner nicht nur nach ihrer ökologischen Kompetenz, sondern auch nach ihrer Kooperationsfähigkeit und ihren technischen Kapazitäten ausgewählt (vgl. Merck 1996). Die Baumwolle wird nach den Richtlinien der *International Federation of Organic Agricultural Movements* (IFOAM) angebaut und nach bestimmten pro-

duktionsbezogenen Vorgaben verarbeitet (Verzicht auf Chlor-
bleiche etc.); der Transport aus der Türkei erfolgt per Bahn.
Diese Textilien erfüllen das *Otto*-Anforderungsprofil „Future-
Collection" und werden unter dem Motto „Umwelt braucht
Partner" angeboten.

Strategien

Die Organisation eines solchen, unterschiedliche Erfolgsfakto-
ren berücksichtigenden Zusammenwirkens zur Realisierung
komplexer ökologischer Optimierungsprozesse wird auch als
„Stoffstrommanagement" bezeichnet. Dieses Konzept wurde
in Deutschland zunächst von der Enquête-Kommission
„Schutz des Menschen und der Umwelt" des Deutschen Bundestages beschrieben (Enquête 1994). Die Erfahrungen von
Coop, des *Otto-Versandes* und anderer umweltorientierter
Unternehmenskooperationen zeigen, daß die Umsetzung dieses Konzepts erfolgreich möglich ist. Sie zeigen aber auch,
welche Hindernisse dabei zu überwinden sind (vgl. Friege/
Engelhardt/Henseling 1997).

Orientierungen

Diese Erfahrungen zeigen zugleich, daß die ökologische Optimierung von Massenprodukten nur schrittweise gelingen
kann. Ein großes Problem ist dabei, wie man die erreichten
Fortschritte an den Verbraucher vermitteln soll. Unterschiedliche Ansprüche und Leistungen haben bisher zu einer Vielzahl
von Umweltzeichen für Textilerzeugnisse geführt: Das Spektrum reicht vom „Standard Öko-Tex 100", der unter human-
toxischen Gesichtspunkten die Kontrolle des Schadstoffgehalts
garantiert, bis zum „EU-Umweltzeichen für Textilien", das es
für T-Shirts und Bettwäsche gibt und dessen Kriterien auch
Umweltanforderungen an den Baumwollanbau und den Produktionsprozeß beinhalten. Hinzu kommen Anforderungs-
profile verschiedener Hersteller wie die der „ecollection" von
Esprit oder IT'S ONE WORLD von Britta Steilmann.

Diese Vielfalt unterschiedlicher Informationen macht es dem Verbraucher nicht leicht, die tatsächlichen Anstrengungen der Hersteller und des Handels zu erkennen. Andererseits sollte das obige Exempel der Bemühungen und Schwierigkeiten, eine so komplexe Produktlinie wie die der Textilien ökologisch zu optimieren, den Leser auch motivieren, seinerseits diese Schritte wahrzunehmen und durch entsprechende Kaufentscheidung auch zu honorieren.

Literaturhinweise

Enquête-Kommission „Schutz des Menschen und der Umwelt" des Deutschen Bundestages (Hg.): Die Industriegesellschaft gestalten. Perspektiven für einen nachhaltigen Umgang mit Stoff- und Materialströmen, Bonn: Economica 1994.

Friege, H., Engelhardt, C., Henseling, K.O. (Hg.): Das Management von Stoffströmen. Geteilte Verantwortung – Nutzen für alle, Heidelberg/New York: Springer 1997.

Merck, J.: Der Handel als erstes Glied der Kette, in: Ökologisches Wirtschaften, Heft 5, 1996.

Müller, F.: Ökonomie und Ökologie in Zentralasien. In: Aus Politik und Zeitgeschichte. Beilage zur Wochenzeitung Das Parlament, 17. September 1993.

Schneidewind, U., Hummel, J.: Von der Öko-Nische zum Massenmarkt. In: Politische Ökologie 45, März/April 1996.

Schmidt-Bleek, F.: Wieviel Umwelt braucht der Mensch? MIPS – Das Maß für ökologisches Wirtschaften, Basel: Birkhäuser 1994.

Günter Lange
Ein naturnaher Garten

Liebe Leserin, lieber Leser,

als ich gebeten wurde, als „praktizierender Bio-Gärtner" einen Beitrag für das *Jahrbuch Ökologie* zu schreiben, begann ich darüber nachzudenken, wie ich eigentlich vom „Kleingarten-Saulus zum Bio-Garten-Paulus" bekehrt wurde. Seit über 30 Jahren bin ich begeisterter Hobbygärtner. Seit 1983 jedoch habe ich meine Einstellung zum Gärtnern, die bis dahin sehr traditionell geprägt war, vollkommen geändert. Ich möchte Ihnen schildern, was mich zum Umdenken bewogen hat und wie ich heute gärtnere. Vielleicht kann ich Ihnen einige Anregungen aus meiner Gartenpraxis geben, die auch Sie in Ihrem Garten umsetzen können.

Unser Grundstück in Bordesholm

Meine Frau und ich haben unser Haus im Jahre 1963 gebaut. Damals waren Grundstücke mit großem Nutzgarten üblich und – dank der niedrigen Bodenpreise – auch für Arbeiter erschwinglich. Unser Grundstück umfaßte etwa 1000 qm. Ein Garten diente in jener Zeit in erster Linie zur Selbstversorgung mit Gemüse und Kartoffeln und wurde deshalb intensiv bearbeitet. In den 70er Jahren übernahmen wir zusätzlich den ca. 1500 qm großen Nutzgarten meiner Schwiegereltern, der direkt an unser Grundstück grenzt.

Unser Grundstück liegt am Rande von Bordesholm in der Alten Landstraße. Wenige hundert Meter weiter beginnen landwirtschaftlich genutzte Weiden und Felder. Die Alte Landstraße ist auf der Höhe unseres Grundstückes eine imposante Allee mit sehr alten, großen Kastanien. Auch auf unserem Grundstück stehen 14 alte Linden, Kastanien, Eichen und Buchen. Ich schätze das Alter dieser Bäume auf mehr als 200 Jahre. Das Areal, in dem unser Grundstück liegt, wurde schon vor dem Ersten Weltkrieg als Gartenanlage genutzt.

Vom Kleingärtner zum Bio-Gärtner

Dieses große, arbeitsaufwendige Grundstück habe ich bis 1983 entsprechend den verbreiteten Vorstellungen über Gartenarbeit gepflegt. Ein Garten hatte „ordentlich" auszusehen: Die Beete waren rechtwinklig ausgerichtet, jedes abgestorbene Blatt, jeder tote Ast wurde aufgesammelt, bei Ungezieferbefall im Gemüse gab es die chemische Keule, der Erde wurden „Rekordernten" abgerungen, im Herbst wurde der Garten umgegraben oder gepflügt.

1983 mußte ich nach einem schweren Bandscheibenschaden in der Kieler Uni-Klinik operiert werden. Während der Genesung lernte ich einen anderen Patienten kennen, mit dem ich Spaziergänge durch die der Klinik benachbarten Gartenanlagen unternahm. Mein Mit-Patient, der sich stark im BUND Schleswig-Holstein engagiert hatte, öffnete mir die Augen: In den „verwilderten" Gärten war vielfältiges Leben zu entdecken, Vögel und Kleintiere fanden Nahrung und Unterschlupf. In den „sauberen und ordentlichen Gärten" dagegen gab es nur „verbrannte Erde"; diese Gärten waren so steril, daß nur wenige zähe Kulturfolger dort überleben konnten.

Nach dieser Erfahrung nahm ich mir vor, die Nutzung unseres Grundstücks zu ändern. Der Garten warf ohnehin mehr Gemüse ab, als meine Familie selbst verbrauchen konnte. Wir konnten also auf die intensive Nutzung einiger Flächen ganz verzichten. Diese Flächen haben wir deshalb der Natur überlassen. Ich wollte unser Grundstück und den Garten so nutzen, daß wir zum einen unseren Ertrag an frischem Gemüse und Obst erhalten, sich zum anderen aber viele Tiere und Pflanzen neu ansiedeln konnten.

Das Einmaleins des biologischen Gärtnerns habe ich aus den folgenden Standardwerken gelernt:

Der BIO-Garten von Marie-Luise Kreuter, *Das biologische Gartenbuch* von Krafft von Heynitz und Georg Merckens und *Gärtnern, Ackern – ohne Gift* von Alwin Seifert.

Ich möchte hier nicht die Kunst des biologischen Gärtnerns darstellen. Das haben andere weit besser und ausführlicher getan, als ich es hier könnte. Einige Kerngedanken eines Bio-Gärtners gilt es jedoch kurz zu schildern:

Ich verzichte konsequent auf den Einsatz von Chemie. Als Dünger verwende ich ausschließlich Kompost, den ich aus Garten- und Küchenabfällen, Laub sowie Mist von Klein- und Großtieren gewinne. Ich habe mehrere Komposthaufen der verschiedenen Reifestufen angelegt. Macht starker Pilz- oder Schädlingsbefall an Pflanzen ein Eingreifen unabwendbar, setze ich entsprechende Kräutersude (z. B. Brennesseljauche) ein.

Ich verzichte völlig auf das traditionelle Umgraben. Ich arbeite im Frühjahr oberflächlich den Kompost in die Erde, um das empfindliche Bodenleben nicht zu stören. Die Gartenwege werden mit Streu aus gehäckselten Zweigen abgedeckt. Dies bewirkt, daß die Wege nicht zuwachsen oder die Erde zu sehr verdichtet wird.

Bei den Nutzpflanzen verzichte ich auf alle neumodischen Turbo-Saaten, bei denen oftmals Aussehen vor Geschmack geht. Hier vertraue ich statt dessen auf die Tauschbörse unter Hobbygärtnern, auf der man hochwertige Saat aus eigener Zucht erhält.

Obwohl ich unseren Garten seit vielen Jahren weniger intensiv nutze, sind meine Erträge nicht nennenswert zurückgegangen.

Ein naturnaher Garten – Lebensraum für Tiere und Pflanzen

Genauso wichtig wie der Nutzgarten ist für mich ein Grundstück, das Lebensräume für viele Tiere und Pflanzen bietet. Im Laufe der Jahre habe ich mehrere Nischen angelegt, in denen die unterschiedlichsten Tier- und Pflanzenarten leben können. Ich hatte das Glück, daß meine Gartennachbarn diese neue, „unordentliche" Art des Gärtnerns gutheißen oder zumindest tolerieren. Ich mußte aber auch in einigen Fällen harte Überzeugungsarbeit leisten.

Da ein Zierrasen ökologisch nur einen geringen Wert hat, habe ich statt dessen eine Wildblumenwiese angelegt, die ich nur zweimal im Jahr mähe. Ebenso habe ich nur einheimische Sträucher statt fremder Ziergehölze gepflanzt, da nur diese Schutz und Nahrung für eine größere Anzahl einheimischer Tiere bieten.

Unter einigen Sträuchern lasse ich Brennessel und andere Futterpflanzen für Schmetterlingsraupen wachsen, die auf diese Pflanzen spezialisiert sind.

Vor zehn Jahren haben wir einen Gartenteich mit etwa 6 m³ Wasser angelegt. Inzwischen sind bereits mehrere Generationen von Gras- und Moorfröschen sowie Teichmolchen und im letzten Sommer auch erstmalig Libellen geschlüpft. Für Amphibien und andere Kleintiere sind geeignete Winterquartiere besonders wichtig. Hierfür habe ich einen großen Feldsteinhaufen und mit Stroh gefüllte Erdlöcher in Teichnähe angelegt.

Ein großer Stoß mit altem, verrottendem Astholz dient zahllosen Insektenlarven als Lebensraum. Von diesen Larven ernähren sich wiederum Singvögel.

Im letzten Sommer lebten fünf Hummel- und zwei Hornissenvölker in von mir gebauten Brutkästen an verschiedenen Stellen des Grundstücks.

Fünf Igel-Häuser, die allerdings nur sporadisch angenommen werden, sind auf dem Grundstück verteilt.

An jedem größeren Baum habe ich selbstgebaute Nistkästen für unterschiedliche Singvögel angebracht. Da seit etwa drei Jahren wieder Fledermäuse in Sommernächten in den Baumkronen jagen, habe ich sechs Schlafkästen in hohe Bäume gehängt, die auch angenommen wurden.

Durch diese Hilfestellungen konnte die Natur langsam unser Grundstück „zurückerobern", ohne daß der Garten völlig verwilderte.

Einige der oben beschriebenen Nischen lassen sich sicher nur auf einem sehr großen Grundstück einrichten, andere sind auch in einem Reihenhausgarten möglich. Wichtig ist nur, daß man der Natur die Chance läßt, sich zu entfalten.

Danksagung:
Ich danke meiner Ehefrau Hanna, die mich seit jeher bei den oft mühsamen Arbeiten in unserem Garten tatkräftig unterstützt hat, und ich danke meinen Kindern Ulrike und Volker, die mir bei der Abfassung dieses Aufsatzes geholfen haben.

Literaturhinweise

von Heynitz, Krafft und Merckens, Georg: Das biologische Gartenbuch, 5. Auflage, Stuttgart: Ulmer 1987.
Kreuter, Marie-Luise: Der Bio-Garten, 3. Auflage, München: BLV 1995.
Seifert, Alwin: Gärtnern, Ackern – ohne Gift, München: C. H. Beck 1991.

Frank Thiel / Kerstin M. Homrighausen
Die Naturfreunde: Beispiel für sanften Tourismus

Für viele Werktätige und ihre Familien waren während der industriellen Revolution des 19. Jahrhunderts Begriffe wie „Freizeitgestaltung" oder „Urlaub" völlig unbekannt. Erst durch die organisierte Arbeiterbewegung konnten die damaligen horrenden Arbeitszeiten und Arbeitsbedingungen Schritt für Schritt verbessert werden. Aus dieser Bewegung heraus entstand kurz vor der Jahrhundertwende (1895) der Touristenverein *Die Naturfreunde*. Er war die erste große Freizeit- und Kulturorganisation für Arbeiter in Deutschland. Der Verein hat heute 110000 Mitglieder in Deuschland; weltweit sind über 600000 Mitglieder in zwanzig Landesverbänden organisiert.

Geschichtliches

Gegen einen geringen Mitgliedsbeitrag konnten Werktätige mit ihren Familien am vielfältigen Programm dieses Vereins teilhaben. Zunächst standen Tagesausflüge an Sonn- und Feiertagen im Vordergrund. Später, nachdem die Arbeiterbewegung einen ersten Jahresurlaub erkämpft hatte, organisierten die *Naturfreunde* auch Reisen in Naherholungsgebiete, in Badeorte oder in die Berge, die bislang Adel oder Bürgertum vorbehalten waren. Ein Kernstück der Verbandsaktivitäten bildete der Aufbau eines eigenen Häuserwerkes, um für die Mitglieder beim Reisen günstige Unterkunft und Verpflegung anbieten zu können.

Als Teil der sozialistischen Arbeiterbewegung waren Freiheit, Gleichberechtigung und politische Ausrichtung bei den *Naturfreunden* wichtige Werte. „Berg frei" – statt „Berg heil" wie beim Alpenverein – lautete nach der Jahrhundertwende der gemeinsame Gruß. Bei den touristischen Aktivitäten, vor allem beim Wandern, spielten politische und soziale Ideen eine große Rolle. „Das Leiden und Schaffen des Volkes auf Schusters Rappen" kennenzulernen, stand im Mittelpunkt des Wanderns der 20er Jahre. Diese Entwicklung, hin zu einem echten Sozialtourismus, wurde durch den Faschismus jäh unterbrochen. Das Verbot der *Naturfreunde*, die Enteignung ihrer Häuser sowie die Verfolgung vieler ihrer Funktionäre kennzeichnen dieses düstere Kapitel der deutschen Geschichte.

Tourismuskritik und sanfter Tourismus

Nach dem Zweiten Weltkrieg, im Zeichen eines anwachsenden massenhaften Tourismus, wurden Ökologie bzw. Umweltschutz immer wichtigere Programmpunkte. So gehörten die *Naturfreunde* zu den ersten Kritikern, die auf die zunehmende Belastung und Zerstörung der Natur durch den Tourismus hinwiesen. Im Jahre 1980 formulierte Robert Jungk grundlegende Gedanken zu einem anderen Freizeit- und Reiseverhalten. Die Begriffe „sanftes Reisen" und „sanfter Tourismus" entstanden – quasi als Gegenstück zu den üblichen harten Verhaltensformen. Inhaltlich ging es darum, das Reise- und Freizeitverhalten umweltverträglicher und sozialverantwortlich zu gestalten. Darüber hinaus kamen der wirtschaftliche Nutzen der Einheimischen und eine optimale Erholung für die Gäste in den Blickpunkt. Die intensive Diskussion um den sanften Tourismus wäre im deutschsprachigen Raum ohne die *Naturfreunde* als Verstärker nicht möglich gewesen. Vor allem die *Naturfreundejugend*, immer politischer als der Hauptverband, entdeckte in den 80er Jahren die Umwelt- und Tourismuspolitik als wichtigen Teil der Gesellschaftspolitik.

Sanfte Projekte und Aktivitäten

Die *Naturfreunde* initiierten eine Reihe von Projekten zur Bekanntmachung und Umsetzung des sanften Tourismus. Dazu gehören u. a. die „Allgäuer Gespräche zum Sanften Tourismus", inzwischen ein Klassiker unter den sanfttouristischen

Tagungen. Der anfangs eher theoretischen Ausrichtung schlossen sich praktische Umsetzungsschritte an, die sich in den Themen der Allgäuer Gespräche bis Mitte der 90er Jahre wiederfinden. Kriterien für ein touristisches Gütesiegel, sanfter Tourismus in den fünf neuen Bundesländern, Tourismus und Naturschutz auf kommunaler Ebene waren Themen, die intensiv diskutiert wurden.

Darüber hinaus gab und gibt es zahlreiche Kooperationen und Projekte, die auf der Idee der Umweltverträglichkeit fußen und an denen Naturfreunde maßgeblich beteiligt sind. Dazu zählt die Mitarbeit bei *Jugendreisen mit Einsicht,* die Unterstützung des Vereins *Ökologischer Tourismus in Europa (Ö.T.E.)* zur Einführung eines touristischen Gütesiegels oder beispielhafte Aktivitäten auf kommunaler Ebene, wie die „Sanften Ferien Waldkirch", die maßgeblich dazu beitrugen, daß Waldkirch beim Bundeswettbewerb umweltfreundlicher Fremdenverkehrsgemeinden in Deutschland den Titel „Bundessieger 1997 für Tourismus und Umwelt" erhielt.

Schlagzeilen machte auch das Modellprojekt „Umweltverträgliches und sozialverantwortliches Reisen im Saarland" unter dem Kurztitel „Sanfter Sommer Saar". Hier wurde erstmals in Europa ein Entwicklungskonzept von Tourismus- und Freizeitangeboten erprobt, das auf den theoretischen Grundlagen des sanften Tourismus basiert. Der Modellversuch mündete in ein heute noch aktives Projekt „Sanfter Tourismus" der *Naturfreunde* im Saarland. Dazu gehören u.a. modellhafte Radreisen mit dem Titel „Soziale Pedale". Gegenüber üblichem Radfahren wird bei dieser Reiseform versucht, das Leben der Menschen in der Region, ihren Alltag, ihre Freuden und Probleme einzubeziehen. Es ist eine Entdeckungsreise mit engem Kontakt zu den Einheimischen, fernab ausgetretener Tourismuspfade – umweltorientiert, informativ und in das Sozialgefüge der Region eingebunden.

Dieses Beispiel hat inzwischen Schule gemacht. Mit ähnlichen Programmausrichtungen werben immer mehr Anbieter von Rad- und sonstigen Wanderreisen um den „sanften Urlaubswilligen".

Aus der praktischen Arbeit heraus entstanden eine Fülle von Informationsmaterialien, wie Dokumentationen, Merkblätter und Bücher. Sie waren die Basis für die *Naturfreundejugend*, eine öffentlichkeitswirksame Informations- und Aufklärungskampagne mit dem Titel „Reisen auf die sanfte Tour" bundesweit durchzuführen. Damit sollten über die Verbandsstrukturen hinaus möglichst viele Menschen angesprochen werden, um Hilfestellung bei der praktischen Umsetzung eines sanften Tourismus – speziell bei den Themen Verkehrsmittel, Unterkunft, Verpflegung und Urlaubsaktivitäten – zu geben. Dieses Informations- und Beratungsangebot erfreut sich großer Beliebtheit.

Landschaft des Jahres

Seit 1989 werden regelmäßig Regionen in Europa zur „Landschaft des Jahres" erklärt. Die Aktion ist inzwischen ein Markenzeichen der *Naturfreunde Internationale* geworden. Eine grenzüberschreitende Landschaft steht dabei im Blickpunkt, die in besonderer Weise schutzwürdig, belastet oder gefährdet ist. Hier gilt es, Perspektiven für eine ökologisch nachhaltige Entwicklung der Region zu erarbeiten. Vor Ort wird dabei mit Bürgerinitiativen und Umweltverbänden eng zusammengearbeitet. Darüber hinaus gibt es zahlreiche andere Aktivitäten, wie Seminare, Workcamps, Familienurlaube, Kulturprogramme und vieles mehr. Bisher waren der Bodensee, der Neusiedler See, die Eifel-Ardennen-Region, die Odermündung und die Alpen Landschaften des Jahres. Die aktuelle „Landschaft des Jahres 1997–98" ist die Maas/Meuse, wobei eine Reihe von Projekten dazu beitragen sollen, dort die Umorientierung auf einen ökologischen Tourismus zu unterstützen.

Reisen und Freizeiten heute

In den letzten Jahren gab es vielerlei Bemühungen, die von den *Naturfreunden* selbst organisierten Reisen immer stärker im

Sinne eines sanften Tourismus auszurichten. Dazu gehört die Wahl umweltverträglicher Transportmittel, die Hinwendung zu regionaler und saisonaler Verpflegung sowie zu umweltschonenden Urlaubsaktivitäten, die auch eine Wahrung soziokultureller Werte beinhalten. Als nicht-gewinnorientierter Reiseveranstalter verkörpern die Naturfreunde damit eine Richtung, die künftig hoffentlich noch mehr Beachtung erfahren wird.

Naturfreundehäuser

Die *Naturfreunde* haben ein Häuserwerk geschaffen, das in Deutschland, Österreich und in der Schweiz mehr als 750 und weltweit über 1000 Einrichtungen umfaßt. Ob kleine Schutzhütte, zweckmäßige Wanderherberge, moderne Bildungseinrichtung oder Familien-Erholungsstätte mit großzügigem Komfort – hier wird nicht nur Mitgliedern, sondern auch Gästen Unterkunft und Verpflegung zu günstigen Bedingungen geboten. Als Stätte der Begegnung sind Naturfreundehäuser sehr beliebt, denn durch das Vereinsleben, die Eigenleistung der Mitglieder beim Bauen und Bewirtschaften sowie die politische und humanistische Herkunft entsteht ein ganz besonderes Flair. Da die Häuser häufig in reizvollen und schützenswerten Landschaftsteilen liegen, gibt es schon seit jeher die Anforderung, ökologische Ideen zu beachten und umzusetzen.

Aktuelles und Ausblick

Für die *Naturfreunde*, die sich selbst „Touristenverein" nennen, hat der Tourismus auch eine politische Dimension. Die Forderung der *Naturfreundejugend* in Deutschland und den Niederlanden nach einem möglichst weitgehenden Verzicht auf Flugreisen aus umweltpolitischer Verantwortung heraus, kann als Beleg dafür dienen. Es geht den *Naturfreunden* aber auch darum, in Zeiten, in denen die Kluft zwischen Arm und Reich zunehmend größer wird, Bevölkerungsschichten am Tourismus teilhaben zu lassen, die aus ökonomischen Gründen die „normalen" Reiseangebote nicht mehr wahrnehmen können oder aus ideellen Gründen nicht wahrnehmen wollen. Erstgenannte Gruppe wird immer größer, und Kinder und Jugendliche sowie ältere Mitbürger sind am stärksten betroffen. Soziale Verantwortung nicht nur den Einheimischen gegenüber, sondern auch denjenigen zukommen zu lassen, die Abwechslung und Erholung dringend brauchen, beweisen die *Naturfreunde* durch vielfältige Angebote.

Diese Entwicklung bringt den Verband nach über 100 Jahren dahin zurück, wo er begonnen hat: einen umweltverträglichen und sozialverantwortlichen Tourismus auch denen zu ermöglichen, deren finanzieller Spielraum aufgrund der wirtschaftlichen Situation eng geworden ist.

Vorsitzender der *Naturfreunde Deutschlands* ist Michael Müller MdB. Die Adressen:

Naturfreunde, Verband für Umweltschutz, Touristik und Kultur, Bundesgruppe Deutschland e.V., Hedelfinger Str. 17–25, 70304 Stuttgart, Tel.: 0711-40 95 40; Fax: 0711-40 95 44.

Naturfreundejugend Deutschlands, Bundesleitung, Haus Humboldtstein, 53424 Remagen, Tel.: 02228-804; Fax: 02228-8434.

Literaturhinweise

Naturfreundejugend Deutschlands (Hg.): Allgäuer Gespräche zum Sanften Tourismus. Dokumentationen der Jahre 1989–1994, Düsseldorf 1995.
Projekt Sanfter Tourismus der Naturfreunde Saarland (Hg): Sanfter Sommer Saar. Ein Modellprojekt zum Sanften Tourismus im Saarland, Stuttgart: Verlag Freizeit und Wandern 1990.
Thiel, F., Homrighausen, K.M.: Reisen auf die sanfte Tour. Ein Handbuch für Urlaubsreisen, Jugendbegegnungen und Klassenfahrten, Göttingen: Verlag Die Werkstatt 1993.

Jörg Hübschle / Susan Bucher
Erfahrungen mit ökologischem Bauen im Mietwohnungsbau
Das Beispiel Riehen bei Basel

Pionierleistungen im ökologisch ausgerichteten Bau wurden bisher vor allem von den Erstellern von selbstgenutzten Einfamilienhäusern erbracht. Ökologie wurde dabei häufig auf „Baubiologie" beschränkt, ohne einem ganzheitlichen Anspruch gerecht zu werden. So stellt sich dann die Frage, ob ein Einfamilienhaus mit großem Umschwung einen haushälterischen Umgang mit dem Boden bedeutet oder die Lage im Randbereich der Agglomerationen abseits vom öffentlichen Verkehr einen Beitrag zur Verkehrsminimierung darstellt. Auch Neubauten von großen Institutionen und Behörden erhalten zunehmend das Prädikat „nach ökologischen Grundsätzen erstellt". Ab und zu werden selbst riesige unterirdische Autoeinstellhallen durch extensive Begrünung der Flachdächer „ökologisch geadelt".

Neben diesem Etikettenschwindel gibt es im Wohnungsbau jedoch auch ernsthafte Bemühungen, ökologisch orientiertes Planen und Bauen zu verwirklichen. Leider scheitern viele Ansätze speziell im Mietwohnungsbau an der zentralen Frage: „Zahlt sich Ökologie aus?" Wir vertreten die Ansicht, daß bei langfristiger Betrachtungsweise und unter Berücksichtigung zwingend eintretender Veränderungen – vor allem im Energiebereich – das ökologische Planen und Bauen sich auch im Mietwohnungsbau lohnt. Kurz und mittelfristig wird aber die nach Meinung vieler Investoren notwendige Rendite nicht erreicht oder durch ökologisch bestimmte Maßnahmen reduziert.

Solange die ökonomischen und politischen Rahmenbedingungen für ökologisches Bauen in einem umfassenderen Sinne wenig Anreiz bieten, müssen zukunftsorientierte Einzelprojekte den Erfolg ökologischen Bauens nachweisen. Das geschieht in der Schweiz im Rahmen des Programms DIANE-Ökobau.

Eines dieser Projekte ist die Wohnsiedlung „Im Niederholzboden" in Riehen bei Basel, die im Öko-Baublatt Nr. 1 vorgestellt worden ist. Erbaut wurde diese Siedlung von der Wohnstadt Bau- und Verwaltungsgenossenschaft in Basel, welche ihrem programmatischen Namen mit speziellen Projekten gerecht werden möchte. Voraussetzung hierfür sind klare und konsequent ausformulierte Projektleitlinien. Dabei werden die Kosten immer das erste und wichtigste Kriterium bleiben. Denn nur bezahlbarer Wohnungsbau wird auf dem Wohnungsmarkt akzeptiert und bietet Spielraum für Bewohner-Eigeninitiativen.

Wohnqualität für Feinschmecker/innen

Die „Siedlung-in-einem-Haus" ist eines von 20 Niedrigenergiehäusern, die als Musterprojekt im Rahmen des „DIANE Öko-Bau-Programms" gefördert wurden. DIANE steht dabei für „Durchbruch innovativer Anwendung neuer Energietechniken" und „Öko-Bau" meint eine umweltgerechte Bauweise in bezug auf Materialien und Energieeinsatz. Dank einer initiativen Zusammenarbeit mit der Metron Architekten AG aus Brugg ist ein Wohnhaus entstanden, das in mehrfacher Hinsicht weithin Beachtung gefunden hat.

Von außen am augenfälligsten ist die städtebauliche Situierung der Siedlung. Zwischen zwei Reihen zusammengebauter Einfamilienhäuser streckt sich ein langgezogener, zweigeschossiger Baukörper von knapp 200 m Länge über ein ehemaliges Gärtnereiareal. Durch ein leichtes Abdrehen der Gebäude von der Straßenflucht konnten eine alte Blutbuche und ein Kastanienbaum stehen bleiben. Zudem kann so die Distanz zu den bestehenden Bauten sehr regelmäßig erfolgen. Der gewonnene, öffentlich zugängliche Raum an der Straße dient heute nicht nur den Bewohnern der Siedlung als Kinderspielplatz und Begegnungsort.

Trotz des guten Anschlusses an den öffentlichen Verkehr – eine Tram-Haltestelle ist 5 Gehminuten entfernt – mußte aufgrund der Bauvorschriften eine zweigeschossige Tiefgarage mit einem Autoeinstellplatz für jede Wohnung gebaut werden. Als Nebeneffekt wurde damit die Hoffnung verknüpft, daß die Autos von der Quartierstraße verschwinden und für Kinder damit ungestörter Platz zum Spielen bereitsteht. Letzteres ist zwar weitgehend eingetreten – vor allem deshalb, weil die Bewohner der Siedlung zum überwiegenden Teil gar kein Auto besitzen. Doch was tun mit einer teilweise leerstehenden Autoeinstellhalle? Auf jeden Fall nur noch Carports bauen, die auch andere Nutzungen erlauben, das ist eine der Schlußfolgerungen.

Um den Energiebedarf der Wohnsiedlung in Riehen zu optimieren, wurden fünf Maßnahmen ergriffen:

1. Der kompakte Baukörper von 14 m Bautiefe weist ein optimales Volumen-Oberflächen-Verhältnis auf.

2. Die Energieverluste wurden mit hohen Dämmwerten reduziert. Die Mehrinvestitionen von ca. Fr. 35000,– fallen im Verhältnis zu den gesamten Baukosten von über vierzehn Millionen kaum ins Gewicht.

3. Kosten- und nutzungsmäßig schwieriger faßbar ist die dritte Maßnahme, der Temperaturpuffer (z. B. liegt über der Wohngeschoßdecke aus Beton mit Papierschnitzeldämmlage von 25 cm Höhe ein kalter Hohlraum von durchschnittlich 50 cm Höhe; Wetterschicht ist das extensiv begrünte, schwach geneigte Dach in Holz.)

4. Ohne merkliche Kostenauswirkungen wurden die Fensterflächen maßvoll gehalten, dafür mit wärmedämmender Isolierverglasung ausgeführt.

5. Ebenfalls günstig wirkte sich die Anordnung sämtlicher technischer Installationen konzentriert im Innenbereich aus. Neben hohen Materialkosten konnten die Leitungs-Energieverluste damit stark reduziert werden.

Alle diese für die Mieter/innen passiven Maßnahmen, die den Wärmeverlust durch die Gebäudehülle reduzieren, können in der Zwischenzeit als Standard für energetisch gut konzipierte schweizerische Bauten angesehen werden. Immer stärker ins Gewicht fallen damit Lüftungsverluste, welche gut die Hälfte der Gebäudewärme unnötigerweise und ungenutzt ins Freie abführen. Mit der kontrollierten Lüftung können diese Verluste verhindert werden. Diese funktioniert wie folgt:

Kontrollierte Lüftung – ein Wagnis

Jede Wohnung verfügt im Keller über ein eigenes Lüftungsgerät. Dieses saugt die Frischluft über einen zentralen Zuluftkanal unter dem Kellerboden an, wodurch die Frischluft gleichzeitig durch das Erdreich temperiert wird. Im Lüftungsgerät selbst übernimmt die angesaugte Frischluft die Wärme der Abluft (Wärmetauscher mit ca. 85% Wirkungsgrad) und wird dann, vorgewärmt auf ca. 18 °C, in die Zimmer der Wohnung geführt. Die verbrauchte Luft wird anschließend im Küchenbereich, dem Bad und dem separaten WC wieder abgesaugt und nach dem Wärmetauscher-Durchgang über das Dach abgeblasen. Die in die Wohnungen geführte Frischluft kann mittels eines Dreistufenschalters in der Menge dosiert werden.

Die Wärmeverluste, die beim konventionellen Lüften einer Wohnung entstehen, können dank dieser kontrollierten Wohnungslüftung mit Wärmerückgewinnung um 50 bis 80% reduziert werden. Der Heizenergiebedarf eines solchermaßen energetisch optimierten Gebäudes sinkt dadurch um zusätzliche 20 bis 30 Prozent.

Viel diskutiert wurde in der Planungsphase, ob die Mieter/innen gewillt sind, Investitionen für eine kontrollierte Lüftungsanlage durch Änderungen normaler Nutzergewohnheiten zu honorieren. Eine Nachuntersuchung der Siedlung hat dies nun bestätigt.

Geplant war, den Energiebedarf von üblicherweise etwa 10 Liter Heizöl pro Monat auf ca. 2–3 Liter zu reduzieren und damit die Heizkosten auf unter Fr. 20,–/Monat für eine Vierzimmerwohnung zu vermindern. Aufgrund der Nebenkostenabrechnungen der ersten beiden Abrechnungsperioden können folgende Feststellungen gemacht werden:

Heizkosten durchschnittlich (ohne Bautrocknungsabzug)

Energiekosten-Anteil	Fr.	13,25/Mt.
Heizungsnebenkosten	Fr.	4,35/Mt.
Energiekosten Lüftung	Fr.	5,90/Mt.
Service Lüftungsgeräte	Fr.	18,35/Mt.
Wärmekosten in Nebenkostenabrechnung	*Fr.*	*41,85/Mt.*
Mehrmiete durch höheren Dämmwert	Fr.	3,60/Mt.
Mehrmiete durch Lüftungsinstallation	Fr.	92,75/Mt.
Total Investitionskosten auf Miete umgelegt	*Fr.*	*96,35/Mt.*
Insgesamt also	Fr.	138,20/Mt.
resp.	Fr.	1 658,40/Jahr

Die Wärme-Kosteneinsparungen werden auf Fr. 149,00/Jahr geschätzt.

Niedrigere Energiekosten stehen damit deutlich höheren baulich bedingten Mehrkosten gegenüber. Nur eine für ökologische Anliegen sensibilisierte Mieterschaft ist bereit, diese Mehrkosten zu tragen. Diese Bereitschaft besteht in unserem Fallbeispiel bei allen, denn seit Bezug der Siedlung im Januar 1994 hat es noch keinen Wohnungswechsel gegeben. Natürlich spricht das Konzept der Wohnsiedlung einen ganz bestimmten Personenkreis von ökologisch interessierten Familien an, die auch bereit sind, sich um ihr Wohnumfeld zu kümmern. Ökologisch interessante Nebeneffekte ergeben sich dadurch für die Gartenpflege (keine Rasenüberdüngung, sinnvolle Hausgärten, funktionierende Kompostanlagen etc.) wie auch im Reinigungsbereich (ökologische Reinigungsmittel, spezielle Waschprogramme etc.). Solche Effekte waren im Mietwohnungsbereich bisher eher die Ausnahme.

Nicht in allen Projekten können so viele ökologische Aspekte realisiert werden. Die Zusammenarbeit der Beteiligten und das spezifische Wissen der Architekten hat viel zum guten Gelingen beigetragen.

Regenwassernutzung zahlt sich langfristig aus

Bei einem weiteren Bauprojekt hat Wohnstadt das Thema „Wassereinsparung" verfolgt. In allen neun Wohnungen des

betreffenden Neubauprojektes wurden Wasserspar-WC eingebaut, die pro Spülvorgang nur noch 3,5 Liter Wasser benötigen. Dieses Wasser kommt nicht aus der Trinkwasserleitung,
sondern vom Regenwassertank. Das Regenwasser, auf dem
leicht geneigten Pultdach gesammelt, wird gleichzeitig für das
Waschen genutzt und ermöglicht den Einsatz von Seifenpro-
dukten ohne künstliche Entkalkung. Ein Teil des gesammelten
Wassers wird zudem via „Nutz"-Gartenbewässerung wieder
zur Versickerung gebracht.

Solche Maßnahmen sind in einem Land wie der Schweiz mit
allgemein guter Trinkwasserversorgung noch kaum bekannt,
geschweige denn ausgeführt. Die Kosteneinsparung ist, trotz
bereits recht hoher Wasserkosten von ca. Fr. 1,20/m^3 und Ab-
wasserkosten von Fr. 2,40/m^3 allerdings auch eher gering. Sie
wird erst dann „rentieren", wenn die Wasserkosten – wie pro-
gnostiziert – auf über Fr. 5,–/m^3 ansteigen. Bis dahin bleiben
solche Pionierleistungen zwar ökologisch wertvoll, aber ökonomisch ein Verlustgeschäft, solange nur der eine Bereich
„Wasser" beachtet wird.

Fazit

Beim Abwägen der verschiedenen Aspekte konsequenter
ökologischer Bauweise kommt ein Bauherr in einer Gesamtrechnung eventuell doch zu einer positiven Bewertung. Geringe Fluktuation, hoher Benutzerwert, niedrigere Baukosten
(keine teuren Autoeinstellhallen, reduzierter Ausbaustan-
dard etc.), einfachere, natürliche Materialien, geringe Umweltbelastung, dies sind einige der Faktoren, die beim Planen und Bauen im Mietwohnungsbau vermehrt Beachtung
finden sollten. Dann kämen auch mehr Investoren zu der Einsicht, daß sich ökologisches Bauen auch im Mietwohnungsbau
lohnt.

Corinna Neubert

Erfahrungen mit Umweltfonds

Anfang des Jahres 1997 waren in Deutschland ungefähr 300 Millionen DM in Umweltfonds angelegt. Dies ist etwas mehr als ein Prozent der in Deutschland insgesamt in Fonds verwalteten Gelder (vgl. *Das Wertpapier* vom 30. Januar 1997). Die gesamte Anlagesumme in Umweltfonds verteilt sich auf ca. zehn verschiedene Fonds, die jeweils von unterschiedlichen Kapitalanlagegesellschaften aufgelegt worden sind. Die Wertsteigerung variierte im Jahr 1996 zwischen 1,75 und 14,8 Prozent (Quelle s. o.). Weil Umweltfonds erst seit wenigen Jahren auf dem deutschen Markt sind, gibt es noch keine verläßlichen Daten über deren Langzeit-Performance. Aus eben diesem Grund tauchen Umweltfonds bisher kaum in den „Fonds-Hitlisten" der Geldmagazine auf. Dennoch steigt das Volumen von Umweltfonds ständig. Die Verbindung von Geldanlage und ökologischem Anliegen findet immer größere Interessentenkreise. Die Idee ist so einfach, wie sie überzeugend ist: Ein Investment in Aktien und/oder Rentenpapieren ökologisch wirtschaftender Unternehmen soll für den privaten Haushalt einen guten Gewinn bringen, der sich zu jedem Tag, an dem die Börse geöffnet hat, realisieren läßt.

Doch bis jetzt ist der Verkauf von Umweltfonds durch gesetzliche und vertriebstechnische Rahmenbedingungen behindert. Nach dem deutschen Gesetz für Kapitalanlagegesellschaften (KAGG) muß jeder Fondsanbieter, der in Deutschland vertreiben will, ein behördliches Genehmigungsverfahren durchlaufen und eine inländische Zahlstelle sowie eine personelle Repräsentanz einrichten. Dies ist im allgemeinen teuer und zeitaufwendig. So kommt es, daß nicht einmal 10 Prozent der 140 weltweit existierenden Fonds, die nach ökologischen Kriterien aufgelegt und gemanagt werden, in Deutschland zu haben sind. Darüber hinaus läßt der deutsche Gesetzgeber nicht die Auflage eines ökologisch begründeten Fonds zu, weil die Meinung vorherrscht, ein solcher Fonds würde alle anderen als nicht-ökologisch hinstellen und insofern diskriminieren.

Die meisten europäischen Umweltfonds sind in Luxemburg aufgelegt worden. Die Luxemburger waren die Schnellsten in der Umsetzung der Richtlinie des EG-Rates von 20. Dezember 1985 (85/611/EWG), die die Koordinierung der Rechts- und Verwaltungsvorschriften betreffend bestimmte Vorgaben für gemeinsame Anlagen in Wertpapieren (OGAV) regelt. Außerdem gewähren sie bis heute den Anlagegesellschaften einige Sonderkonditionen. Dies ist der Grund dafür, daß nicht nur Umweltfonds, sondern auch viele der konventionellen Fonds in Luxemburg aufgelegt werden.

Besonderheiten

Als rechtlich-wirtschaftliches Gebilde unterscheidet sich ein Umweltfonds zunächst nicht von herkömmlichen Fonds. Die Anleger legen ihr Geld quasi in einem „großen Topf" zusammen, um gemeinsam bessere Konditionen beim Kauf und Verkauf von Renten und/oder Aktientiteln zu erwirtschaften. Wenn eine Kapitalanlagegesellschaft (KAG), in Deutschland meistens eine Bank, im Rahmen des KAG-Gesetzes einen Umweltfonds auflegt, stellt das Fondsvolumen ein gesetzliches Sondervermögen dar. Dies ist steuerlich und haftungsrechtlich ein erheblicher Unterschied zu einem privatrechtlichen Investmentclub, bei dem sich Anleger in Form einer Gesellschaft beschränkten Rechts (GbR) zusammenschließen.

Soll ein Umweltfonds aufgelöst werden, erfahren davon mit einer Ankündigungsfrist von drei Monaten die Anleger direkt von der KAG. In einem privatrechtlichen Investmentclub entfällt diese Anzeigepflicht; hier müssen die Gesellschafter selbst für eine angemessene Kontrolle ihres Vermögens sorgen.

An der Organisation und dem Management eines Fonds verdient die Kapitalanlagegesellschaft, die den Anlegern hierfür ihr professionelles Wissen und Handeln zur Verfügung stellt. Augenfälligster Bestandteil der entstehenden Kosten ist der Ausgabeaufschlag, der bei den Umweltfonds im Jahr 1996 zwischen 3 und 6,5 Prozent des investierten Kapitals betrug. Daneben fallen jährliche Depot- und Verwaltungsgebühren an.

Zur Besonderheit von Umweltfonds gehört vor allem, daß sie keine Branchenfonds, sondern Spezialitätenfonds sind. Nicht allen Anbietern und Nachfragern von Umweltfonds ist gleichermaßen bewußt, daß die Auswahl von Titeln nach ökologischen Kriterien „quer" zu allen Länder- und Branchenkategorien verläuft. Das Spektrum reicht von der Herstellung homöopathischer Arzneimittel, Biokosmetik und Baustoffen über alternative Energiegewinnungs- oder Recyclingsysteme bis zur Bahntechnik.

Zur besonderen Aufgabe des Managements eines Umweltfonds gehört die Suche nach praktikablen Kriterien, die bei der Titelauswahl helfen können. Weil niemand genau die Wege kennt, die zu einer nachhaltigen Entwicklung *(sustainable development)* führen, ist es notwendig, auf die Fragen der Anleger einzugehen und von ihrem Wissen zu profitieren. Der Erfolg eines Umweltfonds hängt jedoch entscheidend von der Glaubwürdigkeit der KAG und des Fondsmanagements ab.

Wirkungen

Die Wirkung, die ein Umweltfonds auf den Markt hat, kann – je nach Fondsvolumen – beachtlich sein. Der Impuls, in ökologisch wirtschaftende Unternehmen zu investieren, kann, vom Fondsmanagement weitergeleitet, eine Sogwirkung entstehen lassen, die immer mehr Firmen antreibt, ihre Ziele und ihr Handeln neu auszurichten. Für Firmen, die in den Jahresberichten von Umweltfonds gelistet sind, kann daraus ein beachtlicher Marketingvorteil entstehen.

Im privaten Geldhaushalt sollte ebenfalls die Besonderheit eines Spezialitätenfonds berücksichtigt werden. Vor allem: Wie hoch soll der Anteil an der gesamten Vermögensstruktur sein? Wie lange kann das Geld außer Haus gegeben werden?

Wie bei anderen Fonds fällt auch bei einem Umweltfonds ein Kaufpreis (Ausgabeaufschlag) an. Wie schnell der Anteilswert des gesamten Fonds steigt (oder fällt) und damit sein Verkaufspreis, ist eine Unbekannte. Die Differenz von Ausgabe- und Rücknahmepreis eines Zertifikates soll die Anleger zu einem längeren Verbleiben in einem Fonds bewegen (vier Jahre und mehr). Die Absage an aufwendiges Umschichten von Fonds kommt der Idee des nachhaltigen Wirtschaftens entgegen. Im Bereich privater Konsumgüter erscheint ein Kauf von langlebigen Produkten sinnvoll. Auch bei der Auswahl eines Umweltfonds kann der Anleger davon profitieren, wenn er nach der Regel verfährt: Einen guten Umweltfonds wählen und dabei bleiben. Der Verkaufszeitpunkt sollte günstig gewählt werden, wobei auch ein mehrjähriges Warten sinnvoll sein kann. Andererseits steht bei aktuem Finanzbedarf einer Rückgabe von Anteilsscheinen an jedem Börsentag nichts im Wege.

Gelegentlich werden die langfristigen Kalkulationen von Anlegern von der KAG durchkreuzt, indem ein Fonds geschlossen wird. Dies passierte Ende 1996 auch einem Umweltfonds. Vor einer solchen „Überraschung", die jedoch drei Monate vorher angekündigt werden muß, ist niemand sicher.

Auf der anderen Seite entfallen persönliche Haftungsrisiken, wie sie bei einer Direktanlage oder bei einem Investmentclub bestehen. Die Möglichkeit des börsentäglichen Kaufs und Verkaufs von Anteilsscheinen ist gegenüber jenen ein Liquiditätsvorteil. Durch die Rückgabe von Anteilsscheinen können die privaten Anleger nicht nur Gewinne (und Verluste) realisieren, sondern auch bei Unzufriedenheit mit der Fondspolitik einfach aussteigen.

Literaturhinweise

Deml, M., Gelbrich, J., Prinz, K., Weber, J.: Rendite ohne Reue – Handbuch für die ethisch-ökologische Geldanlage, Frankfurt a. M. 1996.
Schneeweiß, A.: Was tut sich auf dem Markt der Öko-Fonds? In: Globus. Begleithefte zur ARD-Fernsehserie „Aus Natur und Umwelt", Nr. 7, 1996, S. 49-53.
Wolff, H.: Das Management von Umweltfonds, Frankfurt a. M. 1995.

Alexander Roßnagel
Multimediatechnik bei umweltrechtlichen Genehmigungsverfahren

Nahezu jedes Techniksystem, das sich auf Raum, Umwelt oder Menschen auswirken kann, bedarf einer staatlichen Zulassung. In den Verfahren zur Erteilung einer Genehmigung, Erlaubnis, Bewilligung oder Planfeststellung wird vor Errichtung und Betrieb, Einführung oder Vertrieb geprüft, ob das Techniksystem die rechtlichen Anforderungen an Raumplanung, Umwelt- und Naturschutz, Arbeitsschutz und weitere Schutzdimensionen erfüllt.

Genehmigungsverfahren auf Papier

Alle bisherigen Genehmigungsverfahren sind an das Medium Papier gebunden. Ob ein Bauwerk, eine Industrieanlage, eine Abwasser-, gen- oder atomtechnische Anlage beantragt werden – die Anträge müssen schriftlich auf Papier eingereicht und durch umfangreiche papiergebundene Antragsunterlagen ergänzt werden. Mit der Größe und Komplexität der beantragten Techniksysteme wächst der Umfang der einzureichenden Antragsunterlagen. Schon bei mittleren Verfahren füllen sie leicht Dutzende, bei großen Vorhaben bisweilen sogar Hunderte oder gar Tausende von Aktenordnern.

Art und Umfang der Antragsunterlagen bergen für alle am Verfahren Beteiligte vielfältige Probleme des Erstellens, Erfassens, Prüfens und Bewertens. Vorgelegt werden Modelle eines Techniksystems, das erst noch realisiert werden soll. Die Basis, um den Plan des beantragten Techniksystems und seine zu erwartenden und möglichen Wirkungen nachvollziehen zu können, ist ein Modell, das in schriftlichen Darstellungen, Zeichnungen, Fließbildern, Statistiken und Berechnungen beschrieben wird. Diese Unterlagen bieten zwar in der Regel umfassende und vielfältige Anhaltspunkte, um sich das geplante Techniksystem vorzustellen. Sie bürden aber den Behörden, Gutachtern, Betroffenen und der Öffentlichkeit die Last auf, sich aus den statischen Einzelbeschreibungen im Kopf mühsam ein dynamisches Gesamtbild zusammenzustellen:

Der *Antragsteller* muß mit Hilfe der Antragsunterlagen nachweisen, daß das beantragte Techniksystem alle rechtlichen Zulassungsvoraussetzungen erfüllt. Mit dem Umfang der Unterlagen steigt der Aufwand, sie zu erstellen und zu aktualisieren sowie ihre Vollständigkeit und ihre Konsistenz zu gewährleisten. Die vielen Ingenieurstunden, die in die Erstellung der Unterlagen zu investieren sind, machen den Prozeß der Antragstellung oft langwierig und teuer.

Die im Verfahren beteiligten *Gutachter und Fachbehörden* benötigen eigentlich ein dynamisches Modell der technischen Anlage, das sie nach ihren Prüfaufgaben eigenständig und vollständig testen können. Trotz des Umfangs und der Detailliertheit der Antragsunterlagen bieten diese ihnen aber nur ein zweidimensionales, unvollständiges, statisches, linear angeordnetes Modell auf vielen Seiten Papier. Letztlich wird ihnen nur ein „dürres, versteinertes Gerippe" des künftigen Techniksystems, nicht ein Modell „in action" zur Prüfung vorgelegt. Mit diesem können sie das spätere Verhalten des Systems über die Zeit, in Grenzsituationen und in der künftigen Umgebung nicht konkret nachvollziehen. Die Antragsunterlagen entsprechen zwar den Darstellungsmöglichkeiten des Informationsträgers Papier, nicht aber den eigentlichen Prüfaufgaben des Gutachters. Er prüft in der Regel das, was er prüfen kann, nicht was er eigentlich prüfen müßte.

Für die *Genehmigungsbehörde* stellen die Antragsunterlagen – zum Teil auch die Gutachten – in ihrem Umfang, ihrer Komplexität, ihrem Abstraktionsgrad und ihrer ingenieurmäßigen Darstellungsform tendenziell eine Überforderung dar. Sie ermöglichen kein sinnliches Begreifen der Umweltauswirkungen und keine echte Prüfung von Alternativen. Die Exekutive kann so ihrer Kontrollpflicht nur eingeschränkt nachkommen und ihren Beurteilungsspielraum nicht eigenverantwortlich ausfüllen. Dies trägt mit dazu bei, daß die rechtliche Steuerung der Technik letztlich eine Selbststeuerung der Techniker ist.

Und was die *Öffentlichkeit* angeht, so ist diese durch die Abstraktionen und Reduktionen des Ingenieurmodells noch stärker behindert als die übrigen Beteiligten. Die Unsinnlichkeit der Antragsunterlagen verhindert, daß der Bürger sich ein adäquates Modell des beantragten Techniksystems, seiner Risiken und Umweltauswirkungen erarbeiten kann. Dadurch ist bereits zu Beginn der Öffentlichkeitsbeteiligung die demokratiefördernde und grundrechtsschützende Funktion des Genehmigungsverfahrens gefährdet.

Multimediale Systementwicklung und -validierung

Diese Probleme sind weitgehend auf den Informationsträger Papier zurückzuführen. Viele könnten gelöst werden, wenn der Entwurf und die Validierung der Techniksysteme informationstechnisch unterstützt würde. In der Entwurfsphase könnte die Strukturierung der Entwurfsschritte, die Einbeziehung von Standards und die Übernahme geprüfter Komponenten die vorgabengerechte Planung des Systems befördern. In der Validierungsphase könnten die Nachvollziehbarkeit der Planung, die Kontrolle des Funktionsumfangs sowie die Prüfung der Umweltauswirkungen und sicherheitstechnischen Eigenschaften des geplanten Techniksystems unterstützt werden, wenn Gutachter, Genehmigungsbehörden und Betroffene das Modell entsprechend ihren Interessen prüfen könnten.

Diese Hoffnungen könnten erfüllt werden, wenn etwa folgendes Konzept verfolgt würde: Die Funktionen der Modellerstellung durch den Antragsteller und der Prüfung dieses Modells durch die Gutachter, Behörden und Betroffene sind getrennt. Die Entwicklung findet in einer „Modellierungslabor" genannten Softwareumgebung statt. Die Prüfung erfolgt in einem „Validierungslabor", das sich die Beteiligten nach ihren Aufgaben und Interessen jeweils geeignet konfigurieren.

Im *Modellierungslabor* entwerfen und entwickeln Fachingenieure das technische System mit ihren Methoden und Werkzeugen. Durch die Fortentwicklung von CAD-Methoden können sie die deklarative Funktionsbeschreibung des Modells in ein ablauffähiges und multimedial visualisiertes Modell überführen und durch Simulationen „Experimente" durchführen, die weder mit den heutigen Papiermodellen noch an realen Systemen möglich sind.

Im *Validierungslabor* können alle Beteiligten das beantragte System auf der Basis des multimedialen Systemmodells jeweils aus ihrem spezifischen Blickwinkel überprüfen. Sie können das Systemverhalten in anderen als vom Antragsteller vorgesehenen Ablaufszenarien untersuchen. Die interaktiven Komponenten der multimedialen Systemmodelle erlauben allen Beteiligtengruppen, Anfragen an das Systemverhalten zu formulieren und Simulationsexperimente durchzuführen.

Multimediale Systemmodelle im Genehmigungsverfahren

Der Einsatz multimedialer Systemmodelle in Genehmigungsverfahren könnte für alle Beteiligten Vorteile bieten. Er könnte vor allem dazu beitragen, die rechtlichen Ziele von Genehmigungsverfahren besser zu erreichen:

Der *Antragsteller* kann mit ihrer Hilfe die Kosten der Antragsdokumentation senken, die Qualität der Antragsunterlagen verbessern, die Dauer des Genehmigungsverfahrens verkürzen und die Genehmigungsfähigkeit des Antrags erhöhen.

Der *Gutachter* kann das zu prüfende Modell durch seine multimediale Darstellung besser verstehen und begreifen. Er kann die Prüfung tatsächlich auf die Eigenschaften und Verhaltensweisen des beantragten Techniksystems beziehen, die eigentlich im Genehmigungsverfahren präventiv zu kontrollieren sind, die aber auf dem Medium Papier nur beschränkt zum Ausdruck gebracht werden können.

Multimediale Systemmodelle reduzieren auch die Abhängigkeit der *Genehmigungsbehörde* von ihren Gutachtern. Deren Feststellungen und Vorschläge sind leichter nachzuvollziehen, alternative Konstruktionsmöglichkeiten sind schnell und umfassend hinsichtlich ihrer Folgewirkungen prüfbar. Sie kann somit ihre Auflagen vor ihrem Erlaß auf Folgen und Nebenwirkungen testen. Multimediale Systemmodelle könnten die Behörden erstmals in die Lage versetzen, ihren Beurteilungsspielraum tatsächlich selbst auszufüllen.

Und was die *Öffentlichkeit* betrifft, verbessern multimediale Systemmodelle gerade für sie den Nachvollzug der Planungen. Die realitätsnahe, zeitlich dynamische Darstellung des beantragten Techniksystems macht es beinahe sinnlich begreifbar, wie sich das System auswirken wird. Jeder Betrachter kann die ihm adäquate Darstellungsform des Systemmodells wählen.

Multimediale Systemmodelle als Forschungsaufgabe

Multimediale Systemmodelle vermögen nicht alle Probleme der Zulassung technischer Systeme zu lösen. Sie versprechen aber so viele Problemlösungen für alle Beteiligten, daß es sich lohnt, die Möglichkeit multimedialer Systementwicklung und -validierung und ihre Einbettung in rechtliche Genehmigungsverfahren näher zu untersuchen. Diese Versprechen sind allerdings nur dann zu erreichen, wenn sowohl die Technik als auch das Recht auf dieses Zusammenspiel eingestellt werden:

Das *Technikrecht* ist bisher in keiner Weise darauf eingerichtet, die Chancen, die multimediale Systemmodelle bieten, wahrzunehmen. Es ist den technischen Möglichkeiten so anzupassen, daß es deren positive Wirkungen nicht verhindert. Allerdings dürfen in diesem notwendigen Anpassungsprozeß die grundlegenden Ziele des Genehmigungsverfahrens nicht verlorengehen. Vielmehr sind aus diesen Vorgaben rechtliche Anforderungen an die Technik zu formulieren. Das Ziel muß eine verfassungsverträgliche *Technikgestaltung* sein. Die Technik multimedialer Systemmodelle ist so zu gestalten, daß sie für die Zielsetzungen des Umweltrechts brauchbar ist.

Wie die erforderlichen Rechtsänderungen aussehen und die Multimediatechnik gestaltet werden müßten, untersucht auf einer grundsätzlichen Ebene das von der *Volkswagen-Stiftung* unterstützte Forschungsprojekt „Multimediale Systemmodelle in immissionsschutzrechtlichen Genehmigungsverfahren".

Ansprechpartner: Prof. Dr. W. Henhapl, Institut für Systemarchitektur, Technische Hochschule Darmstadt, Magdalenenstr. 11c, 64289 Darmstadt, 06151/16-3609, email: henhapl@isa.th-darmstadt.de. Prof. Dr. A. Roßnagel, Projektgruppe verfassungsverträgliche Technikgestaltung (provet), Kasinostr. 5, 64293 Darmstadt, 06151/997636, email: rossnagel@provet.org.

Literaturhinweis

Roßnagel, A: Die Sache BALL – Rechtsalltag im Jahr 2015, in: Universitas 4/1996, S. 331–351.

Michael von Hauff
„Faktor 4" – Über den weiteren Fortschritt der Umwelttechnik

Der umwelttechnische Fortschritt stellt sich in sehr unterschiedlicher Ausprägung dar. Unter Umwelttechnik werden alle Produktionsverfahren und Produkte verstanden, die dem Umweltschutz dienen, d. h. die sich positiv (sparend oder entlastend) auf die natürliche Umwelt auswirken. Umwelttechniken haben jedoch nicht alle die gleiche Wirksamkeit. Sie weisen vielmehr Effekte mit sehr unterschiedlichen Einspar- bzw. Entlastungsgraden auf.

Umwelttechnischer Fortschritt ist eine wichtige Voraussetzung für den ökologischen Strukturwandel der Wirtschaft. Das gilt besonders für hochentwickelte Industrieländer mit einem hohen Anteil des sekundären Sektors (produzierendes Gewerbe). Aber auch für die Schwellenländer Lateinamerikas und Asiens, deren Industriesektor stark expandiert, ist umwelttechnischer Fortschritt von hoher Relevanz, weil sie sonst in die gleiche ökologische Falle geraten, wie es bei den alten Industrieländern geschehen ist. Und generell gilt für die übrige Gruppe der Entwicklungsländer dasselbe, so sie sich denn entwickeln.

Hier, an diesem Grundzusammenhang von wirtschaftlichem Wachstum und Umweltbelastung, setzen Ernst U. von Weizsäcker, Amory B. Lovins und L. Hunter Lovins in ihrem Buch „Faktor Vier. Doppelter Wohlstand – halbierter Naturverbrauch" an: „Seit dem Erdgipfel von Rio de Janeiro wissen wir, daß der Fortschritt dauerhaft oder ökologisch nachhaltig sein muß. Mit dem „Faktor 4" kommen wir dieser Forderung sehr nahe." Das Ziel ist, den Wohlstand zu verdoppeln und gleichzeitig den Naturverbrauch zu halbieren.

Dieses Vorhaben erscheint politisch äußerst attraktiv. Es handelt sich jedoch, wie zu zeigen sein wird, um ein sehr ambitioniertes Vorhaben, das auch methodisch viele Schwierigkeiten aufweist. In diesem Beitrag soll daher die Frage erläutert werden, wie ein „Faktor 4" möglich wäre.

Die Voraussetzung für den „Faktor 4" ist nach Auffassung der Verfasser des Berichts eine grundsätzliche Neuausrichtung des technischen Fortschritts. Daher ist zunächst zu prüfen, ob eine solche Neuausrichtung von sich aus möglich *oder* eine konsequentere Förderung des umwelttechnischen Fortschritts erforderlich ist. Dies erfolgt durch eine Analyse des bisherigen umwelttechnischen Fortschritts. Anschließend wird die Zielsetzung „Faktor 4" anhand von ausgewählten Beispielen erläutert. Danach ist eine erste Bewertung der Relevanz und der Umsetzbarkeit des Konzepts möglich. Schließlich wird die Frage gestellt, welchen Beitrag die Faktor-4-Strategie für ein umfassendes Konzept des ökologischen Strukturwandels der Wirtschaft leisten kann.

Zum Stand des umwelttechnischen Fortschritts

Techniken können in vielfältiger Weise einen Beitrag zum Umweltschutz leisten. Es lassen sich grundsätzlich vier Bereiche des Umweltschutzes unterscheiden, denen sich verschiedene Umwelttechniken zuordnen lassen. Neben dem traditionellen nachsorgenden und dem kompensatorischen Umweltschutz sowie der Umweltbeobachtung spielt der vorsorgende (präventive) Umweltschutz eine zunehmende Rolle. In der wissenschaftlichen Literatur werden zumeist zwei Arten von Umweltschutztechnik unterschieden:

– *Additive Umwelttechnik,* im Sinne umwelttechnischer Lösungsansätze, die am Ende eines Produktionsprozesses ansetzen (z. B. Entschwefelung, Entstickung, Filtertechniken, Katalysatoren). Daher spricht man auch von nachgeschalteten oder „end-of-pipe-Techniken".

– *Integrierte Umwelttechnik,* die an den Quellen möglicher Umweltbelastungen ansetzt, d. h. am Stoff- und Energieeinsatz. Integrierte Umwelttechniken tragen zu einer Verminderung des Umweltverbrauchs und der Umweltbelastung bei (z. B. material- und energieeffiziente Produktionsprozesse, strukturell umweltverträgliche Produkte), weshalb sie auch gelegentlich als „saubere Techniken" *(clean technologies)* bezeichnet werden.

Aus dieser Unterscheidung wird bereits deutlich, daß nur die integrierten Umwelttechniken den Prinzipien der nachhaltigen Entwicklung *(sustainable development)* entsprechen können. Für das Jahr 1993 ermittelte das Statistische Bundesamt für die Bundesrepublik Deutschland, daß integrierte Umwelttechniken im produzierenden Gewerbe im Verhältnis zum Investitionsvolumen rund 15% und jene für additive Techniken 82% betrugen, 2% entfielen auf produktbezogene Maßnahmen. Die Perspektiven für integrierte Umweltschutztechnik werden im allgemeinen aber als sehr positiv eingeschätzt. Das *Ifo-Institut* (Adler et al., 1994) geht davon aus, daß zwar in den 90er Jahren additive Technologien noch an Bedeutung zunehmen werden, daß es aber ab dem Jahr 2000 zu einer Trendwende kommen wird; im Jahr 2010 dürften die integrierten Techniken eindeutig dominieren.

Ein wesentlicher Grund für die bisherige Struktur der Umwelttechnik ist, daß additive Techniken auch bei Altanlagen eingebaut werden können. Die Investitionskosten sind kurzfristig geringer als bei integrierten Techniken. Langfristig lohnen sich jedoch die integrierten Techniken, obwohl dazu oft eine weitreichende Umgestaltung des Produktionsprozesses erforderlich ist. Geringere Inputmengen an Rohstoffen, Energie und anderen Materialien sowie die Minimierung von Kuppelprodukten reduzieren auch die Betriebskosten. Ferner lassen sich so Kosten für zukünftige additive Techniken vermeiden oder reduzieren. Integrierte Umwelttechnik führt in der Regel zu einem Anstieg der Produktivität und begünstigt damit die Wettbewerbsfähigkeit des Unternehmens.

Die bisherige Entwicklung des umwelttechnischen Fortschritts in der Bundesrepublik Deutschland läßt also erwarten, daß eine Phase des Umbruchs bevorsteht. Dennoch stellt sich die Frage, ob die technologischen Potentiale des ökologischen Strukturwandels auch ausgeschöpft werden. Diese Frage be-

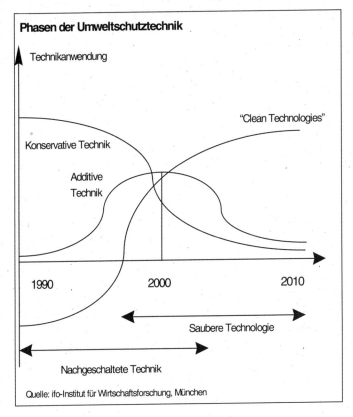

Phasen der Umweltschutztechnik

Technikanwendung

"Clean Technologies"

Konservative Technik

Additive
Technik

1990   2000   2010

Saubere Technologie

Nachgeschaltete Technik

Quelle: ifo-Institut für Wirtschaftsforschung, München

trifft nicht nur die zukünftigen Produktionsprozesse, sondern auch die zukünftigen Produkte.

Die Faktor-4-Strategie

Die Faktor-4-Strategie basiert ganz wesentlich auf der Idee der Lovins'schen Effizienzpotentiale. Im *Rocky Mountains Institute* (RMI) erforschen das Ehepaar Lovins und Mitarbeiter seit vielen Jahren die Möglichkeiten zur Erhöhung der ökologischen Effizienz der Produktion. Das Ziel des Berichts „Faktor 4" ist, aufgrund der gewonnenen Forschungserkenntnisse die

Effizienzpotentiale aufzuzeigen und die Ansatzpunkte für deren konsequente Umsetzung zu diskutieren.

Das führt nach Auffassung der Verfasser im Vergleich zur heutigen Situation zu einer betrieblichen „Effizienzrevolution", die gleichzeitig den gesellschaftlichen Wohlstand steigert. Auf dem Hintergrund des bisher realisierten und in Zukunft zu erwartenden ökologischen Strukturwandels zeigt der Bericht anhand von Einzelbeispielen beeindruckend viele zusätzliche Potentiale zur Erhöhung der ökologischen Effizienz. Insgesamt werden 50 Beispiele mit folgender Zielsetzung präsentiert:

– vervierfachte Energieproduktivität,
– vervierfachte Stoffproduktivität,
– vervierfachte Transportproduktivität.

Die Vielzahl und Vielfalt der Beispiele kann hier nicht hinreichend gewürdigt werden. Es kann nur exemplarisch diskutiert werden, wie der „Faktor 4" angestrebt wird und welche Konsequenzen sich daraus ergeben. Dies soll anhand von drei Beispielen verdeutlicht werden.

Beispiel Energieproduktivität: Es ist hinreichend belegt, daß der motorisierte Individualverkehr in hohem Maße umweltbelastend ist. Daher erfordert eine ökologische Entlastung neben der Verbesserung und Ergänzung öffentlicher Verkehrssysteme eine nachhaltige Reduktion des Verbrauchs an Benzin/Diesel und der Emissionen des einzelnen PKW (erhöhte Energieproduktivität). In der Logik des Faktor-4-Ansatzes führt dies für den Konsumenten zu einer Kostenreduktion, wenn der Preis für das umweltfreundlichere Auto mit gleicher Qualität (z.B. kein Leistungsverlust) konstant bleibt.

Bei diesem Beispiel bleibt jedoch offen, ob die Produktion verbrauchsärmerer Autos auch in der Herstellung ökologisch entlastend oder aber zusätzlich belastend ist. Dies läßt sich nur mit Hilfe sorgfältiger Ökobilanzen ermitteln. Hierbei sind Hauptprozesse, deren Zweck und Auswirkungen ausschließlich dem Untersuchungsobjekt (hier dem PKW) zugeordnet werden, von Nebenprozessen zu unterscheiden. Weiterhin müßte untersucht werden, welche Veränderungen dies für die

Vielzahl der Zulieferer zur Folge hat und in welchem Zeitraum der erforderliche Strukturwandel für diese Unternehmen möglich ist.

Beispiel Stoffproduktivität: Die Erhöhung der Stoffproduktivität der Wirtschaft könnte dem Bericht zufolge durch einen vermehrten Einsatz von Holz als Baumaterial erreicht werden: „Vergleicht man Holz, Ziegel und Beton unter dem Gesichtspunkt der Ressourceneffizienz, so schneidet der erneuerbare Baustoff Holz gegenüber den beiden nicht erneuerbaren mineralischen Stoffen ... um den Faktor 10 besser ab."

Hier stellt sich aber die dahinterstehende Frage nach der Art der Bewirtschaftung des Waldes. Dominieren wie in der Vergangenheit die Monokulturen, die chemische Bekämpfung von Holzschädlingen mit Pestiziden und erfolgt die Holzernte durch Kahlschlag, verringert sich der mögliche ökologische Entlastungseffekt drastisch. Daher ist die ökologische Effizienz in dem von dem Bericht aufgezeigten Maße nur dann zu realisieren, wenn sich gleichzeitig die ökologische Waldbewirtschaftung durchsetzt, so wie dies von Umweltverbänden seit langem, aber vergeblich gefordert wird.

Beispiel Transportproduktivität: Die Deutschen sind weltweit führend im Konsum von Orangensaft. Jährlich werden pro Kopf rund 20 Liter (insgesamt 1,5 Milliarden Liter) getrunken. Der Transport des aus Orangen gewonnenen Konzentrats erfordert etwa 40 Millionen Liter Kraftstoff, die mehr als 100 000 Tonnen CO_2-Emissionen verursachen. Die logische Konsequenz für den Bericht ist, einheimische Säfte wie z. B. Johannisbeersaft zu empfehlen: „Die Transporteffizienz pro Liter Vitamin-Obstsaft könnte so um den Faktor 10 verbessert werden."

Die Erhöhung der Transportproduktivität durch eine stärkere Regionalisierung der Lebensmittelproduktion und -vermarktung ist sicherlich in mancher Weise sinnvoll (vgl. hierzu auch das spektakuläre Beispiel des Früchtejoghurts, der im Durchschnitt mehr als 1000 Kilometer hinter sich hat, bevor er den Konsumenten erreicht). Dennoch muß auch hier gefragt werden, welche zusätzliche Umweltbelastung durch die entsprechende Mehrproduktion an heimischen Säften entsteht. Der in diesem Falle drastische Rückgang der Nachfrage nach Orangen würde schließlich zu Einkommensverlusten in vielen Ländern führen, die aufgrund ihrer wirtschaftlichen Struktur besonders auf Exporte angewiesen sind.

Die drei ausgewählten Beispiele zeigen alle – zumindest jedes für sich betrachtet – daß erhebliche ökologische Einspar- und Entlastungspotentiale bestehen. Es ist jedoch notwendig – und dies wurde ebenfalls deutlich –, die vorgelagerten Produktionsprozesse und die vielfältigen strukturrelevanten (Neben-)Effekte auf die Einkommen und den Arbeitsmarkt in einer umfassenderen Analyse mit zu berücksichtigen. Daraus erst lassen sich der Ist-Zustand, die Entwicklungstendenzen und die konkreten Hemmnisse des ökologischen Strukturwandels ableiten. Und nur auf dieser Grundlage läßt sich dann prüfen, ob das Ziel des „Faktor 4" – den Naturverbrauch halbieren und den Wohlstand verdoppeln – aus gesamtwirtschaftlicher Perspektive auch wirklich realistisch ist.

Relevanz und Umsetzbarkeit des Faktors 4

Die herausragende Bedeutung des ökologischen Strukturwandels der Wirtschaft wird in dem Bericht „Faktor 4" erneut sichtbar. Die 50 beschriebenen Beispiele zeigen grundsätzlich auf, daß ein großer Effizienzspielraum vorhanden ist. Bezüglich der Umsetzung spielen der Zeitfaktor und die globale Dimension eine entscheidende Rolle: Die Grenzen des Verbrauchs und der Belastbarkeit der natürlichen Umwelt bekommen unter Berücksichtigung des zu erwartenden Bevölkerungswachstums und der zunehmenden Industrialisierung in den Entwicklungsländern zunehmend klare Konturen. Unter dem Grundsatz gleicher Entwicklungschancen für alle Menschen (*inter-regionale Gerechtigkeit*) muß der ökologische Strukturwandel in den alten Industrieländern forciert werden. Hinsichtlich der Umsetzbarkeit des „Faktor 4" gibt es jedoch eine Reihe von Problemen, die noch zu lösen sind. Die aus meiner Sicht wichtigsten sollen im folgenden aufgezeigt werden:

– Der „Faktor 4" ist eine normative Vorgabe. Obwohl viele Beispiele in der Studie einen höheren Faktor aufweisen, stellt sich die Frage nach dem adäquaten Referenzrahmen, weil dieser eine wichtige Voraussetzung zur Bestimmung des erforderlichen ökologischen Strukturwandels ist. Nur so ist die Frage zu beantworten: Reicht der Faktor 4 oder ist vielleicht ein Faktor 10 erforderlich? In der Studie wird überwiegend der Eindruck erweckt, der „Faktor 4" werde die Umweltprobleme in dem erforderlichen Maße schon lösen. Einschränkend wird selbst gesagt, daß ein Faktor 4 in der Energieproduktivität nicht ausreichen wird, die globale Klimaänderung zu verhindern. Und es gibt darüber hinaus eine andere berechtigte Frage, die von den Autoren der Studie „Zukunftsfähiges Deutschland" aufgeworfen wurde: „Was ist, wenn bestimmte ökologische Ziele eher die Tugend des Unterlassens erfordern, die Bescheidung oder das Maßhalten, wenn also Technologie definitiv nicht die Antwort ist?" (BUND/Misereor, 1996, S. 13)

– Die einzelnen Branchen des Industrie- und des Dienstleistungssektors weisen sehr unterschiedliche Umweltverbräuche und Umweltbelastungen auf. Daher sollte der „Faktor 4" in besonders umweltintensiven Branchen mit Priorität angestrebt werden (vor allem: Energiesektor, Grundstoffindustrie, chemische Industrie, Maschinenbau). Die Analyse im Bericht „Faktor 4" beschränkt sich auf die exemplarische Darstellung der Belastung der einzelnen Umweltmedien (Luft, Boden, Wasser usw.). Daher entsteht bei vielen der beschriebenen Beispiele ein Eindruck der Beliebigkeit, der zu einer Fehleinschätzung hinsichtlich der tatsächlichen Möglichkeiten des ökologischen Strukturwandels führt.

– Einige Beispiele sind auch nur auf *einen* positiven Umwelteffekt fokussiert. Vorgelagerte Produktionsprozesse und/oder die Entsorgung müssen jedoch bei der ökologischen Bilanzierung mit berücksichtigt werden, wenn man die gesamten Entlastungseffekte zuverlässig ermitteln will.

– Die Umsetzung des ökologischen Strukturwandels der Wirtschaft hängt in Zeiten hoher Arbeitslosigkeit und realer

Einkommensverluste ganz wesentlich von einer gesicherten Informationsbasis ab. Es reicht vielen Konsumenten beispielsweise nicht, die Energieeinsparung eines „Öko-Küchenherdes" in Geldeinheiten zu erfahren. Ist der energieeffizientere Herd teurer als der energieaufwendigere, so wollen die potentiellen Käufer zumindest wissen, wann sich die Preisdifferenz durch eine höhere Energieeffizienz amortisiert hat.

Die Strategie des Berichts „Faktor 4" zielt darauf ab, die Prinzipien der nachhaltigen Entwicklung realisieren zu helfen. Nachhaltigkeit erfordert, wie hinreichend bekannt, „eine Entwicklung, die den Bedürfnissen der heutigen Generationen entspricht, ohne die Möglichkeiten künftiger Generationen zu gefährden, ihre eigenen Bedürfnisse zu befriedigen und ihren Lebensstil zu wählen" (Brundtland-Bericht, 1987, S. XV). Es besteht jedoch auch heute noch die Gefahr, daß Nachhaltigkeit zu einem schieren Formelkompromiß zu verkommen droht, indem eine umweltgefährdende, quantitative Wachstumspolitik die diesbezüglichen Anforderungen begrifflich verschleiert. Daher erfordert die Faktor-4-Strategie klare Nachhaltigkeitskriterien. Sie sind für praktische Anreizsysteme und eine zielorientierte Umweltpolitik unbedingt erforderlich. In der Literatur finden sich vier solcher Kriterien (ausführlich hierzu Nutzinger, S. 207 ff):

– Luft, Wasser und Boden sollen nicht mit mehr Schadstoffen belastet werden, als sie entsprechend ihrer Selbstreinigungstätigkeit verarbeiten können.

– Erneuerbare Ressourcen sollen nur in dem Maße genutzt werden, daß die Entnahme nicht größer ist als die Regeneration des Bestandes.

– Nicht erneuerbare Ressourcen sollen nur in dem Maße genutzt werden, wie der Bestand erneuerbarer Ressourcen, die für denselben Zweck eingesetzt werden, zunimmt.

– Menschliche Eingriffe sollen das zeitliche Anpassungsvermögen der Natur nicht überfordern.

Der Bericht „Faktor 4" basiert auf einer anderen, einer einfacheren Interpretation von Nachhaltigkeit: der Erhöhung der

Effizienz. In der *Ökologischen Ökonomie* wird aber nur von einer begrenzten Substituierbarkeit von Natur-, Sach- und Humankapital ausgegangen. Würde eine „Effizienzrevolution" beim Sach- und Humankapital stattfinden, das Naturkapital aber weiter zurückgehen, ganz oder teilweise zerstört werden, dann kann man von Nachhaltigkeit nicht sprechen. Auch in diesem Kontext besteht bei der „Faktor-4-Strategie" Klärungsbedarf.

Faktor 4 – Rahmen einer umfassenden Gestaltung des ökologischen Strukturwandels

Die Ist- bzw. Soll-Entwicklung der Umwelt kann nur im Rahmen einer umfassenden Analyse des ökologischen Strukturwandels ausreichend bestimmt werden. Der Nachweis des „Faktors 4" anhand von (vielen) Einzelbeispielen sollte daher in eine umfassende Konzeption der Gestaltung des ökologischen Strukturwandels eingebunden werden. Es reicht nicht aus, punktuelle ökologische Entlastungseffekte aufzuzeigen und daraus Anreizsysteme abzuleiten, weil dadurch die strukturellen Interdependenzen nicht ausreichend sichtbar werden und die Handlungsoptionen einer ökologischen Strukturpolitik sich nicht voll ausloten lassen.

Der Bericht „Faktor 4" hat zu der grundlegenden Erkenntnis geführt, daß es neben der Analyse der ökologischen Belastungseffekte des wirtschaftlichen Strukturwandels um die Entdeckung und Nutzung der Entlastungseffekte gehen muß – und zwar sowohl im Rahmen des intersektoralen als auch des intrasektoralen Strukturwandels.

Eine wichtige Voraussetzung hierfür besteht darin, die betriebswirtschaftliche und die volkswirtschaftliche Berichterstattung um die Aspekte des Umweltverbrauchs und der Umweltbelastung angemessen zu erweitern. Dies ist im Rahmen des *„System for Integrated Environmental and Economic Accounting* (SEEA)" der Vereinten Nationen von 1993 in einem gewissen Maße möglich. Die Wechselbeziehungen zwischen Wirtschaft und natürlicher Umwelt können hiermit besser als bisher dargestellt werden. Nur wenn sich ökologische Einsparpotentiale und Entlastungseffekte quantitativ und qualitativ eindeutiger bestimmen lassen, läßt sich verläßlich klären, wie ein „Faktor 4" prozeß- und produktbezogen möglich ist und ob er national und global betrachtet auch ausreicht.

Literaturhinweise

Adler, U. et al.: Additiver und integrierter Umweltschutz und dessen Bedeutung im internationalen Wettbewerb. Gutachten des Ifo-Instituts im Auftrage des Büros für Technikfolgenabschätzung beim Deutschen Bundestag, München 1994.

BUND, Misereor (Hg.): Zukunftsfähiges Deutschland. Ein Beitrag zu einer global nachhaltigen Entwicklung, Basel 1996.

Feser, H.-D., Flieger, W., von Hauff, M.: Integrierter Umweltschutz. Umwelt- und Ressourcenschonung in der Industriegesellschaft, Regensburg 1996.

Nutzinger, H.: Von der Durchflußwirtschaft zur Nachhaltigkeit, in: Bievert, B., Held, M. (Hg.): Zeit in der Ökonomik. Perspektiven für die Theoriebildung, Frankfurt a. M., New York 1995, S. 207 – 235.

Stahmer, C.: Ökologie und Volkswirtschaftliche Gesamtrechnung, in: Siebert, H. (Hg.): Elemente einer rationalen Umweltpolitik, Tübingen 1996.

von Weizsäcker, E. U., Lovins, A. B., Lovins, L.H.: Faktor Vier. Doppelter Wohlstand – halbierter Naturverbrauch, München 1995.

VI. SPURENSICHERUNG

Heinrich von Lersner
Die Begriffe *Natur* und *Umwelt*

Fragt man heutzutage nicht fachlich spezialisierte Mitbürge-
rinnen oder Mitbürger nach dem Verhältnis des Naturschutzes
zum Umweltschutz, so wird letzterer meistens als Oberbegriff
verstanden. Die Bundesministerin für Umwelt, Naturschutz und
Reaktorsicherheit wird allgemein – auch in der Abkürzung ihres Ministeriums – Umweltministerin genannt. Die Ökologie,
einst als Wissenschaft vom Haushalt der Natur verstanden,
umfaßt im heutigen Sprachgebrauch das Wissen um alle umweltrelevanten Systeme und Faktoren, wobei allerdings unter
Umweltrelevanz stets eine Naturrelevanz zu verstehen ist. Die
soziale Umwelt, einst Anlaß der Entstehung des Umweltbe-
griffs in der deutschen Sprache, ist, sofern nicht auch naturre-
levant, nicht Gegenstand der Ökologie. Es stellt sich also die
Frage nach dem Verhältnis der Begriffe Natur und Umwelt.

Natur und Umwelt in der Gesetzessprache

Die Sprache der Gesetze ist in der Regel der Volkssprache näher als der der Wissenschaft. Sie sollte es wenigstens sein, denn
ein Gesetz, das ein Bürger nicht versteht, wird er nicht beachten. Gesetzgeber neigen dazu, im Gesetz benutzte Begriffe
eingangs zu definieren. Begriffe wie Natur und Umwelt zu definieren, hat allerdings weder der Bundestag noch kaum ein
Landtag gewagt. Allenfalls indirekt kann man einigen Rechts-
normen solche Definitionen entnehmen.

So verpflichtet der 1994 in das Grundgesetz der Bundesrepublik Deutschland eingefügte Art. 20 a unter der Überschrift

„Umweltschutz" den Staat, die natürlichen Lebensgrundlagen zu schützen. Da der Versuch, hinter dem Wort „Lebensgrundlagen" die Worte „des Menschen" einzufügen, scheiterte, kann man bei konsequenter Auslegung davon ausgehen, daß nun auch die Lebensgrundlagen der nichtmenschlichen Naturwesen unter staatlichem Schutz stehen.

Den Begriff „Natur" definiert nicht einmal das Bundesnaturschutzgesetz. Es versteht darunter allerdings nur die nichtmenschliche Natur als Lebensgrundlage des Menschen (§ 1 Abs. 1), nach Ansicht der Kommentatoren wohl nur den belebten Teil der Erde, also nicht tiefer gelegene Gesteinsschichten oder die für das natürliche Leben nicht mehr unmittelbar relevanten Schichten der Stratosphäre (Kolodziejcok/Recken, Kz. 1107, Rn. 4). In den Naturschutzgesetzen der deutschen Bundesländer versucht lediglich Thüringen eine Definition: „Unter Natur und Landschaft ist im Sinne dieses Gesetzes die Erdoberfläche (einschließlich der Wasserfläche) mit ihrem Pflanzen- und Tierleben zu verstehen. Die tiefer liegenden Erdschichten sowie der Luftraum können nur insoweit als Natur und Landschaft angesehen werden, als sie für das Pflanzen- und Tierleben von unmittelbarer Bedeutung sind" (§ 1 Abs. 1 ThürNatG).

Den Begriff „Umwelt" zu definieren, hat bisher kein Gesetzgeber unternommen. Das Gesetz über die Umweltverträglichkeitsprüfung versucht es durch Aufzählung der Schutzgüter „Menschen, Tiere und Pflanzen, Boden, Wasser, Luft, Klima und Landschaft, einschließlich der jeweiligen Wechselbeziehungen", aber auch „Kultur- und sonstige Sachgüter". Daß der Begriff Umweltschutz heute als Oberbegriff verstanden wird, in dem der Naturschutz nur einen Teil einnimmt, kann man am Beispiel des Lärms deutlich machen. Soweit dieser den Menschen beeinträchtigt, sind Maßnahmen zu seiner Vermeidung Umwelt-, aber nicht Naturschutz, letzteres nur, wenn der Lärm seltene Tierarten vertreibt. Der Entwurf einiger Professoren für ein Umweltgesetzbuch von 1990 definiert Umwelt als den Naturhaushalt, das Klima, die Landschaft und schutzwürdige Sachgüter.

Georg Picht begann 1973 seine Vorlesung über den Begriff der Natur mit der These „Einen Begriff der Natur kann es nicht geben – aber es gibt ihn". Seit der Antike herrschen dualistische Definitionen vor, nach denen der Mensch nicht Teil der Natur ist, sondern ihr Beherrscher oder Gestalter (Artefaktor).

In der judäisch-christlichen Theologie ist sowohl das Gebot der Pflege der Natur (1. Mos. 2,15), als auch das der Unterwerfung der Natur unter die Herrschaft des Menschen (1. Mos. 1,28) überliefert. Die Tradition geht über die Scholastik und den Heiligen Franz von Assisi bis zu modernen Theologen wie Jürgen Moltmann, der den Heiligen Geist als anti-entropische Kraft des Ökosystems erkannte. Hans Jonas sieht in Wissenschaft und Technik die vielleicht einzigen anti-entropischen Kräfte.

Für Immanuel Kant ist die Natur schlicht das Gegebene, der Inbegriff aller Gegenstände der Sinne, übrigens auch der nicht körperlichen Gegenstände. Für ihn wäre also ein Kernkraftwerk Natur, zumindest ein stillgelegtes. In Schellings Einleitung zu seinem Entwurf eines Systems der Naturphilosophie wird die Frage, ob und inwieweit der Mensch Natur ist, nicht angesprochen.

Ein weiteres Beispiel für das historische Verständnis von Mensch und übriger Natur ist die Einschätzung der Rolle der Technik. Im Mittelalter galt die Technik als das Instrument, das Gott dem Menschen gab, um sich vor der Natur zu schützen (Hugo von St. Victor). Heute wird sie dagegen überwiegend als Mittel des Menschen zur Zerstörung der Natur eingeschätzt.

An der Geschichte des Naturbegriffs läßt sich auch das rechtliche Verhältnis des Menschen zur übrigen Natur ablesen. Für den römischen Juristen Ulpian war das Recht noch ein Gut, das Mensch und Tier gemeinsam hatten. Mit der Aufklärung und ihrem Ziel, gleiche Rechte für alle Menschen durchzusetzen, wurde der rechtliche Unterschied von Mensch und Natur überbewertet, als ob die Anerkennung von Eigenrechten anderer natürlicher Wesen Ballast wäre auf dem Höhenflug des Idealismus.

Die auch ökologisch spannende Frage, inwieweit der Mensch Teil der Natur ist und inwieweit er ihr rational gegenübersteht, wird in philosophischen Lehrbüchern oft nicht oder allenfalls am Rande behandelt. Selbst in Vorlesungen der Biologie ist anscheinend eine Erläuterung des Naturbegriffs nicht üblich. Im Index physikalischer Lehrbücher taucht er in der Regel nicht auf. Eine geschlossene definitorische Aussage über das, was Natur ist, gibt es für die Naturwissenschaften offensichtlich nicht. Der Theologe Christian Link sagte einmal: „Natur kann man nur von außen definieren, der Mensch ist aber nicht außen." Nach Reinhard Löw ist der Mensch das einzige Wesen, das sein Sein als Naturwesen überschreiten kann. Klaus Michael Meyer-Abich sieht im Menschen dagegen das einzige Wesen, in dem die Natur zur Sprache kommt. Erwin Chargaff definiert kurz und bündig: „Natur ist das Weltall ohne den Menschen."

In der allgemeinen Umgangssprache wird der Begriff Natur keineswegs immer so dualistisch verstanden („Er ist von Natur aus schüchtern"). An den Beispielen von Säuglingen, Geisteskranken und senilen Menschen kann man deutlich machen, daß der Unterschied zwischen Mensch und übriger Natur so scharf nicht zu ziehen ist, daß der Mensch sich allenfalls schritt- und teilweise aus der Natur herausheben kann. Insofern gilt der erste Satz der Deklaration der Umweltkonferenz der Vereinten Nationen von Stockholm im Juni 1972 auch für das Verhältnis des Menschen zur Natur: „Der Mensch ist sowohl Geschöpf als auch Gestalter seiner Umwelt."

Zur Geschichte des Begriffs Umwelt

Das Wort „Umwelt", das heute in jeder Tageszeitung vorkommt, ist keine zweihundert Jahre alt. Der dänische, in Hamburg lehrende Dichter Jens Immanuel Baggesen benutzte es erstmals in einer 1800 verfaßten Ode an Napoleon, wo er die lesende (soziale) Umwelt des Dichters meint. Er suchte ein deutsches Wort für das „milieu", das im Dänischen noch heute im Sinne unseres Wortes Umwelt benutzt wird. Goethe, der Baggesen kannte, benutzte das Wort mehrmals auch im sozialen Sinne und gab ihm damit wohl das laissez passé in die deutsche Sprache.

Der hundert Jahre nach Baggesen geborene Biologe Jakob von Uexküll (1864–1944) führte den Begriff erstmals in die Naturwissenschaft ein und machte ihn zum Leitbegriff seiner Lehre. Er verstand darunter die Faktoren der Umgebung eines Lebewesens, auf die es reagiert, seine „Sinnesinsel". Für ihn ist die Umwelt die zweite Haut des Lebewesens, deren Verletzung seine Gesundheit ebenso schädigen könne wie die der ersten.

Der Begriff des „Umweltschutzes" fand erstmals 1969 Eingang in die deutsche Sprache, als Hans-Dietrich Genscher im Bundesinnenministerium einen Namen für die neugegründete Abteilung mit dieser Aufgabe suchte und jemand ihm dieses Wort als Übersetzung des amerikanischen *environment protection* vorschlug. Dadurch hat sich der Begriff Umwelt auch von seiner subjektbezogenen Bedeutung gelöst und wird heute weder anthropozentrisch noch auf bestimmte Lebewesen bezogen verstanden.

Auffällig ist auch das Nebeneinander von Umweltschutz und Naturschutz in Begriffen der Verwaltungsorganisation. Der Bund und einige Länder (Brandenburg, Sachsen-Anhalt) setzen in Ministerialbezeichnungen den Naturschutz neben oder sogar – wie Schleswig-Holstein – vor den Umweltschutz, obwohl der zuständige Minister auch in Schleswig-Holstein kurz Umweltminister genannt wird.

Definitionsvorschlag

Nach den hier nur kurz skizzierten Entwicklungen der beiden Begriffe in der deutschen Sprache müssen wir wohl von einem *weiteren* und einem *engeren Naturbegriff* ausgehen. Der weitere, philosophische Begriff der Natur umfaßt sicher auch den Menschen, allerdings nur seinen Körper, nicht seinen Verstand. Sofern der Mensch nicht rational handelt, sondern von biologischen Faktoren bestimmt ist, ist er Teil der Natur, wobei es nie möglich sein wird, die Grenze zwischen Vernunft und Natur klar zu finden. Man denke nur an die Probleme der Psychosomatik. Körperlich ist der Mensch Teil der Natur, von der Geburt (= natura) bis zum Tode (Chargaff erwägt deshalb, statt „Natur" künftig „Moritur" zu sagen). Unter Natur im rechtlichen Sinne versteht man dagegen die nichtmenschliche Natur.

Unter *Umwelt* sind das natürliche System der Erde und seine Wechselbeziehungen zu verstehen, einschließlich der anthropogenen Beziehungen. Lediglich die sozialen Beziehungen der Menschen untereinander werden üblicherweise aus dem modernen Umweltbegriff ausgenommen.

Der Begriff *Ökosystem* umschreibt das, was wir heute unter Umwelt verstehen, wenn auch nicht präzise, so doch verständlich.

Sprach- und auch rechtsgeschichtlich hat also der Begriff der Umwelt den der Natur eingeholt, teilweise auch überholt. Es wäre aber gut, wenn er bald durch den Begriff der *„Mitwelt"* ersetzt werden könnte, um seine Anthropozentrik zu überwinden. Darüber hinaus wäre es zweckmäßig, auch den weiteren Naturbegriff neben dem der Umwelt bzw. der Mitwelt lebendig zu erhalten, denn er macht deutlich, daß wir Menschen nicht nur, aber auch Wesen der Natur sind.

Literaturhinweise

Chargaff, Erwin: Was ist Natur?, in: Scheidewege, 24. Jg., 1994/95, S. 16.
Jonas, Hans: Das Prinzip Verantwortung, Frankfurt a. M. 1979, S. 851.
Kant, Immanuel: Kritik der reinen Vernunft, Ausgabe B, S. 851.
Kloepfer/Rehbinder/Schmidt-Aßmann: Umweltgesetzbuch, Allgemeiner Teil, hg. vom Umweltbundesamt, Berlin 1990, S. 37.
Kolodziejcok/Recken: Naturschutz, Landschaftspflege, Lsbl. Berlin 1996, Kz. 1107, Rn. 4.
Löw, Reinhard: Philosophisches Jahrbuch, 97. Jg., 1990, S. 67.
Meyer-Abich, Klaus Michael: Wege zum Frieden mit der Natur, München 1984, S. 97.
Moltmann, Jürgen: Gott in der Schöpfung, München 1985.
Picht, Georg: Der Begriff der Natur und seine Geschichte, Stuttgart 1989, S.3.
Schelling, F. W. J.: Einführung zu einem Entwurf eines Systems der Naturphilosophie, hg. von W. G. Jacobs, Stuttgart 1988.

Weltgesundheitsorganisation
Klonen und menschliche Reproduktion

Auf der 50. Generalversammlung der Weltgesundheitsorganisation (WHO) in Genf wurde am 14. Mai 1997 eine *Resolution zum Thema Klonierung* beschlossen, die wir im folgenden in eigener Übersetzung abdrucken.

Die Fünfzigste Weltgesundheitskonferenz hat

in Anbetracht des Berichts des Generaldirektors über Klonen, biomedizinische Technologie und die Rolle der Weltgesundheitsorganisation als standardsetzende Institution;

unter Berücksichtigung des Statements des Generaldirektors vom 11. März 1997 sowie der Stellungnahmen der Mitgliedstaaten auf der Fünfzigsten Weltgesundheitskonferenz;

in Kenntnisnahme der Konvention des Europarates über Menschenrechte und Biomedizin, die sich mit den ethischen Prinzipien der Biomedizin befaßt;

in Anerkennung der Notwendigkeit, die Freiheit ethisch akzeptabler wissenschaftlicher Tätigkeit zu achten und den Zugang zu den Nutzen ihrer Anwendung zu sichern;

aufgrund der Erkenntnis, daß die Entwicklungen auf dem Gebiet des Klonens und anderer genetischer Verfahren ethische Implikationen von bisher ungeahntem Außmaß haben;

und aufgrund der Einsicht, daß damit in Zusammenhang stehende Forschungsarbeiten und Entwicklungen sorgfältigst überwacht und begutachtet sowie die Rechte und die Würde der Patienten respektiert werden müssen,

folgende Beschlüsse gefaßt:

1. SIE BEKRÄFTIGT, daß die Anwendung des Klonens auf die Replikation menschlicher Individuen ethisch unannehmbar ist und menschlicher Integrität und Moralität widerspricht;

2. SIE FORDERT den Generaldirektor auf:

(1) die Führung zu übernehmen bei der Klärung und Bewertung der ethischen, wissenschaftlichen und sozialen Implikationen des Klonens auf dem Gebiet der menschlichen Gesundheit, und zwar in angemessener Konsultation mit anderen internationalen Organisationen, nationalen Regierungen, Berufsverbänden und wissenschaftlichen Vereinigungen; und gemeinsam mit den zuständigen internationalen Behörden die damit zusammenhängenden rechtlichen Aspekte zu prüfen;

(2) die Mitgliedstaaten hierüber zu informieren, um eine öffentliche Debatte über diese Thematik anzuregen;

(3) auf der 101. Sitzung des Exekutivausschusses, der Einundfünfzigsten Weltgesundheitskonferenz und vor anderen interessierten Organisationen über das Ergebnis dieser Untersuchungen Bericht zu erstatten.

Aus dem Englischen übersetzt von *Petra Barsch* und *Udo E. Simonis*

Reiner Luyken
Rinder- oder Behördenwahn: Der Fall BSE

Bundesamtsblatt Nr. 18, Seite 745, Paragraph 2: „Die zuständige Behörde ordnet die Tötung von Rindern, die aus den in Paragraph 1 Satz 1 genannten Staaten stammen, an." Inkrafttreten: am Tage nach der Verkündung. Gezeichnet: Jochen Borchert, Bundesminister für Ernährung, Landwirtschaft und Forsten.

Ruck, zuck. So schnell ging es dem Vieh an den Kragen, daß für Bedenken keine Zeit blieb. Nicht, daß eine Minute des Nachdenkens einen Unterschied gemacht hätte: „Widerspruch gegen die Tötungsanordnung entfaltet keine aufschiebende Wirkung gegen die sofortige Vollstreckung."

Eine Schottenkuh mit dubioser Vergangenheit geht am Rinderwahn ein. Und die ganze Sippschaft muß es büßen. Über fünftausend Schweizer Bimmelkühe und schottische Zottelrinder, ob sie nun im entferntesten mit der Seuche zu tun haben oder nicht. Unmittelbare Gefahr sei im Verzug, äußerste Eile geboten. Der Minister unterzeichnet im Eilverfahren den Erlaß. Als gelte es, die Nation vor dem Verderb zu retten.

Ja, freilich, es sind nur Kühe! Wir wollen uns jetzt gar nicht auf die in der BSE-Hysterie völlig verstummte Diskussion einlassen, ob es sich bei Kühen um empfindungsfähige Tiere handelt, die einfach so wegzumetzgern der menschlichen Verpflichtung gegenüber der Kreatur widerspricht. Ob wir, wenn wir so mit Tieren umspringen, nicht auch als Menschen verrohen. Aber vielleicht sollten wir zumindest die kleinen, ebenfalls fast vergessenen Wörtchen „Freisinn" und „Mitleid" in Erinnerung rufen. Manch ein Bauer hängt ja mit Herz und Seele an seinen Tieren. Für ihn bedeuten seine Zottelrinder ein ganzes Leben.

In England, dem Ursprungsland der Seuche, gehen sie anders mit derartigen Erlassen um. Schon das Wort *compulsion*,

Zwang, geht der Dame in der BSE-Abteilung des Landwirtschaftsministeriums nur mit Mühe über die Lippen. Sie formuliert, wie es die Art englischer Staatsbeamter ist, sehr vorsichtig, was ich grobschlächtig so zusammenfassen will: Wenn euer Helmut unseren schmächtigeren John nicht mittels EU und Exportsperre breitgedrückt hätte, gäbe es auf der Insel bis heute keine Zwangstötungen. Man hätte die – ja nicht erfolglose – BSE-Bekämpfung mittels Wissenschaft, *common sense* und Schutz der Nahrungskette vor möglicherweise infiziertem Fleisch fortgesetzt.

Das ihnen aufgezwungene Tötungsgebot setzten die Briten mit demonstrativer Gelassenheit durch. Jeder Bauer, auf dessen Hof es in der Vergangenheit BSE-Fälle gab, erhielt einen Brief, der mit „Lieber Herr Soundso" oder „Liebe Frau Soundso" begann und die geplante Aktion beschrieb: eine gezielte Herausnahme möglicherweise gefährdeter Tiere bestimmter Jahrgangsklassen. Jeder Bauer hatte das Recht, sich zu äußern und Einspruch zu erheben . . .

Ja, da sträubt sich wohl die deutsche Seele! Wenn's um die Buletten geht, will man doch, daß die Obrigkeit mal so richtig durchgreift. Ein ordentlicher Rechtsweg? Menschlichkeit? Mitwelt? Die Opfer sind schließlich nur dumme Kühe und Bauern. Zumindest diesmal.

aus: *DIE ZEIT, 7. Februar 1997*

ANHANG

Umweltinstitute

Der Deutsche Naturschutzring
(Selbstdarstellung)

Der Deutsche Naturschutzring (DNR) ist der Dachverband der im Natur-
und Umweltschutz tätigen Verbände in Deutschland. Im Jahre 1950 mit 15
Mitgliedsverbänden gegründet, gehören dem DNR heute 107 Verbände an.

Angesichts der schnell wachsenden Umweltprobleme und der
vielfältigen Nutzungsansprüche an Natur und Landschaft braucht Natur-
und Umweltschutz mehr denn je eine starke Lobby. Als Dachverband
greift der DNR regional, national und international bedeutsame Themen
auf. Der DNR strebt einen möglichst breiten gesellschaftlichen Konsens
an, um

- die biologische Vielfalt zu bewahren, den Naturhaushalt zu schützen,
  wiederherzustellen und zu verbessern sowie der Zerstörung und
  Beeinträchtigung von Natur und Umwelt Einhalt zu gebieten,
- nachhaltiges, umweltgerechtes Wirtschaften bei allen privaten und
  öffentlichen Vorhaben einzufordern,
- Ansätze und Lösungen für zukunftsfähige Lebens- und
  Wirtschaftsweisen vorzustellen und sich für deren Umsetzung
  einzusetzen, besonders in den Industrieländern.

Der DNR ist die nationale Verbindungsstelle für den Naturschutz beim
Europarat (NATUROPA CENTER) und Mitglied bei EEB (Europäisches
Umweltbüro), UNEP (Umweltprogramm der Vereinten Nationen) und
IUCN (The World Conservation Union).

Oberstes Gremium des DNR ist die Mitgliederversammlung. Sie tritt
einmal im Jahr zusammen und wählt alle vier Jahre das 11-köpfige
Präsidium, dem der Präsident, zwei Vizepräsidenten, der Schatzmeister, ein
Jugendvertreter sowie weitere sechs Mitglieder angehören.

Adresse:
Deutscher Naturschutzring (DNR) e.V., Am Michaelshof 8–10,
53177 Bonn, Tel. 0228/359005; Fax. 0228/359096;
e-mail: DNR@OLN.comlink.apc.org.

Das Österreichische Institut für Nachhaltige Entwicklung
(Selbstdarstellung)

Das „Österreichische Institut für Nachhaltige Entwicklung" (ÖIN) wurde 1995 in Wien als gemeinnütziger Verein mit Sitz an der Universität für Bodenkultur gegründet. Im ÖIN wirken Wissenschaftler aus acht österreichischen Universitäten und 12 Fachdisziplinen zusammen. Ihr gemeinsames Ziel ist es, die Umsetzung des Konzepts der Nachhaltigen Entwicklung voranzubringen.

Zu den Aktivitäten des Institutes gehören:
- Forschungsprojekte und Evaluationsstudien;
- Gutachten und Stellungnahmen zu umweltrelevanten Problemen;
- Beratung von Entscheidungsträgern aus Politik, Verwaltung und Wirtschaft;
- Veranstaltung von Tagungen, Seminaren und Workshops zur Initiierung des ökologischen Strukturwandels.

Das ÖIN arbeitet an der Schnittstelle zwischen Wissenschaft und Praxis und befaßt sich ausschließlich mit anwendungsbezogenen Fragestellungen. Mit fünf ausländischen Partnerinstituten bestehen enge Kooperationsbeziehungen.

Die Forschungsaktivitäten des ÖIN:
- *Umsetzung des Nationalen Umweltplans für Österreich*
  Der Nationale Umweltplan (NUP) von 1995 beinhaltet Leitlinien, Konzepte und Maßnahmen zur Förderung einer nachhaltigen Entwicklung. Hierzu hat das Institut eine Strategie entwickelt, die die im NUP vorgeschlagenen 350 Maßnahmen koordinieren soll.
- *Nachhaltige Raumentwicklung in Österreich*
  Der überwiegende Teil der Maßnahmen zur nachhaltigen Entwicklung wirkt sich räumlich aus. Deshalb wurde ein Konzept für eine nachhaltige Raumentwicklung Österreichs erstellt, das auch Vorschläge zur Optimierung der EU-Regionalförderung und zur Ausrichtung des agrarpolitischen Instrumentariums enthält.
- *Ökologische Perspektiven der Wirtschaftsentwicklung*
  Hierbei geht es um die Entwicklungsperspektiven einzelner Wirtschaftssektoren, wobei materielle und energetische Stoffströme besondere Beachtung finden. Konzipiert wird eine Low-input-Wirtschaft, die nicht am Verbrauch, sondern am gesellschaftlichen Nutzen ausgerichtet ist. Gleichzeitig wird an der Konzeption einer „Internationalen Faktor-4-Messe" gearbeitet, die 1998 in Klagenfurt stattfinden und ökologisch innovative Produkte und Dienstleistungen präsentieren soll.

Adresse:
Österreichisches Institut für Nachhaltige Entwicklung, c/o Universität für Bodenkultur, Lindengasse 2/12, A-1070 Wien, Tel.: 00 43/1/5 24 68 47-0; Fax: 00 43/1/524 68 47-20; e-mail: oin@boku.ac.at.

Das Wuppertal Institut für Klima, Umwelt, Energie
(Selbstdarstellung)

Das Wuppertal Institut für Klima, Umwelt, Energie wurde 1991 vom Land Nordrhein-Westfalen (NRW) als gemeinnützige GmbH gegründet. Es beschäftigt sich sowohl mit den weltweiten ökologischen Herausforderungen als auch mit der komplexen Aufgabe eines ökologischen Strukturwandels. Es übernimmt dabei eine Mittlerfunktion zwischen Wissenschaft, Wirtschaft und Politik. Das Institut ist Teil des Wissenschaftszentrums Nordrhein-Westfalen. Präsident des Wuppertal Instituts ist Prof. Ernst Ulrich von Weizsäcker; die Direktoren der Abteilungen sind: Dr. Edda Müller (Klimapolitik), Prof. Peter Hernicke (Energie), Dr. Rudolf Petersen (Verkehr), Prof. Friedrich Schmidt-Bleek (Stoffströme) und Prof. Gerhard Scherhorn (Neue Wohlstandsmodelle). Das Wuppertal Institut hat ca. 125 Mitarbeiterinnen und Mitarbeiter. Aufsichtsrats-Vorsitzender des Instituts ist der Chef der Staatskanzlei NRW. Der Internationale Beirat unter Vorsitz von Prof. Hartmut Graßl, Weltorganisation für Meteorologie (WMO), unterstützt das Institut und trägt zur Unabhängigkeit und wissenschaftlichen Qualität seiner Arbeit bei.

Zu den Aufgabenschwerpunkten des Instituts gehören die

- Analyse der Klimaveränderungen, der Reduktionspotentiale von Treibhausgasen und der klimapolitischen Handlungsmöglichkeiten,
- Analyse von Stoffströmen und die Entwicklung von Strategien zur Verringerung der Materialintensität pro Serviceleistung (MIPS-Konzept),
- Umsetzung einer umweltverträglichen Energiepolitik durch das Least Cost Planning-Verfahren
- Entwicklung einer klima- und umweltverträglichen Verkehrspolitik.

Unterstützt wird die Arbeit der Abteilungen durch die Arbeitsgruppen Systemanalyse und Simulation, Nord-Süd-Beziehungen, Bibliothek, Bildstelle, Kommunikation und Öffentlichkeitsarbeit, Verwaltung und Zentralsekretariat. Das Institut ist direkt neben dem Hauptbahnhof Wuppertal gelegen.

Adresse:
Wuppertal Institut für Klima, Umwelt, Energie GmbH, Döppersberg 19, 42103 Wuppertal, Tel.: 02 02-24 92-0; Fax: 02 02-24 92-108; e-mail: info@mail.wupperinst.org.

Autorinnen und Autoren des Bandes

Jörn Altmann, geb. 1945; Dr. rer. pol.; Professor für Außenwirtschaft an der Hochschule für Technik und Wirtschaft/FH Bochum und Leiter des Instituts für Außenwirtschaft und Umwelt.

Günter Altner, geb. 1936; Dr. in Biologie und Theologie; Professor für evangelische Theologie, Universität Koblenz.

Christine Ax, geb. 1953; M.A. Politik, Philosophie, Wirtschaftslehre; Wissenschaftliche Leitung der Zukunftswerkstatt der Handelskammer zu Berlin, einer Forschungs- und Beratungseinrichtung des Handwerks.

Frank Biermann, geb. 1967; Politikwissenschaftler und Völkerrechtler; Geschäftsstelle des Wissenschaftlichen Beirats Globale Umweltveränderungen, Bremerhaven.

Susan Bucher, geb. 1958; Architektin HTL; bei der Wohnstadt Bau- und Verwaltungsgenossenschaft Basel für Entwicklung und Begleitung von Bauprojekten und Mietermodellen zuständig.

Arndt Dohmen, geb. 1950; Dr. med.; Leitender Oberarzt der Hochrheinklinik Bad Säckingen, Kursleiter der IGUMED für umweltmedizinische Weiterbildungskurse.

Svenne Eichler, geb. 1954; Dr. agr.; Wissenschaftliche Mitarbeiterin im Projektbereich Naturnahe Landschaften am Umweltforschungszentrum Leipzig-Halle.

Jochen Flasbarth, geb. 1962; Diplom-Volkswirt; Präsident des Naturschutzbundes Deutschland (NABU) e.V., Bonn.

Andreas Gettkant, geb. 1961; Diplom-Geograph; Fachplaner bei der Deutschen Gesellschaft für Technische Zusammenarbeit (GTZ), Sektorvorhaben Biodiversitätskonvention, Eschborn.

Daniel Goosmann, geb. 1968; Studium der Sozialpädagogik; Mitinitiator und studentische Lehrkraft eines Studienreformprojekts an der TU Berlin.

Karl Peter Hasenkamp, geb. 1943; Dipl.-Volkswirt; selbständiger Unternehmensberater; Vorsitzender des gemeinnützigen PRIMA KLIMA – weltweit – e.V., Düsseldorf.

Michael von Hauff, geb. 1947; Dr. rer. pol.; Professor für Volkswirtschaftslehre/Wirtschaftspolitik an der Universität Kaiserslautern.

Jörg E.A. Heider, geb. 1967; Dr. med.; Wissenschaftlicher Mitarbeiter der Medizinischen Einrichtungen der Universität Bonn, Bereich Röntgendiagnostik.

Gudrun Henne, geb. 1964; Ass. jur.; Wissenschaftliche Mitarbeiterin an der FU Berlin, Mitglied der Arbeitsgruppe „Biologische Vielfalt" des Forums Umwelt und Entwicklung.

Karl Otto Henseling, geb. 1945; Dr. Ing., Studienrat; Wissenschaftlicher Mitarbeiter im Umweltbundesamt, Berlin.

Matthias Heymann, geb. 1961; Dipl. Phys., Dr. phil; Technik- und Umwelthistoriker in Istanbul.

Thomas Hies, geb. 1967; Studium der Physik; Lehrkraft im Projektlabor Physik an der TU Berlin.

Frank Hönerbach, geb. 1964; Dipl. Ing., Landschaftsplaner; Wissenschaftlicher Angestellter im Bereich Internationale Umweltfragen am Umweltbundesamt, Berlin.

Kerstin M. Homrighausen, geb. 1967; Diplombetriebswirtin; Prokuristin bei StadtAuto Bremen, Mitglied des Bundesvorstandes des Touristenvereins „Die Naturfreunde".

Jörg Hübschle, geb. 1939; Dipl.-Kaufmann; Geschäftsleiter der Wohnstadt Bau- und Verwaltungsgenossenschaft, Basel.

Günter Lange, geb. 1936; pensionierter Zimmermann; wohnhaft in Bordesholm, Schleswig-Holstein.

Heinrich Freiherr von Lersner, geb. 1930; Dr. jur.; Honorarprofessor an der Technischen Universität Cottbus; Präsident des Umweltbundesamtes a. D.

Sven Leunig, geb. 1967; M. A., Politologe; Kreisgeschäftsführer von Bündnis 90/Die Grünen in Salzgitter.

Jörg Lewandowski, geb. 1967; Studium des Technischen Umweltschutzes; Mitinitiator eines Studienreformprojekts ehrenamtliche Kinder- und Jugendarbeit in der Evangelischen Jugend.

Carsten J. Loose, geb. 1960; Dr. rer. nat.; Stellvertretender Geschäftsführer des Wissenschaftlichen Beirats der Bundesregierung Globale Umweltveränderungen, Bremerhaven.

Reiner Luyken, geb. 1951; Journalist, Buchautor und Pferdezüchter; lebt in Schottland.

Angela Merkel, geb. 1954; Dr. rer. nat.; Bundesministerin für Umwelt, Naturschutz und Reaktorsicherheit, Abgeordnete des Deutschen Bundestages.

Rainer Morsch, geb. 1943; Dipl.-Ing. Maschinenbau; Wissenschaftlicher Mitarbeiter am Institut für Berufliche Bildung, Hochschulbildung und Weiterbildungsforschung der TU Berlin.

Heidrun Mühle, geb. 1944; Prof. Dr.; Leiterin der Arbeitsgruppe Ländliche Räume im Projektbereich Naturnahe Landschaften am Umweltforschungszentrum Leipzig-Halle.

Edda Müller, geb. 1942; Dr. rer. publ.; Umweltministerin a. D.; Leiterin der Abteilung Klimapolitik des Wuppertal Institut für Klima, Umwelt, Energie.

Ina Müller, geb. 1963; Medizinisch-Technische Assistentin, Mitinitiatorin eines Studienreformprojekts an der TU Berlin, Lehrkraft an der Waldschule Berliner Forsten, Spandau.

Sascha Müller-Kraenner, geb. 1963; Diplom-Biologe; Mitarbeiter des Deutschen Naturschutzrings (DNR), Berlin.

Gesamtregister 1992–1998